水库诱发地震
评价理论与实践

夏金梧 编著

长江出版社
CHANGJIANG PRESS

图书在版编目(CIP)数据

水库诱发地震评价理论与实践 / 夏金梧编著.
—武汉：长江出版社，2020.8
ISBN 978-7-5492-7155-9

Ⅰ.①水… Ⅱ.①夏… Ⅲ.①水库地震－地震预测－研究 Ⅳ.①P315.72

中国版本图书馆 CIP 数据核字(2020)第 154189 号

水库诱发地震评价理论与实践   夏金梧 编著

责任编辑：郭利娜 李春雷	
装帧设计：王聪	
出版发行：长江出版社	
地　　址：武汉市解放大道 1863 号	邮　编：430010
网　　址：http://www.cjpress.com.cn	
电　　话：(027)82926557（总编室）	
(027)82926806（市场营销部）	
经　　销：各地新华书店	
印　　刷：武汉市首壹印务有限公司	
规　　格：787mm×1092mm　　1/16　　16 印张　　340 千字	
版　　次：2020 年 8 月第 1 版　　2020 年 8 月第 1 次印刷	
ISBN 978-7-5492-7155-9	
定　　价：49.00 元	

（版权所有　翻版必究　印装有误　负责调换）

前言

水库诱发地震是指由于水库蓄水或水位变化而引发的地震,对水库诱发地震的研究是从回答修建水库是否会诱发地震开始的。水库诱发地震并非某种罕见的个别现象,而是水库区重要的工程地质问题之一。

水库蓄水后,若是在库区或邻近一定范围内发生了地震,如何去分辨它们属于区域天然地震活动的正常表现还是出现了震情异常(主要是指地震活动明显增强)。如属后者,怎样判别它们是不是水库诱发地震,这不仅是一个科学理论问题,也是十分现实的工程问题。

一个地区的天然弱震活动在时间和空间上具有一定的随机性。当有足够长的资料序列时,可以用多年平均的地震年频次和地震能量年释放率,以及它们的最大年变幅、地震分布的空间图像及其变化、震级频次关系(b值曲线)等来表征该地区天然地震活动的特点,称之为库坝区的天然地震本底。只有当人为工程活动引起的地震活动性变化明显超出天然地震本底的正常波动范围时,才有可能是诱发地震的表现。可以认为,水库诱发地震与天然地震(包括构造地震、火山地震、天然岩溶塌陷地震和其他类型的塌陷地震等)的区别表现在地震活动与蓄水的时间相关、震中分布与人工水体的空间相关、地震活动的强度变化,以及地震的序列特征等方面。

只有明确地将震情异常波动与天然地震活动的正常波动区别开,将水库诱发地震与其他天然地震区别开,才能按照不同的情况开展有的放矢的研究,对地震活动的发展趋势做出可信的预测,提出大坝抗震和环境保护等方面合理的对策措施。

迄今为止,全世界共发生水库诱发地震150余例,通过研究典型震例,可对水库诱发地震特征的认识、水库诱发地震危险性评价方法、诱震机制理论及水库诱发地震预报方法和理论研究起到重要的推动作用。目前的研究主要集中在四个方面:①地质学研究;②地震学研究;③物理机制研究;④危险性评价和预测方法研究。

长江三峡工程是当今世界上最大的水利枢纽工程,举世瞩目,社会关注度高,水库蓄水运行后,一旦出现震情异常,除正常的技术工作外,还会出现方方面面的社会影响,要求立即采取应急工程措施的呼声高涨,各种各样的方案和建议也会被提出,往往会增加决策的难度。甚至库坝区某处发生个别轻微有感地震,或外围远处的个别中强震，都可能引发一些流言，引起局部地区居民的恐慌，影响正常的生产与生活。因此，三峡库区地震研究一直受到有关各方的高度重视。在选坝勘测工作的同时，工作人员也开展了工程区及外围的地震地质研究工作。1958年建立三峡地震监测台网并监测至今，自1972年起开展综合性地震研究，20世纪80年代开展水库诱发地震专题研究，运用多种先进理论和方法对三峡水库诱发地震潜在危险性进行了预测。预测结果表明，三峡水库可能诱发的最大地震震级不超过5.5级，低于该地区本底地震水平。在施工期进一步开展了地震、地形变、地下流体、主要断层活动性等方面的强化观测工作。三峡水库运行后，针对初期蓄水库区地震活动异常情况又开展了实地调查和分析研究。总体来看，三峡水库十多年地震活动的实际状况证明，水库诱发地震级别保持在前期预测的水平范围之内。

本书就社会各界特别是水利工程界关注的水库诱发地震特点、类型、成因机理、水库诱发地震危险性评价与预测方法等热点问题，以三峡水库为例进行了深入剖析，其内容主要包括：①水库诱发地震研究概况及主要成因类型；②三峡水库诱发地震地质环境及前期水库诱发地震研究结论；③水库蓄水初期地震活动特点及成因机理分析；④水库自蓄水以来几个4.0级以上地震的特点及成因机理；⑤水库诱发地震对策研究及监测台网设计等。

本书共12章。第1章为水库诱发地震研究概述，介绍了水库诱发地震研究历史、水库诱发地震研究现状、三峡水库诱发地震研究概况等；第2章为水库诱发地震主要成因类型，介绍了水库诱发地震各成因类型的主要特征；第3章为三峡水库区地震地质环境，介绍了三峡库区地形地貌、地层岩性、地质构造及活动性、岩溶水文地质条件、不良地质现象、区域地震活动的基本特征等；第4章为三峡水库诱发地震评价，介绍了估算可能最大震级的必要性、可能最大震级的估算方法、数学模型法预测水库诱发地震、三峡库首区水库诱发地震数学模型预测、数学模型预测结论与讨论、数学模型预测与前期预测结果的比较、三峡水库诱发地震活动趋势分析；第5章为三峡水库蓄水前后地震活动特征，介绍了库首区天然地震活动本底参数、水库蓄水后库区地震活动、蓄水初期几个地震活动密集区的活动特点；第6章为三峡水库初期蓄水几个主要震群区地质条件，介绍了宝塔河—麂子岩、雷家坪、火焰石、楠木园—培石4个地区的地形地貌、地层岩性、地质构造、岩溶与水文地质、不良地质等地质背景；第7章为三峡水库库首区地形变及地下流体动态监测，介绍了长江三峡库区地壳形变监测、三峡井网地下流体动态监测的基本情况；第8章为三峡水库蓄水后首发微震群成因机理分析，介绍了蓄水初期三峡库首区宝塔河—麂子岩、雷家坪、火焰石、楠木园—培石、高桥断裂南西段等地区地震活动特征，分析了各震区地震的成因机理；第9章为三峡水库几个主要地震事件特征及成因机理分析，介绍了三峡水库蓄水以来发生的7次4.0级以上地震基本特征、地震地质背景及成因机理；第10章为水库诱发地震的对策研究，介绍了三峡水库早期的水库诱发地震对策研究情况，工程专用的水库诱发地震监测台网建设，坝、库区抗震安全监测预测系统，施工期和蓄水初期的水库诱发地震对策，某些应急工程措施的讨论；第11章为水库诱发地震监测台网设计，介绍了水库诱发地震监测台网技术系统设计、高灵敏度固定台网设计、台网信道设计、台网建设与运行；第12章为结论与展望，介绍了三峡水库诱发地震的主要结论，并对水库诱发地震机理和危险性评价进行了展望。

本书在编写过程中得到了水利部长江勘测技术研究所、长江勘测规划设计研究有限责任公司、长江三峡勘测研究院有限公司、中国水利水电科学研究院工程抗震研究中心、中国地震局地震研究所、中国地震局地质研究所、中国长江三峡集团有限公司等单位的大力支持，陈德基、汪雍熙、曾新平等教授也对本书的出版提供了部分资料，本书引用的三峡水库诱发地震研究过程实例，有的是作者与同事及合作单位共同的工作成果，也收集引用了国内外有关单位同仁的文献资料，在此一并表示衷心的感谢！

由于对水库诱发地震的研究涉及的知识广泛，还存在很多知识盲点，加之作者实际工作经验和水平有限，书中难免有错误和不妥之处，敬请读者不吝批评指正。

作　者
2020年8月

目 录

第1章　水库诱发地震研究概述 ·· 1
　1.1　水库诱发地震研究历史简述 ··· 1
　1.2　水库诱发地震研究现状 ·· 2
　　1.2.1　地质条件研究 ··· 2
　　1.2.2　诱发地震机理研究 ··· 4
　　1.2.3　地震学研究 ·· 6
　　1.2.4　评价理论与方法研究 ·· 6
　　1.2.5　目前存在的主要问题 ·· 8
　1.3　蓄水前三峡水库诱发地震研究 ··· 8
　　1.3.1　建立三峡地震监测台网 ··· 8
　　1.3.2　开展综合性地震监测研究 ·· 9
　　1.3.3　对水库诱发地震进行专题研究 ·· 9
　　1.3.4　水库诱发地震的深化研究 ··· 10
　　1.3.5　施工期地震强化观测和水库诱发地震专题研究 ·································· 10
　1.4　蓄水后三峡水库诱发地震研究 ·· 10
　　1.4.1　蓄水初期地震活动情况 ·· 10
　　1.4.2　三峡水库常态化运行后地震活动研究 ·· 11
　　1.4.3　蓄水后三峡水库诱发地震研究方法 ··· 11
　　1.4.4　研究工作的重点 ··· 13
　　1.4.5　需要把握的关键技术问题 ··· 14

第2章　水库诱发地震主要成因类型 ··· 16
　2.1　概述 ·· 16
　2.2　水库诱发地震各成因类型主要特征 ··· 17
　　2.2.1　内成成因水库诱发地震 ·· 17
　　2.2.2　外成成因水库诱发地震 ·· 18
　　2.2.3　混合成因水库诱发地震 ·· 22

第3章 三峡水库区地震地质环境

3.1 概述 ··· 23
3.2 地形地貌 ··· 25
   #### 3.2.1 三峡水系 ··· 25
   #### 3.2.2 层状地貌 ··· 25
   #### 3.2.3 岩溶地貌 ··· 28
3.3 地层与岩性 ··· 29
3.4 地质构造及活动性 ··· 30
   #### 3.4.1 大地构造单元 ··· 30
   #### 3.4.2 研究区主要断裂构造特征 ··· 31
   #### 3.4.3 新构造活动特征 ·· 39
3.5 岩溶水文地质条件 ··· 41
   #### 3.5.1 松散堆积层孔隙含水层区（Ⅰ） ································· 41
   #### 3.5.2 碎屑岩裂隙及层间含水层区（Ⅱ） ······························ 41
   #### 3.5.3 碳酸盐岩类岩溶地下水区（Ⅲ） ································· 41
   #### 3.5.4 岩浆岩、变质岩网状裂隙含水层区 ····························· 42
   #### 3.5.5 断裂带地下水含水带 ··· 42
3.6 不良地质现象 ··· 44
3.7 区域地震活动的基本特征 ·· 46
   #### 3.7.1 地震资料与地震活动概况 ··· 46
   #### 3.7.2 地震活动的时空分布特征 ··· 46

第4章 三峡水库诱发地震评价

4.1 概述 ··· 50
4.2 估算可能最大震级的必要性 ··· 50
4.3 可能最大震级的估算方法 ·· 51
4.4 数学模型法预测水库诱发地震简要评述 ······························· 52
   #### 4.4.1 概述 ·· 52
   #### 4.4.2 解析法模型 ·· 53
   #### 4.4.3 数值模拟模型 ··· 53
   #### 4.4.4 统计预测模型 ··· 53
   #### 4.4.5 模糊数学和灰色系统模型 ·· 54
   #### 4.4.6 人工神经网络模型 ··· 54
4.5 三峡库首区水库诱发地震数学模型预测 ······························· 55
   #### 4.5.1 统计模型预测法 ·· 55
   #### 4.5.2 灰色聚类预测法 ·· 63

4.5.3　人工神经网络预测法 ……………………………………………… 65
4.6　数学模型预测结论与讨论 ………………………………………………… 75
　　4.6.1　预测主要结论 ………………………………………………………… 75
　　4.6.2　讨论 ……………………………………………………………………… 78
4.7　与前期预测结果的比较 …………………………………………………… 79
　　4.7.1　前期水库诱发地震研究的基本结论 ……………………………… 79
　　4.7.2　综合预测的基本结论 ………………………………………………… 81
　　4.7.3　结果比较 ………………………………………………………………… 81
4.8　三峡水库诱发地震活动趋势分析 ………………………………………… 82

第5章　三峡水库蓄水前后地震活动特征 ……………………………………… 84
5.1　库首区天然地震活动本底参数 …………………………………………… 84
5.2　水库蓄水后库区地震活动 ………………………………………………… 87
　　5.2.1　地震活动与水库蓄水位的关系 …………………………………… 88
　　5.2.2　地震活动频次分析 …………………………………………………… 89
　　5.2.3　地震活动空间分析 …………………………………………………… 89
　　5.2.4　地震活动强度分析 …………………………………………………… 91
5.3　蓄水初期几个地震活动密集区的活动特点 …………………………… 91
　　5.3.1　地震空间分布 ………………………………………………………… 92
　　5.3.2　地震时间序列 ………………………………………………………… 95
　　5.3.3　地震震级与宏观特征 ………………………………………………… 97
　　5.3.4　几个地震集中区地震震源机制解 ………………………………… 100

第6章　三峡水库初期蓄水几个主要震群区地质条件 ………………………… 104
6.1　概述 …………………………………………………………………………… 104
6.2　宝塔河—鹿子岩地区 ……………………………………………………… 104
　　6.2.1　地形地貌 ………………………………………………………………… 105
　　6.2.2　地层岩性 ………………………………………………………………… 106
　　6.2.3　地质构造 ………………………………………………………………… 106
　　6.2.4　岩溶与水文地质 ……………………………………………………… 107
　　6.2.5　不良地质 ………………………………………………………………… 107
6.3　雷家坪地区 …………………………………………………………………… 108
　　6.3.1　地形地貌 ………………………………………………………………… 108
　　6.3.2　地层岩性 ………………………………………………………………… 109
　　6.3.3　地质构造 ………………………………………………………………… 110
　　6.3.4　岩溶与水文地质 ……………………………………………………… 111
　　6.3.5　不良地质 ………………………………………………………………… 111

6.4 火焰石地区 ... 112
6.4.1 地形地貌 ... 112
6.4.2 地层岩性 ... 113
6.4.3 地质构造 ... 113
6.4.4 岩溶与水文地质 ... 114
6.4.5 不良地质 ... 114
6.5 楠木园—培石地区 ... 115
6.5.1 地形地貌 ... 115
6.5.2 地层岩性 ... 115
6.5.3 地质构造 ... 117
6.5.4 岩溶与水文地质 ... 118
6.5.5 不良地质 ... 119

第7章 三峡水库库首区地形变及地下流体动态监测 ... 120
7.1 长江三峡库区地壳形变监测 ... 120
7.1.1 区域形变水准网的精密水准测量 ... 121
7.1.2 GPS监测 ... 122
7.1.3 洞体定点形变监测 ... 123
7.1.4 形变场 ... 126
7.1.5 库首区重力场的变化 ... 128
7.2 三峡井网地下流体动态监测 ... 131
7.2.1 三峡井网概述 ... 131
7.2.2 三峡井网的流体异常与地震活动 ... 132
7.2.3 水库蓄水前后地下流体动态变化 ... 133
7.2.4 基本认识 ... 136
7.3 监测主要结论与讨论 ... 138
7.3.1 主要结论 ... 138
7.3.2 讨论 ... 138

第8章 三峡水库蓄水后首发微震群成因机理分析 ... 140
8.1 概述 ... 140
8.2 主要震群区的地震成因机理分析 ... 141
8.2.1 宝塔河—麂子岩地震群 ... 141
8.2.2 雷家坪地震群 ... 143
8.2.3 火焰石地震群 ... 145
8.2.4 楠木园—培石震群区 ... 147
8.2.5 高桥断裂南西段地震群 ... 152

第9章 三峡水库几个主要地震事件特征及成因机理分析 ······ 159

9.1 三峡水库蓄水以来几个主要地震事件概况 ······ 159
9.1.1 秭归县屈原镇M4.1级地震 ······ 159
9.1.2 巴东县东瀼口镇M5.1级地震 ······ 160
9.1.3 秭归县郭家坝镇M4.2级、M4.5级地震 ······ 163
9.1.4 巴东县东瀼口镇M4.0级、M4.1级地震 ······ 167
9.1.5 秭归县沙镇溪镇M4.5级地震 ······ 170

9.2 震区地震地质背景 ······ 173
9.2.1 震区地质构造环境 ······ 173
9.2.2 主要断裂 ······ 173
9.2.3 地震活动 ······ 174

9.3 地震成因机理分析 ······ 175
9.3.1 秭归县屈原镇M4.1级地震 ······ 175
9.3.2 巴东县东瀼口镇M5.1级地震 ······ 179
9.3.3 秭归县屈原镇M4.2级、M4.5级地震 ······ 182
9.3.4 巴东县东瀼口镇M4.0级、M4.1级地震 ······ 188
9.3.5 秭归县沙镇溪镇M4.5级地震 ······ 193

9.4 主要结论 ······ 194

第10章 水库诱发地震的对策研究 ······ 195

10.1 概述 ······ 195

10.2 早期的水库诱发地震对策研究 ······ 196
10.2.1 20世纪六七十年代的水库诱发地震对策 ······ 196
10.2.2 20世纪80年代初期的水库诱发地震对策 ······ 196
10.2.3 水库诱发地震的前期预测和抗震设计 ······ 197

10.3 工程专用的水库诱发地震监测台网 ······ 197

10.4 库坝区抗震安全监测预测系统 ······ 198
10.4.1 抗震安全监测预测系统 ······ 201
10.4.2 前期基础资料 ······ 201
10.4.3 其他有关的安全监测系统 ······ 202

10.5 施工期和蓄水初期的水库诱发地震对策 ······ 202
10.5.1 蓄水后水库诱发地震的判别标志 ······ 203
10.5.2 震情平稳期间的常规工作 ······ 205
10.5.3 地震活动明显增强的情况 ······ 205
10.5.4 近场发生强烈地震的情况 ······ 206

10.6 关于某些应急工程措施的讨论 ······ 207

10.6.1	关于水工建筑物抗震设防标准	207
10.6.2	库区的抗震设防标准	208
10.6.3	关于库岸稳定性	209
10.6.4	风险度和经济分析	211
10.6.5	地震社会学问题	211

第11章 水库诱发地震监测台网设计 ········ 213

11.1	概述	213
11.2	台网技术系统设计	213
11.2.1	技术系统的测震学指标	213
11.2.2	技术系统的总体构成	214
11.2.3	台网中心数据记录方式和地震数据处理	216
11.2.4	电源供给与避雷	217
11.2.5	系统设备选型	218
11.2.6	地震台站和信号传输主要设备	221
11.2.7	台网中心设备及其配置	223
11.2.8	辅助设备、备用设备和流动台设备配置	223
11.3	高灵敏度固定台网设计	223
11.3.1	台网设计和台站选址的原则	223
11.3.2	台网地震监测能力评估	224
11.4	台网信道设计	225
11.4.1	信道设计原则	225
11.4.2	信道设计组网方式	226
11.4.3	台网信号的传输方式	226
11.5	台网建设与运行	228
11.5.1	土建工程	228
11.5.2	仪器设备安装、调试	229
11.5.3	试运行和考核运行	229

第12章 结论与展望 ········ 231

12.1	主要结论	231
12.2	展望	236

主要参考文献 ········ 238

第1章 水库诱发地震研究概述

1.1 水库诱发地震研究历史简述

迄今为止,全世界发生的水库诱发地震(Reservoir Induced Seismicity,RIS)约有120例,不同学者统计的略有差异。1976年,David W. Simpson统计了29例;1990年,H. K. Gupta统计了69例,不确定型12例,其中我国8例;1994年,胡毓良统计为103例,其中我国16例;1988年,丁原章等统计了101例,其中我国13例;1990年,Guha和Patil统计为107例,其中我国8例;1995年召开的国际水库诱发地震讨论会(ISORIS)认为全世界约有150例,分布在29个国家,其中我国22例,美国18例,印度12例。虽然不同学者的认识和接触的资料不同,统计结果也不同,但是大家对世界上一些典型的水库诱发地震的认识相同。大于6.0级的水库诱发地震有4例,分别为我国新丰江水库(1962年3月19日,$M_L 6.1$)、赞比亚—津巴布韦边界卡里巴水库(1963年9月23日,Kariba,$M_L 6.1$)、希腊克瑞马斯塔水库(1965年2月5日,Kremasta,$M_L 6.2$)、印度柯依纳水库(1967年12月10日,Koyna,$M_L 6.3$),大于5.0级的水库诱发地震也不多,Guha和Patil 1989年统计为12例,大部分RIS是小于5.0级的中等地震和中小地震及微震,约占90%。据Coates于1981年的统计,世界上坝高高于10m、小于或等于90m的11000座大坝中,发生RIS的占0.63%;高于90m、小于或等于140m的大坝中,发生RIS的占10%;高于140m的大坝中,发生RIS的占21%。在所有报道的水库诱发地震震例中,除4个强震震例外,在地震地质条件、地震序列、震源机制、诱震机理等方面研究程度较高的还有Aswan、Manic-3、Nurek、Oroville、Monticello、Hoove(Meade Lake)、Jocasse等水库,这些震例的研究对现行水库诱发地震危险性评价方法、水库诱发地震特征的认识、诱震机制理论及水库诱发地震预报方法和理论的研究起了主要作用。

20世纪60年代接连发生了多次6.0级以上水库诱发强震,水库诱发地震的研究在徘徊了20多年后,很快引起了学术界、工程界和社会公众的注意并开展了一系列研究活动,召开了一系列学术会议。1970年联合国教科文组织成立了一个研究"与大型水库有关地震现象(Working Group on Seismicity of Large Reservoirs)"的工作小组(UNESCO),并于同年12

注:M_L 为近震震级(里氏震级、地方性震级);M_S 为面波震级,M 为地震震级。

国内经验换算关系式:$M_S = 1.13 M_L - 1.08$。

月召开了第一次会议,对 30 例大型水库震例作出了评价。1973 年,英国皇家学会(Royal Society)召开了蓄水地震效应学术会议(London UK Colloquium Seismic Effects on Impounding)。1975 年在加拿大召开了国际水库诱发地震讨论会(Banff Canada International Symposium Oil Induced Seismicity),会议的大部分论文由 Milne 于 1976 年编入 *Eugineering Geology*(《工程地质》)。1976 年美国地质调查局公开报告出版(*USGS Open File report on RIS*)。1976 年 H. K. Gupta 和 B. K. Ratogi 的《大坝与地震》(*Dams and Earthquakes*)出版,该书于 1990 年重版,是水库诱发地震研究中具有里程碑意义的著作。1995 年在北京召开了国际水库诱发地震讨论会(ISORIS'95)。此外,多次世界大坝会议(ICOLD,1979,1988,1997,2000)都有水库诱发地震的专题。

对 RIS 的研究,是从回答修建水库能否诱发地震开始的,所以早期的文献主要集中于建库前后库区地震活动性与水位相关性方面,之后的研究基本上分为 4 个方面:①水库诱发地震的地质学研究,主要研究库区及周围构造、断层、地震带以及水文地质、岩性、地应力场等,希望总结出易诱发地震的库区环境条件。②地震学研究,主要为地震序列分析、震源机制研究,目前研究得最深入,结果最可靠。③水库诱发地震的物理机制研究,包括一些概念模型、数学模型的研究和数值模拟研究。④水库诱发地震危险性评价和预测方法研究。

1.2 水库诱发地震研究现状

1.2.1 地质条件研究

水库诱发地震研究的初期,研究者就试图通过诱发地震库区地质条件研究,简化出易诱发地震的地质模型,以便解释水库诱发地震机理并建立科学合理的危险性评价方法,不少学者对诱发地震库区地质环境条件进行过归纳总结。

1970 年,Rothe 比较发震水库库区与临近无震区地质条件后指出,软性土质、均匀岩体和缺少裂隙均不利于蓄水后应力集中,不能诱发地震;裂隙化岩体、块体构造、非均质岩体易诱发地震。1970 年,Card 特别强调了这种观点,认为预先存在裂隙是水库诱发地震的先决条件。

1974 年,N. I. Nikolaev 从分析全球新构造与诱发地震关系出发,认为水库诱发地震易发生在新构造活动区域,在地壳"封存"应变能的区域,库水沿裂隙渗透,在构造作用"临界带"触发能量释放。他认为水库不能改变当地最大震级,只能通过库水作用的应力调整改变频次与震源位置,可以此作为根据确定当地最大震级。D. W. Simpson 于 1976 年综合研究了影响水库诱发地震的各种因素:①先存应力状态,包括构造状态、初始应力大小与应变积累量。②地质和水文地质条件,包括断层与水库的相对产状与断层渗透性、岩体水力学参数如岩性、裂隙发育程度、孔隙度、渗透率以及地下水系统与库水的连通性、储水性。③水库特征,包括库深(水压)、体积(载荷)、形状(应力集中)与水位波动速率等。他认为正断层、走滑断层环境以及中等应变积累的地区易诱发地震。Simpson 的总结面面俱到,特别是对水文地质条件方面有较深的认识。

1974年,C. Lomnitz在分析了印度地盾边缘的诸水库诱发地震后指出,水库诱发地震易发生在地块边缘地形梯度大、地应力集中、区域上具有温泉分布或其他新生代火山活动遗迹的地区。他重点强调了地形梯度和地壳残余热这两个因素。但据Gupta等人的报道,经多年连续观测,Koyna水库带状分布温泉群的流量和温度与地震活动没有相关性。Gupta于1989年在总结水库诱发地震的一般特征时指出,有利于水库诱发强震的地质环境是：正断层环境,库体位于断层下降盘,区域上曾经有火山活动,存在灰岩等易溶岩类。

1988年,Roeloffs研究了4种走向与库体平行的断层在蓄水条件下的稳定性。垂直走滑断层趋于稳定,低角度(小于20°)逆掩断层和高角度(大于60°)逆断层除小部分外也都趋于稳定,正断层在深度等于或大于库宽范围趋于失稳。

我国有22座水库报道发生诱发地震,其中存在争议的有8座。在公认的诱发地震水库中,绝大部分分布于低烈度区。我国已建成的300多座大型(坝高大于等于80m或者库容大于等于1亿 m^3)水库也是大部分分布于低烈度区,所以如果不考虑印度等国家的情况,单就我国的水库诱发地震分布而言,很难作出诱发地震与地区烈度相关性的判断。根据库区地质条件和成因,我国学者把水库诱发地震根据库区工程地质条件分为岩溶塌陷型和断层破裂型。我国有11例诱发地震可以归结为岩溶塌陷型,该类诱发地震库区大面积分布厚层灰岩,且现代岩溶发育;断层破裂型水库诱发地震发生的概率较小,历史上对大坝造成损害的我国新丰江和印度Koyna水库诱发地震属于这一类型。我国断层破裂型水库诱发地震库区一般有区域性断裂或者地区性断裂通过,并且断裂带与水库有水力联系。

对于水库诱发地震地质环境的认识,有一些结论是目前普遍接受的,例如：①水库诱发地震多发生在天然地震活动水平低的地区,无论是我国还是世界范围都存在这种现象。比如说,我国水库诱发地震绝大多数位于长江中下游及其以南地区,库区基本烈度为Ⅵ度或低于Ⅵ度。印度半岛地盾、加拿大地盾以及美国南卡罗来纳州是世界水库诱发地震的多发地区,但这些地区天然地震活动均处于低水平。②当库区淹没区岩溶发育时,发生水库诱发地震的可能性将大大增加,我国水库诱发地震大部分发生于岩溶发育的库区。③当淹没区岩体呈现力学性质和渗透性的各向异性时,发生水库诱发地震的可能性增大,印度德干高原上的水库诱发地震库区均分布有柱状节理发育的玄武岩。④库区高角度正断层比逆断层和走滑断层更容易诱发地震。⑤水库诱发地震总是分布在距离水库很近的范围内,大部分震中分布在距离淹没区3km范围内,最大也不超过20km,这说明库区局部构造条件对水库诱发地震具有重要的控制意义。

从现有水库诱发地震震例中总结出几条地质条件的特征是容易的,但要说明发震水库与未发震水库的地质条件的最显著差别却几乎是不可能的,如果把如此少量的发震水库与大量的未发震水库的地质条件作比较,确实很难发现它们之间的差别。因此,着眼于单个震例的详细研究,从特定震例震源分布与局部构造关系入手,搞清楚控制地震分布的主导因素,进而概化诱发地震环境的地质模型,是水库诱发地震地质模型研究的有效途径。如 Nurek 水库,该水库位于地震高烈度区,建库前 20 年就开始进行地震观测研究,是极少数诱发地震发生前就有详细地震历史记录的震例之一。诱发地震发生后,苏美联合研究组于 1975 年开始对该震例进行深入研究,美方架设了由 10 个台站组成的遥测台网,苏方利用已有的由 10 个台站组成的地震台网,美方主要研究地震精确分布及其与地质条件的关系,苏方主要研究地震时间序列变化及其与库水位的关系。Nurek 水库无震区和发震区岩性相同,均为含有石膏和页岩夹层的上白垩—早第三系灰岩,通过详细研究发现,地震分布受局部褶皱构造控制,地下水在向斜区不能向深部渗漏。而背斜区地下水可以向深部渗漏引起孔隙压力升高从而发生地震,事实上,是局部水文地质结构面控制了地震的空间分布。通过 Nurek 震例研究提出了库区局部构造条件和水文地质条件控制诱发地震分布的观点,对以后水库诱发地震地质环境研究具有重要影响。谷德振在 20 世纪 70 年代就提出了水文地质结构分类及其对水库诱发地震的意义,并形成了以水文地质结构面(夏其发、汪雍熙)和库区岩体渗透性(胡毓良)为工作主线的水库诱发地震危险性评价方法。但在水库诱震环境研究中,还没有一个详细研究的震例来支持这些概念模型。本书作者以岩体结构控制理论为指导,提出了不同岩体结构和水文地质结构组合的水库诱发地震的研究意义,并认为库区介质渗透性和力学性质的不均一和各向异性在水库诱发地震孕育过程中起主导作用。

纵观诱发地震环境地质条件研究过程,从注重库区区域构造背景到注重库区近场局部构造,从注重库区新构造和活动构造到注重结构面的渗透特性,从单纯考虑结构面渗透性到综合考虑岩体结构和水文地质结构的组合特征,研究内容的变化也反映了人们对水库诱发地震环境的认识在一步步深化。

1.2.2 诱发地震机理研究

有不少学者对水库诱发地震的物理机制进行了研究,1970 年 W. D Couga 和 W. I Gough 研究了载荷作用在 Kremasta 水库诱发地震中的作用,20 世纪 60 年代早期对科罗拉多附近落基山军工厂地下注液诱发地震进行了观察,以及 Hubbert 和 Rubey 于 1959 年用太沙基(Terzaghi)有效应力定律来解释流体在构造活动和地震中的作用并进行了研究。这些研究都奠定了水库诱发地震物理机制研究的基础。通过几个水库荷载产生应力增量的计算,对库体载荷作用得出较为一致的结论。流体孔隙压力在诱发地震中的作用研究则相对要深入得多,因为流体在岩体变形破坏过程中的作用不仅是地震学家关心的课题,也是构造地质、水文地质、工程地质、岩石力学等领域近年研究的热点。1979 年美国地质学会在加利福尼亚的 San Diego 召开了一次由多领域专家参加的流体孔隙压力在地质变形破坏过程中的作用讨论会,会上就有效应力定律、地震和孔隙压力等话题进行了讨论。近年来美国地球物理协会和美国地质学会召开了一系列有关地下流体与地质作用过程的研讨会,就地下流体在地壳变形、岩体破裂、物质输运等过程中的物理、化学作用进行了讨论。

研究库体载荷作用对孕震影响的有 W. D Couga、W. I Gough(1970)、Snow(1972)、Beck

(1976)、Withers 和 Nyland（1978）等，研究结论认为，载荷作用除在最大主应力垂直区域外，一般起稳定作用，并指出了不同构造条件的不稳定部位。Koyna 水库载荷产生的最大剪应力为 0.21MPa，Oroville 为 0.34MPa，Kariba 为 0.12MPa。Koyna 水库库容是 Oroville 的 35 倍，而 Oroville 深度是 Koyna 的 2 倍，两个水库诱发震例代表了两种极端情况。由库体载荷产生的剪应力不可能大于 5bar，最大剪应力发生在库体下侧约 1km。

据 N. L. Nikolaev 的研究，地壳剪应力在新构造不活跃区为 100 ± 50kg/cm^2，在活跃区为 $750\pm350\sim1000\pm500$km/cm^2，相比而言，水体重力产生的附加剪应力太小，由此，许多研究者得出蓄水前库区地应力处于临界状态的结论。近年来，随着对库区岩体不均匀性和水岩耦合作用的关注增加，这种观点不再被强调。

水库蓄水后，两种作用引起库盆基岩体孔隙压力升高：一是岩体的压缩变形作用，这种作用使岩体受压孔隙度降低引起孔隙压增高，发生于蓄水初期，其持续时间决定于岩体结构和渗透性；二是库水在岩体中渗流，引起流体压力的扩散。1985 年 Talwani 和 Acree 根据对美国卡罗来纳州一系列水库诱发地震震例研究，提出地震是由于孔隙水压力扩散使水压力峰面达到震源处而发生，并计算了 22 例震例的水力扩散系数。1978 年 Bell 和 Nur 应用 Boit 饱水多孔介质线性准静态弹性理论研究了二维半空间均匀介质和含断层介质在荷载作用下的强度变化，发现渗透性均匀介质出现一弱化带，而在有高渗透断层带分布的介质中，随着弱化带的宽度加大，强度显著下降，并计算了正断层 0.8～1MPa 的强度降低量。1995 年沈立英和常宝崎用同一理论计算了新丰江水库诱发地震，认为诱发地震主要是应力—孔隙压耦合作用的结果。1989 年 D. W. Simpson 等人提出了一个由岩体非均匀性对诱发地震影响的模型，认为由非均匀性引起的孔隙压力的集中是导致蓄水后不久发生小震的原因。此模型仅考虑了由岩体压缩引起的孔隙压力升高。1995 年梁青槐等人采用应力场—渗流场耦合的方法研究了理想条件下水库蓄水应力场和渗流场的变化特征，对断层带、蓄水速率对诱发地震的影响等进行了讨论。存在于孔隙中的流体，一方面影响岩体的变形特征（相当于土体的固结过程），另一方面影响岩体强度。孔隙压力对岩体强度的影响现在普遍应用有效压力定律来解释。虽然有效应力的概念被普遍接受，但对其确切含义、不同岩体特别是低裂隙岩体孔隙压力参数确定、各向异性岩体有效压力的表达形式方面存在激烈的争论（T. N. Narasimhan，1980；R. de. Boer，1990；James G. Berryman，1992）。对水库诱发地震研究，目前均采用 Boit 固结理论，没有考虑岩体的各向异性对孔隙压力系数的影响，而这一系数的大小对岩体强度具有重要影响。

在水库诱发地震的机理讨论中许多研究者都提起水对介质的"弱化"作用，即饱水岩石的强度降低和断层摩擦强度的降低，众多室内实验结果都支持这种观点。据 1985 年 Talwani 和 Acree 对 Monticello 水库诱发地震的计算，断层摩擦系数为 0.2～0.4，而不是地质上常常采用的 0.6～0.8，并认为这是由于库水入渗导致的摩擦系数降低。从水文地质的观点看，建库前地下水位以下的岩体已处于饱水状态，水库蓄水地下水位升高仅影响地下水位变动带的饱水状态,所以岩体饱水对强度的弱化仅限于地下水位变动带。据1986年胡毓良等人对浙江湖南镇水库诱发地震的研究,震源深度仅200~300m,似处于水位变动带。可以认为,除震源深度极浅的诱发地震外,岩体饱水对地震的诱发作用是较弱的,但若地下存在封闭的"干燥"裂隙或断层,当在一定压力梯度下充水时,孔隙压力的变化将是一个相当大的值,因此,可以想象这种变化对水库诱发地震所具有的重要意义。

库水和环境间的相互作用,基本可以归纳为库水荷载作用、孔隙压力扩散作用和润滑作用。库水荷载作用指库水重力对库区岩体的加载作用和重力作用下岩体孔隙减小引起孔隙压增大;孔隙压力扩散作用指库水在水头作用下向地下渗透扩散,导致渗流场孔隙压力增大;润滑作用指库水向构造破碎带渗透时,断层岩软化、泥化,降低了黏聚力和摩擦系数。水库诱发地震的物理机制以上述三种作用为基础,可以概括为四种机制类型:①应力增强机制,认为库水荷载作用导致岩体中应力增强并超过其强度而诱发地震。②强度弱化机制,认为水库蓄水后水头升高引起地下孔隙压力升高,导致滑动面有效应力减小而诱发地震。③也属于强度弱化机制,认为水库蓄水向岩体扩散,导致滑动面摩擦系数降低而诱发地震。④局部应力集中机制,认为库区岩体结构和介质构造的不均匀性、各向异性控制着蓄水过程地应力及孔隙压力的分布,导致局部应力和孔隙压力高度集中,从而诱发地震。④更加强调库区介质的结构构造在诱震过程中的作用,并认为它们是矛盾的主要方面。各向异性岩体有效应力定律的理论研究和流固耦合数值模拟的结果也支持这一观点。在重视库区岩体结构和水文地质结构的各向异性和不均一性的基础上,从流固耦合的角度研究水库诱发地震机制,应该说是今后水库诱发地震机理研究中的一个重要的发展方向。

1.2.3 地震学研究

1992年H.K.Gupta总结了多位研究者对水库诱发地震的地震学研究成果,总结出以下规律:①水库诱发地震前震b值大于余震b值,并且两者均大于当地天然地震b值。②水库诱发地震的最高余震震级与主震震级比值高于天然地震。③水库诱发地震余震具有衰减慢的特征。④水库诱发中强地震的地震序列为前震—主震—余震型,低震级诱发地震一般为震群型。

根据以上水库诱发地震的地震学特征,结合1963年Mogi的实验研究成果,H.K.Gupta提出了诱发地震库区的介质力学模型,模型认为诱震库区岩体力学性质上表现为强烈的非均匀性和各向异性。以上水库诱发地震的地震学特征对于鉴别水库诱发地震和判断发震局势具有重要意义。

1.2.4 评价理论与方法研究

水库诱发地震危险性评价,即诱发地震的可能性和最大震级的评价,各学科、不同学者持有不同的观点方法,目前尚处于资料积累和方法探索对比阶段,至今尚无成熟的预测潜在危险性的评价方法。归纳起来大致分为诱发地震条件判别法和成因模式法。前者通过对水库特征参数(库容、库深、形状等)和构造、岩性、水文地质条件、应力状态、区域地震活动性等因素的综合研究,或是基于研究者的直觉判断,或是基于震例的统计分析结果,对研究水库潜在诱震危险性作出评价。后者以一定的成因模式为基础,建立破裂或屈服准则,通过计算对诱发地震危险性作出预测。1979年胡毓良等提出了根据岩性、渗透条件和岩体稳定性评价诱发地震的可能性,并在国内首次成功预测了乌江渡水库的诱发地震,随后提出了根据水库规模、岩性、地质条件、渗透条件、应力状态和区域地震活动水平进行综合评价的原则。汪雍熙在1995年以谷德振岩体结构面理论和水文地质垂直分带理论为基础,提出水库诱发地震的多成因理论及基于此理论的危险性评价程序与方法,夏其发在2000年以工程地质学理论为基础,系统阐述了水库诱发地震危险性评价的工作程序和方法,该方法将区域工程地质、构造地质、水文地质与地震活动性综合研究,并与世界水库诱发地震资料进行对比,总结出构造断裂型、地表卸荷型和岩溶塌陷型三种类型水库诱发地震判据。

基于震例统计分析危险性评价的方法很多。Packer、Baecher在1979年和1982年提出概率预测法,选择库深、库容、应力状况、库区断层活动性和库区优势岩性条件,通过统计发震水库和不发震水库给出五个因子的概率预测算法,然后对拟建水库据五个因子计算得出发震概率。常宝崎1989年以模糊集理论为基础,提出两级综合模糊评判法。杨清源等应用模糊集分析方法对三峡水库诱发地震最大震级做出预测。黄润秋和许强在1995年提出水库诱发地震震级的人工神经网络预测模型。基于统计的水库诱发地震危险性评价方法很多,这类方法的效果取决于选择统计样本的数量和质量,一些非确定性因素的数学处理、研究者的专业经验和学术观点也起作用。考虑到统计的不确定性及水利工程的重要性,Clarence R. Allen在1979年提出了水深超过80m的水库都应按库区附近会发生6.5级地震来设计的观点。

Thomas Vladut在20世纪80年代提出并系统发展了水库诱发地震危险预测方法(Risk Prediction Methods on RIS),并在Manicouagan 3、Manicouagan 5、LaGrande 2、LaGrande 3和Katse大坝成功应用。该方法以震例统计为基础,以河流水力坡度和峡谷坡度为水库形状参数识别诱发地震危险性,以地质条件、水文地质条件来预测地震强度。该方法在1988年召开的国际大坝会议上被认为是识别水库诱发地震危险性的较成熟的方法。

陶振宇等人于1987年运用固—液耦合分析方法对我国东江水库进行过预测。A. Urihe-Caravjal和E. NCand应用Boit固结理论对墨西哥Itzantun进行了地震危险性预测。基于对诱发地震物理机理理解的危险性评价方法总是以一定的力学模型为基础,模型包括岩体本构关系、屈服准则或破坏准则、岩体的物理力学参数等。该类方法在工程实践中应用得相对要少,一方面是由于对诱发地震机理的认识不够清楚,另一方面是地质模型概化为力学模型的过程中岩体力学参数的精确性受到质疑,屈服或破坏准则难以确定。不过,无论是从学科发展还是工程实践要求上讲,采用基于诱发地震机理的确定性模型进行危险性评价是必然趋势。现代岩体结构力学理论、岩体水力学理论、岩体工程地质学理论的发展为水库诱发地震的研究提供了理论储备,性能完善的数值模拟工具如NASTRAN、ANSYS、

SUPERSAP、BEASYA等软件的出现和计算机技术的快速发展与普及使用为诱发地震机理的数值模拟研究提供了技术保证。地震预报实践和大型水利水电工程迫切需求的是水库诱发地震研究的强大动力。

1.2.5 目前存在的主要问题

目前,水库诱发地震研究中存在的问题可以概括为以下三个方面：

①从众多对水库诱发地震的地质环境条件进行归纳、总结的文献中,大部分是在区域尺度上进行研究,着重从发震库区的断裂力学性质、岩性特征、地震活动性以及构造应力场方面进行归纳总结,在综合分析水库工程特征、构造特征和环境条件等方面有待深化,有些基本问题有待回答。例如,在水库诱发地震的孕育过程中,水库工程特征、介质结构构造、介质建造、环境条件(主要是地下水和地应力)诸多因素中,什么是矛盾的主要方面？矛盾主要方面转化的条件是什么？制约水库诱发地震的构造背景是区域构造特征和地震活动性,还是库区局部地质环境条件？发震水库的地应力条件是处于临界破裂状态,还是像有的研究者所说的那样与无震水库没有差别？这些问题的回答对揭示水库诱发地震的机理、水库诱发地震危险性评价以及预测方法理论的建立是至关重要的。

②在水库诱发地震机理方面存在不同认识。水库与地质环境的相互作用非常复杂,库水重力荷载作用、孔隙压扩散作用以及地下水对断层物质的浸润、软化作用等,在发震中都起一定的作用,在何种条件下哪一种作用是主导因素？目前还没有明确答案。流体参与孕震过程的本质是什么？是单纯的力学作用？还是流体积极参与的物理化学作用导致介质强度降低而诱发地震？目前也还没有定论。

③由于对易诱发地震的环境条件和诱发地震机理存在不同认识,主要反映在水库诱发地震危险性评价和预测的方法上出现多种方法并存的现象,而没有一种被普遍认可和接受的主流方法。不同方法的评价结果有时相差很大,甚至会得出截然相反的结论。这种状况会严重制约工程的顺利建设,同时也可能会造成投资的巨大浪费。

1.3 蓄水前三峡水库诱发地震研究

由于三峡工程为超巨型水利工程,一直受到国家和专业技术人员的关注。在"积极准备、充分可靠、加强科研"的方针指导下,开展工程区及外围的地震研究工作具有重要意义。

1.3.1 建立三峡地震监测台网

在选坝勘测工作进行的同时,对地震的研究也已在同步进行。1958年9月,中国科学院地球物理研究所在三峡地区建立地震观测台网,这是我国第一个为一项工程专门设立的观测台网。1959年9月,该台网移交三峡工程设计总成单位长江水利委员会(以下简称"长江委"),长江委成立了三峡区勘测大队地震队,继续进行三峡地区弱震监测,为工程抗震设计和水库诱发地震研究搜集了大量的基础资料。三峡台网建立后，观测工作一直正常进行，每年均有地震目录、分析报告以及震中分布图等记录。

1.3.2 开展综合性地震监测研究

1972年，地震队扩编为地震地质队，对库坝区及外围的一些主要断裂，特别是对300km范围内的一些较重要的地震事件，以及地貌、第四纪地质问题进行了研究考察。并逐步开展了对库坝区和邻近地区一些主要断裂的定点形变监测，对一些主要断裂的最新活动年龄进行研究测定。这些工作为三峡工程的论证、可行性研究、初步设计提供了翔实的基础资料，对区域稳定和地震活动性提出了阶段性的认识和结论。

1.3.3 对水库诱发地震进行专题研究

在三峡工程可行性研究报告和初步设计报告的审查过程中，区域构造稳定性、水库诱发地震问题是专家们关注和争论较大的问题之一。因此，在"七五"国家重点科技攻关中，设立了"长江三峡工程水库诱发地震问题研究"（编号85-16-02-03）专题，由多家科研院所、大专院校联合攻关。

①为了监测坝址及库首区的地震活动，1987年5月至1989年11月在三斗坪至香溪沿江和仙女山断裂上建立地震台网进行强化观测。观测台网由库首区沿江台网、仙女山断裂带监测台网和盐关小孔径台网三部分组成，经近两年的观测资料表明：

a. 坝址附近结晶岩体内，沿江段没有记录到微震和极微震。

b. 一年半时间内，除周坪怀抱石煤矿附近出现地震外，没有记录到沿仙女山断裂带的地震。

c. 一年时间内在香溪北5km的盐关煤矿记录到1.3~2.5级微震和极微震1090次。

d. 在龙马溪至香溪一带记录到$M_L 0$~2.5级地震120次，多数为小于1.0级地震。

调查分析认为：

a. 结合三峡台网近30年测震资料和强化观测资料，证明坝址附近确实没有微震活动。

b. 周坪一带出现的地震，可能是怀抱石煤矿开采诱发的地震。仙女山断裂带似乎不存在构造地震带，强化观测没有记录到断裂带内的地震。

c. 盐关附近大量微震和极微震发生地点局限在矿山附近$1km^2$范围内，应为矿山开采诱发地震。

d. 龙马溪—香溪一带地震，亦与矿山开采有关。

e. 过去记录的雨季时期在碳酸盐岩区发生的一些小震可能与岩溶塌陷等有关。

这些新的认识，实为原有基础资料分析的深化，有极大的裨益。

②为了解三峡工程库坝区的现今区域应力场，1989年在坝址区附近茅坪镇花岗岩体内，施钻一深800m的钻孔，在该钻孔中进行了16段原地应力测量，同时还进行了孔隙压力、岩石渗透率、井径、井温等测量，数据显示其量级都比较小，为与其他震例对比提供了资料。

1.3.4 水库诱发地震的深化研究

在"八五"国家重点科技攻关项目中,再一次设立"长江三峡工程地壳稳定性与水库诱发地震问题的深化研究"(编号为 16-04-04)专题,针对三峡工程地震地质研究中存在的一些疑点,以及采用概率论方法对水库诱发地震潜在危险进行预测和极近场地面运动研究,同时对深孔地应力测量进行补充研究。

①通过穿越三斗坪坝址区长约 33km 的 NS 向人工地震剖面探测,并结合其他资料分析认为,沿长江一带分布的 NNE 向和 NW 向重、磁异常是基底至上地幔拗陷与隆起的反应,不存在规模较大的 NNE 向、NW—NWW 向断裂。

②采用模糊聚类法和灰色聚类法,以全球 71 个资料较全的水库诱发地震作样本,得出三峡库区花岗岩体内水库诱发地震的上限震级不超过 4.0 级,庙河—香溪河碳酸盐岩峡谷段和香溪—巴东碎屑岩库段水库诱发地震的上限不超过 5.0 级。水库诱发地震对工程的综合影响烈度约为Ⅵ度的结论。

1.3.5 施工期地震强化观测和水库诱发地震专题研究

施工期在对三峡工程遥控地震台网进行改造的同时,进行三峡水库库首区小孔径强化地震观测,并开展地震本底和水库诱发地震预测研究工作,提出了《长江三峡三斗坪—奉节库段水库诱发地震报告》研究成果。

总体而言,对三峡水库诱发地震问题已进行了大量的研究工作,基本上与当前世界的研究水平同步。特别是建立的地震监测台网对工程未建前地震观测时间之长,在世界上也是极其少见的。

1.4 蓄水后三峡水库诱发地震研究

1.4.1 蓄水初期地震活动情况

三峡工程于 2003 年 5 月 25 日开始初期蓄水,至 2003 年 6 月 10 日蓄至 135m,日均升幅 3.24m。在库区水位上升到 135m 或在 135m(初期 4 个月)和 139m 上下波动的过程中,库区地震活动频次出现了起伏变化。

通过对三峡工程开始蓄水地震活动特点的初步分析,主要有以下特点:

①地震在蓄水初期特别是蓄水开始的前 20 天频次最高。从 2003 年 6 月 9 日凌晨开始突发密集的小震群,当天记录到可定位地震 15 次,6 月 12—19 日,巴东一带地震达到高潮,8 天记录到的可定位地震 74 次,6 月 20 日以后地震活动逐渐减弱;截至 7 月 31 日,全区共记录到可定位地震 175 次,8 月记录到的可定位地震仅 40 次,且分布较为分散。2003 年 6 月 1 日至 8 月 31 日,全区共记录地震总数 2868 个,其中有 215 个是可定位地震,占总数的 7.5%。地震活动随着时间的推移,地震频次大幅降低。

②地震震级非常小。自三峡水库开始蓄水至 2006 年 3 月 31 日止,在库首及邻区,共记录到能确定震中位置的地震 2223 次,其中 1.5 级以下的地震就有 1954 次,占总数的 87.9%,3 级以上地震仅 3 次,最大震级为 2005 年 9 月 22 日巴东东瀼口镇北发生的 $M_L3.3$ 级地震,没有超过蓄水前库区天然地震本底强度($M_L5.5$ 级)。

③地震具有集中分布的特点。产生水库诱发地震活动的主要地区是长江干流上的巴东宝塔河—巫山培石库段和长江支流香溪河畔的三间—香溪库段。特别是在巴东宝塔河—巫山培石库段,蓄水前地震活动很少,但在水库蓄水位由 80m 上升至 128.8m 以后,该区地震活动频发,并在约 6 个月内,在该库段形成了宝塔河—麂子岩、雷家坪、官渡口—火焰石、楠木园—培石 4 个地震活动密集区,后来随着地震活动的频次不断增加和各震区空间的逐步扩展,至今 4 个震区空间基本相连,形成了一个较大的地震活动密集库段,构成了三峡水库蓄水后地震活动的主体空间,其地震活动频次约占整个研究区的 50%。

为深入分析蓄水以来群发地震的成因,需结合上述地震的特点,以三峡水库初期蓄水首发微震群为主要研究对象进行重点解剖,有针对性地对发震地区的地震地质背景进行深入的调查研究,为分析地震的成因机理并进而预测三峡水库诱发地震强度提供翔实的基础资料。

1.4.2 三峡水库常态化运行后地震活动研究

在经过蓄水初期的应力调整后,三峡水库的地震活动逐渐平静。在三峡水库常态化运行阶段,地震频次大大降低,除了继续利用三峡数字地震台网做好库区地震监测工作之外,对库区一些震级较高的地震,还应开展专门的调查研究,主要研究内容包括:

①了解典型震例的地震基本参数。包括发震时间、震中位置、地震震级、震源深度、震中烈度、地震类型、余震序列等地震学特征。

②开展现场调查。按照国家有关地震现场调查工作规范,实地调查地震震损情况,并科学地进行地震烈度分区;对震区地质构造特点进行深入的调查与复核。

③收集震区地质构造背景、地形变、断层监测、地下水监测等资料。

④结合地震活动与地震地质背景,研究地震可能的类型并分析其成因机理。

⑤分析地震活动趋势,对比前期研究结论,丰富和完善水库诱发地震研究成果。

自三峡水库 2003 年 5 月开始蓄水至今,其间水库范围内先后发生 4.0 级以上地震 7次,主要集中在库首区秭归—巴东段,对这些地震特点均按照上述内容开展研究工作。

1.4.3 蓄水后三峡水库诱发地震研究方法

在水库诱发地震的评价方法中,有一项十分重要的工作,那就是在水库蓄水后如果诱发了地震,就需要根据新的震情,按照图 1-1 中虚线部分所标明的步骤进行调查和分析发震的原因,并正确评价其可能的发展趋势,特别是要核查和重新估算今后可能达到的最大震级,以便为选择既安全而又经济合理的抗震对策提供依据。

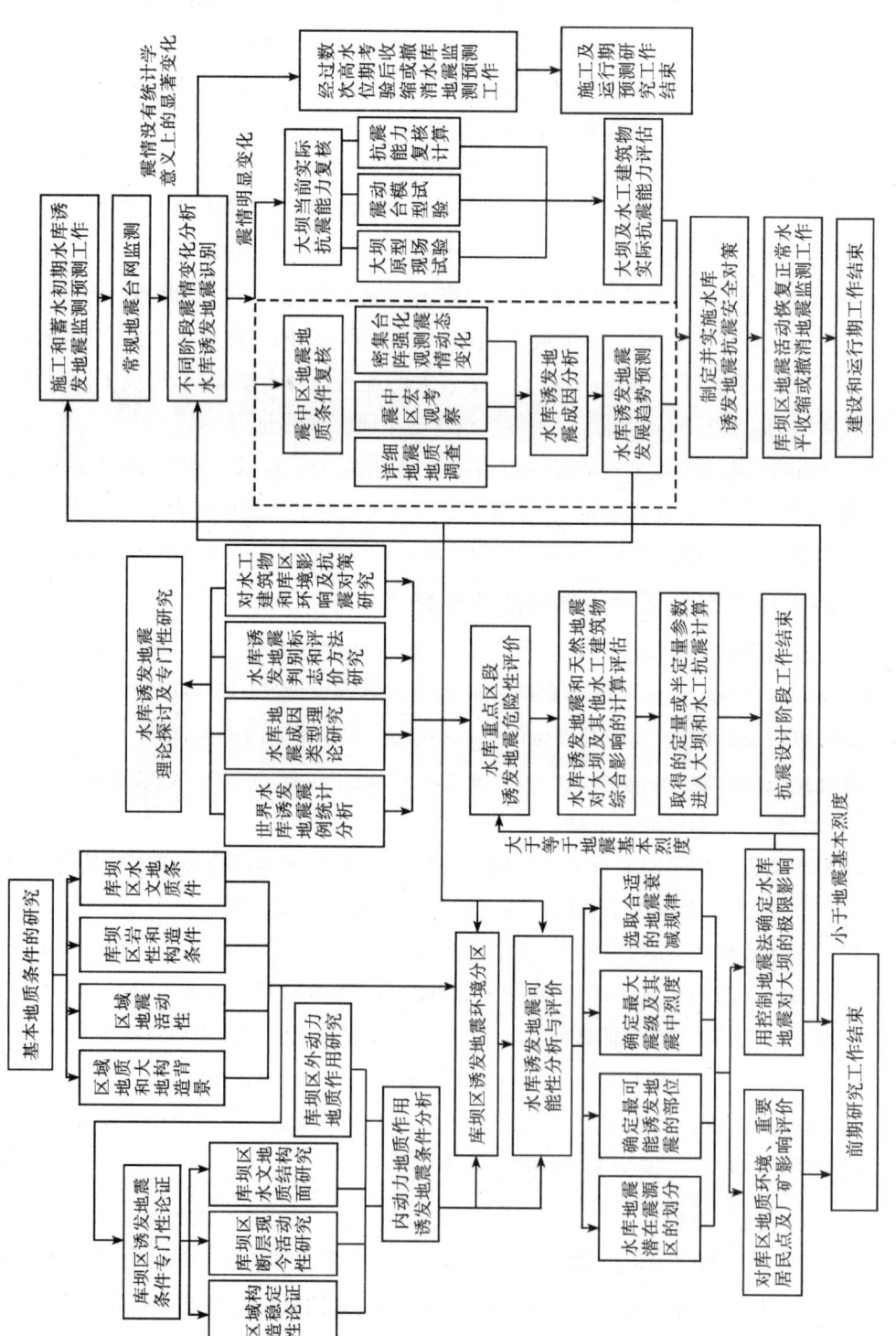

图1-1 水库诱发地震评价框图（据夏其发修改）

在三峡工程论证期间,已经对水库诱发地震的危险性进行了较为深入的研究,并较为合理地估算了诱发地震的可能震级和最大可能震级及部位,为工程的抗震设计提供了相应的参数。

对水库蓄水后地震活动特征的研究是在详细调查蓄水初期微震活动区及水库常态化运行期几个典型地震的地质条件的基础上,结合三峡水库诱发地震活动的特点,为分析地震活动的成因及预测地震活动趋势提供地质背景材料。

地质调查的任务是通过地质测绘和实地调研,对震区地质背景,水库淹没范围的地层、岩性、构造、岩溶水文地质条件,煤矿采空区的位置、范围,受水库淹没影响及坑道变形情况,边坡变形,施工放炮,气象水文及当地人群震感等情况作一个全面的调查了解,并形成相应的文字报告和图件。

通过调查,对地震成因的分析和将来的地震趋势预测提供以下有价值的资料:
①发震地区,特别是水库蓄水初期几个集中发震地段详细的地质和环境条件。
②可能引起水库诱发地震的各种外部环境和外动力作用。
③与台站地震记录相对应的各种外动力地质现象和人类活动记录。
④135～175m水位与135m水位以下地质条件和环境条件的异同。

通过调查所获得的地质和其他相关资料,对水库区地震成因类型、触发因素和形成条件作出初步分析,并对地震活动趋势作出判断。

1.4.4 研究工作的重点

针对水库区已发生的地震,研究工作的重点主要包括以下几个方面:

①对发震地区,尤其是蓄水初期几个集中发震区的地质条件和相关的各种外部和内部环境进行系统的现场调查。通过地质测图和实地调研,对微震区地质背景,水库淹没范围的地层、岩性、构造、岩溶水文地质条件,煤矿采空区的位置、范围,受水库淹没影响及坑道变形情况,边坡变形,施工放炮,气象水文及当地人群震感等情况作一个全面的调查了解。

鉴于地震活动主要集中在秭归—巴东一带的库首地段,现场调查工作的范围确定为 $30°58'\sim31°08'N,110°06'\sim110°30'E$,即上起巫山培石(鳊鱼溪、鲢鱼溪一带),下至秭归青干河(长40km),南到茶店—河梁、北达沿渡河—高桥一线(两岸各宽5～8km),总面积约 $600km^2$。

现场调查工作是收集地质、震情资料,其主要工作内容包括:

a. 地层,建立本区地层剖面,进行工程地质岩组分类,填图时将地层细分至段。

b. 构造,通过野外调查查明本区构造特征特别是断裂构造的规模、产状、相互关系等,并收集其构造期次、活动性等资料。调查微震分布与断裂构造的关系。

c. 水文地质,重点是本区岩溶水文地质条件,详细调查洞穴的位置、规模以及充水情况,并分析地层、构造等与岩溶发育的关系。调查微震分布与岩溶的关系。

d. 边坡变形,核实调查区内边坡变形的类型与规模,实地调查近期特别是水库开始蓄水期间边坡变形等破坏情况。

e. 震情调查、现场调查和收集水库开始蓄水以来人们对地震的反应及震害情况,并分析地震变化的特点(频率与强度)与原因。

　　f. 采矿,调查工作区煤矿的位置、高程、范围,矿洞、矿柱变形,塌落情况,特别是与水库蓄水的关系。

　　g. 施工放炮,调查蓄水初期建筑、交通施工、地质灾害治理、边坡支护、采石等施工放炮情况,并分析与地震记录间的关系。

　　h. 其他资料,包括水文气象、降雨历时与强度等。

　　②收集有关地壳形变监测与地下流体监测资料。

　　三峡水库地壳形变监测资料主要包括区域形变水准网的精密水准测量、区域水平网的GPS联测、区域重力网联测、跨断层激光网测量、跨断层短水准测量、GPS基准站与洞体连续观测站等。

　　三峡井网地下流体动态监测资料内容主要是水库蓄水前后地下流体动态变化情况,包括井水位的变化、井水温的变化、井台土氡的变化情况等,并分析地下流体的变化与三峡水库诱发地震活动的关系。

　　③结合三峡库首区主要断层形变监测资料,对库首区主要断层的活动性进行复核。

　　综合各种资料,重点对活动性较强的高桥断层及规模较大的仙女山、九畹溪断裂特征进行深入研究,分析断裂活动与地震活动之间的关系。

　　④三峡水库诱发地震趋势预测研究。

　　通过地震地质类比法(又称地质类比法)、数学模型法等,对三峡水库库首区诱发地震趋势进行分析预测,特别是对2006年9—10月水库蓄水至156m和最终蓄水至175m的地震趋势进行预测,对前期水库诱发地震研究成果进行分析和复核。

1.4.5　需要把握的关键技术问题

　　(1)对水库蓄水后地震活动特征的研究需要把握的关键技术问题

　　①查明发震区地质背景条件,探讨三峡水库初期蓄水及水库常态化运行后水库诱发地震的诱震机理。从断层渗透结构和岩体渗透稳定性等方面,描述地质体水文地质性质,并研究其诱发地震意义。

　　②运用现有的三峡库首区地形变监测、三峡井网地下流体动态监测等资料研究和分析在三峡库首区一定的区域范围内,地表形变、地下流体动态变化与水库诱发地震的关系。

　　③探讨制约三峡水库诱发地震的主要因素并运用数学模型法对库首区水库诱发地震强度进行复核。

　　(2)为了解决以上关键技术问题采取的措施

　　①在充分收集应用前人资料的基础上,对重点地段作详细的野外地质调查。已淹没的部分,要利用已有资料加以填补。

　　②野外地质调查,利用遥感技术结合实地勘察进行,在收集岩溶洞穴、煤矿采空区变形

塌陷、边坡变形破坏等资料方面做到翔实可靠。

③对有典型意义的现象进行重点解剖,分析引起地震的成因,找出规律,为预测将来的地震活动积累经验。

④采用宏观调查与微观分析相结合、定性分析与定量计算相结合、传统方法与现代科技相结合的多维度、多视角综合研究方法。

三峡水库诱发地震研究技术路线如图1-2所示。

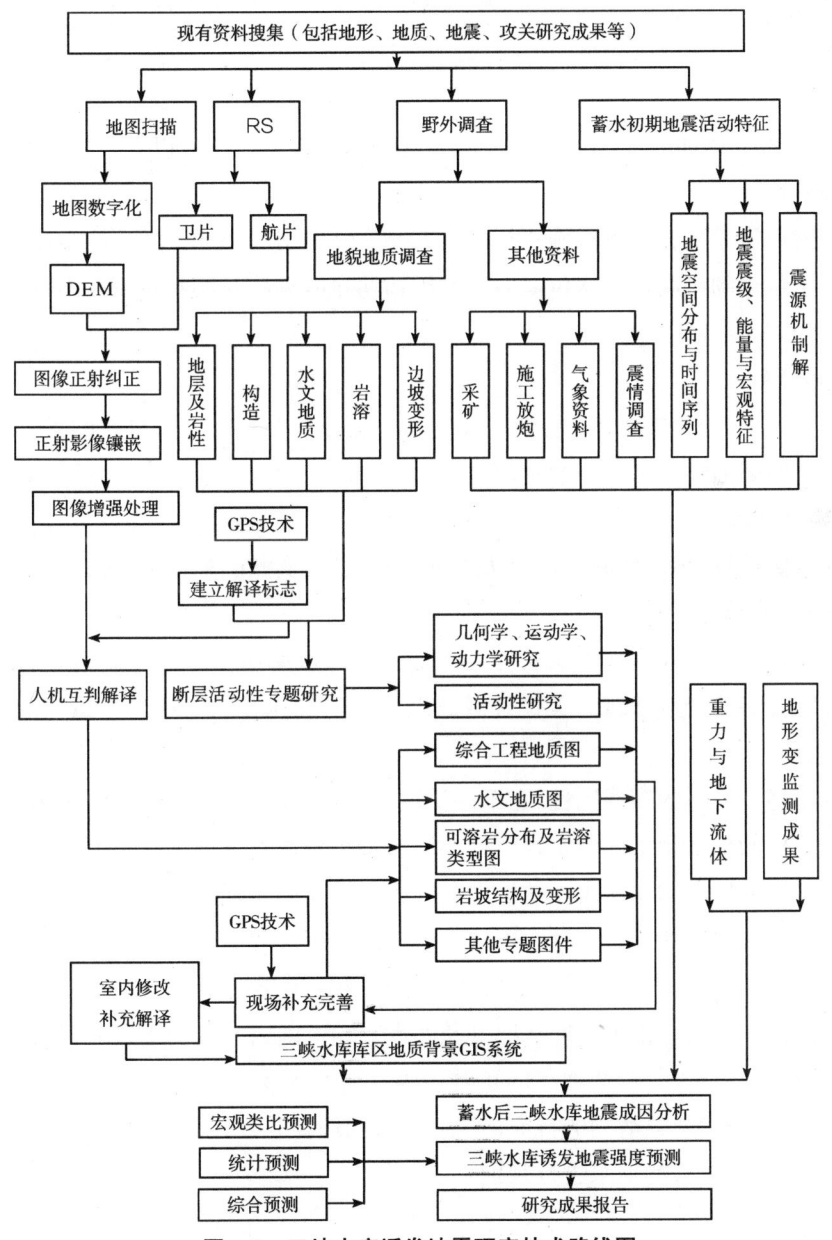

图1-2 三峡水库诱发地震研究技术路线图

第2章 水库诱发地震主要成因类型

2.1 概述

据国内外已有震例分析,可以将水库诱发地震判别标志归纳为以下4个方面:

(1)时间分布

水库诱发地震发生在水库或施工围堰所形成的人工水体出现之后;地震序列的主要部分发生在蓄水位达到最高设计水位之后。发震初期地震频次与库水位变化有比较明显的相关性。

(2)空间分布

在一般情况下,地震震中区位于距水库5km范围内或不超出该河谷的第一分水岭;在有区域性活动断裂通过的地段一般不超过10km。

(3)地震年频次

按可比震级计算,地震年频次超过天然地震本底值(实测的多年平均值)的5倍。

(4)年释放能量

内成成因的断层破裂型水库诱发地震的能量年释放率应比天然地震本底值(实测的多年平均值)高出2~3个数量级。其他外成成因水库诱发地震的年释放能量一般很小,不是有效的判别标志。

由于水库诱发地震的多成因性,在不同情况下上述各项标志的含义会有区别。例如:

①内成成因的构造型水库诱发地震的年频次和年释放能量都应高于天然本底地震。

②外成成因的地表卸荷型水库诱发地震的频次极高而总释放能量较小。

③外成成因的岩溶塌陷气爆型水库诱发地震的年频次较高而释放能量不一定很大。

在天然地震活动水平较高的库段,此类型水库诱发地震的年频次也有可能达不到当地多年平均值的5~10倍。蓄水初期在库盆及库水影响范围内发生的地震有可能是水库诱发地震,但也有可能只是天然构造地震的正常表现。对水库诱发地震的判别主要参照上述标志,通过对比蓄水前后地震活动的特征,包括地震发震时间与库水位的关系、空间分布特征、发生的频次、能量释放等特征来进行判别。

2.2 水库诱发地震各成因类型主要特征

通过对多个水库诱发地震的时空分布及库区地层、岩性、水文地质条件等的分布、地震事件与蓄水事件的关系,以及水库水位变化与地震发生频次、强度及地区分布特点的研究,辅以现场调查和地震学研究,水库诱发地震的成因类型可划分为内成成因和外成成因两个大类,其中外成成因的水库诱发地震又分为碳酸盐岩类岩溶塌陷气爆型、矿坑塌陷型和边坡岩体卸荷松动型(或称为裂隙或层面错动型)等三个亚类。

2.2.1 内成成因水库诱发地震

由于蓄水导致地壳上层(数百米至5km)的区域地应力场或局部地应力场发生变化,从而改变了某些地块原来构造运动的进程,导致水库及其邻区地震活动性的明显变化,称之为内成成因水库诱发地震。常见的可分为断层破裂型和岩矿相变型等两类,以断层破裂型最为多见,是本书讨论的重点。断层破裂型水库诱发地震的震级大小与区域或局部构造应力场的强度和断裂规模、性状、活动性和水文地质结构等有关,其中最重要的是断裂构造的渗透结构。

Jonathan Saul Caine 等人于1996年提出断层渗透结构的概念。断层带的物质组成和渗透性明显分为断层核滑动面、断层泥和断层破碎带(包括破裂带、次级断裂、断层褶皱)两部分。一般情况下,断层核为隔水层,断层破碎带由含水层和导水带组成。因此可以根据这两部分的相对比值评价断层的水文地质性质,比较沿断层走向上和不同断层间的导水性。如图2-1所示,断层带水文地质结构按断层核和断层破碎带性质及相互关系分为4类,分别为局部阻水型(localized barrier)、局部导水型(localized conduit)、复合型(composite 或 conduit-barrier)和散状导水型(distributed conduit)断层。不同渗透结构断层,其水库诱发地震机制不同。

(1)局部阻水型断层

破碎带不发育,构造岩胶结完好,断盘岩性为延性岩体,断层类型一般为挤压作用形成的逆断层。该类断层没有库水下渗的循环路径,蓄水后不会发生水库诱发地震。

(2)局部导水型断层

破碎带不发育,断面无充填或充填无疏松,断盘岩性一般为脆性岩体,断层力学性质为张性或张扭性。该类断层一般为规模有限的浅层断裂,蓄水后可能发生一定程度的诱发地震,但震级不高。

(3)复合型断层

构造破碎带发育,断层核构造岩胶结完好,透水性差,形成两侧导水、中间阻水的渗透结构。该类断层力学性质以压性或压扭性为主,断层岩性复杂,断层深度可以是壳内断层、基底断层或岩石圈断层,断层一般新构造活动性弱,最新活动年代一般在早、中更新世。该类断层具有库水向深部下渗的径流通道和深部孔隙压力的环境条件,当库区发育有该类断层时,具有诱发中等或中强地震的可能。

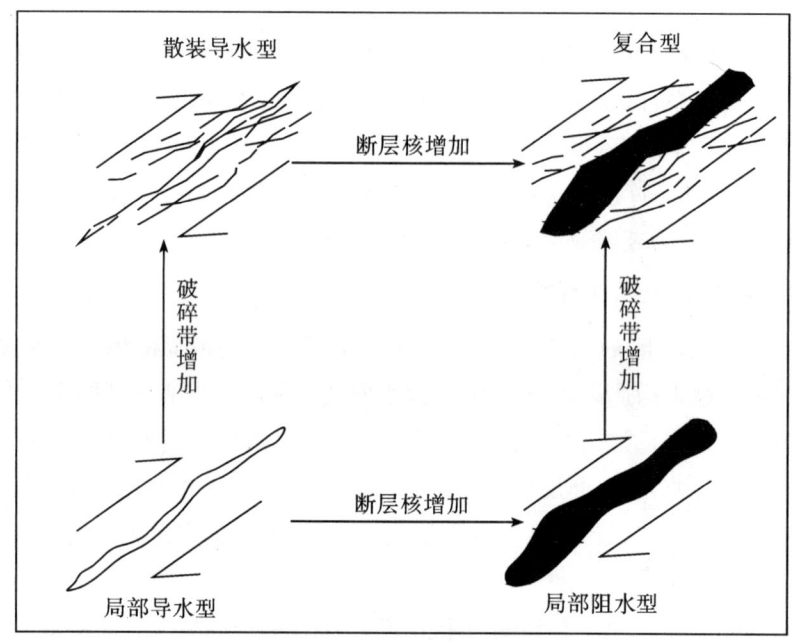

图 2-1　断层渗透结构示意图(据易立新等)

(4)散状导水型断层

破碎带发育,断层核宽度大,胶结疏松,主要为张性正断层,断盘岩性以脆性为主,一般晚更新世以来有过活动。该类断层可以是壳内断层、基底断层或岩石圈断层。当库区淹没范围内发育有该类断层时,可能发生中强水库诱发地震。

断层的渗透结构在平面展布上不尽相同。可以通过对比断层沿线断层核与破碎带比值、评价不同断层段的渗透结构、对断层渗透结构进行分段研究来评估诱发地震的可能地段和最高震级。

总体来看,相比于非构造型地震而言,一般构造型水库诱发地震震级较大,其震中沿断裂走向分布。

2.2.2　外成成因水库诱发地震

蓄水改变了外力地质作用的条件,导致地表(零米至数百米)局部范围内不良自然地质作用加剧,岩体或岩块相对位移或破坏,所伴生的地震现象称为外成成因水库诱发地震。从全世界发生过的外成成因水库诱发地震来看,主要有以下 5 类:

①碳酸盐岩类岩溶塌陷气爆型,如我国的乌江渡水库、黄石水库,原南斯拉夫比累恰水库,土耳其凯班水库等。

②易溶盐溶解塌陷型,如我国的新店。

③滑坡崩塌型,如湖北秭归千将坪滑坡。

④冰裂型,如瑞士 Emosson 等。

⑤地壳表层边坡岩体卸荷松动型,如美国的蒙蒂塞洛等。

总体看来,这种成因的水库诱发地震与构造活动无关,其主要制约因素是岩体的渗透稳定性,而岩体渗透性对诱发地震的制约并没有表现出渗透性与发震概率之间的相关性,而是表现为诱震概率对岩性的依赖性。据全球 62 座诱发地震水库统计,发震区岩性中,碳酸盐岩类占 48.8%,花岗岩、玄武岩占 27.4%,深变质岩类占 11.3%,其他如板岩、千枚岩、页岩、砂岩共占 12.5%。之所以出现这种现象,是由岩体渗透特性和力学性质两方面决定的。首先,裂隙岩体、岩溶含水体,渗透性表现为非均质性和各向异性,更容易引起特定方向和特定部位的孔隙压力增大;其次,脆性岩体较延性岩体更容易聚集变形能量,即水库蓄水前,在构造应力场作用下,脆性岩体内聚集有更高的变形能量,原位地应力高于延性岩体,在外力作用下引起脆性破裂。岩体渗透稳定性包含了岩体力学性质和渗透特性两个方面,表示在渗流作用下岩体的稳定性。岩体渗透稳定性的分类暂根据水库诱发地震震例中关于震中岩体性质的统计结果分为高、中、低三类。喀斯特发育的碳酸盐岩体渗透稳定性最差,花岗岩、玄武岩、片麻岩等中等,砂岩、页岩、泥岩等最好。传统水文地质学以地下水在岩体中的赋存形式把含水岩体分为孔隙含水层、裂隙含水层、岩溶含水层等,并根据渗透性大小分为含水层和隔水层。对含水岩体的这种划分,没有考虑岩体的力学性质。渗透性高的岩体并不都易于诱发地震。岩体渗透稳定性综合反映了岩体渗透性的各向异性、非均匀性和力学性质,更适合用其评价岩体在渗透作用下的稳定性。

当没有一定规模的断层发育时,渗透稳定性较高的岩体如页岩、泥岩等岩体没有发生水库诱发地震的条件。中等渗透稳定性的岩体如花岗岩、玄武岩,在地下水位变动带,裂隙发育,当由包气带转为饱水带时,在卸荷应力场、构造应力场和库水水头压力联合作用下,水力压裂扩展,可能诱发低级地震。渗透稳定性低的碳酸盐岩体在岩溶发育时发生水库诱发地震的可能性最大。

(1)碳酸盐岩类岩溶塌陷气爆型

这种类型的水库诱发地震是外成成因水库诱发地震中最常见和最重要的类型,它发生在碳酸盐岩类分布的库段,包括岩溶塌陷地震和岩溶气爆地震两个亚类(图 2-2)。

岩溶塌陷地震或崩落地震是指地表浅部的岩溶洞穴在水库荷载作用下,顶板或不稳定岩体塌陷所引发的浅源地震。岩溶气爆地震指库水淹没了溶洞顶板,封堵了洞中的气体,形成气囊,随着库水位不断上升,使溶洞中气体不断被压缩,从而产生高压,引起岩体或土体发生破坏而产生的地震。岩溶气爆地震又分为陷落型气爆和外冲型气爆两种类型。

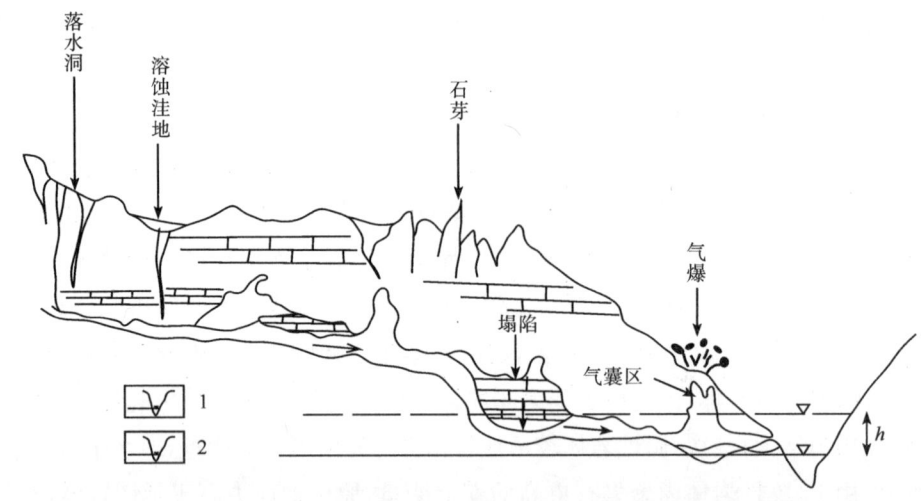

图 2-2　碳酸盐岩类岩溶塌陷气爆型水库诱发地震成因机理示意图
1. 水库水位；2. 河流平水位

在碳酸盐岩类分布区，溶洞、暗河发育，地表水与地下水在垂直和水平方向上有较密切的水力学联系。岩溶含水体，一个显著的特征是构造营力为地下水的活动，机械冲蚀往往起主导作用，构造控制退居次要地位。岩溶含水体的管道化和岩溶水的水系化决定了岩溶水分布的极不均匀性。含水体内分布有大量"重力空区"，即溶洞、落水洞、岩溶管道等，当水库蓄水、当地侵蚀基准面抬升时，水动力分带也随之上移"重力空区"被地下水充填，在地下水重力和库水荷载的作用下，就有可能发生中等强度的水库诱发地震。

在通常情况下，在岩溶发育地区，溶洞和暗河的分布常受断裂和裂隙的控制，特别是溶洞的形态、大小，多与岩性、断裂（裂隙）性质和规模有关，如背斜轴部、断裂（裂隙）两侧不同岩性倾角较大时，在地下水的作用下可形成形态各异的溶洞，致使一些溶洞上宽下窄、侧壁陡，易造成侧壁崩塌，形成地震。

另外还有些溶洞受多组断裂或裂隙控制，使溶洞顶板较平缓，当上覆岩块在外荷载作用下（水体荷载、岩体自重）可沿断层面或裂隙面下滑而崩塌产生震动。

特殊的岩性条件和岩体结构，使得这类地震在诱发地震的地质环境上主要有以下特点：

①库盆中分布有碳酸盐岩类地层，基岩裸露，岩溶发育，与河流阶地有一定的对应关系，多半可见到明显的、有一定规模的岩溶管道系统。

②震中区局限在地层剖面中的一定层位，一般地层厚度较大且质纯的厚层块状灰岩，有时同一个水库有几个震中区，全都与同一特定层位相关联。

③地层倾角平缓或呈舒缓状，诱发地震层的上下往往有相对隔水层，不易形成地下水往深部渗漏循环的通道。

④震中区或其附近有时有断层通过，一般规模不大，没有明显活动性，但可能控制岩溶或暗河的走向。现场宏观调查所确定的震中往往与断层没有直接关联，但等震线长轴有时

与断层平行。

⑤水库蓄水前多半是无震区,或只有微弱的地震活动,但现代岩溶塌陷作用强烈,当地有强烈震感。地震发生时,可听到"闷炮"似的气爆声音,其声音大小和持续时间与塌陷的规模和岩性特征有关。一般震级较大时,声音和振动强度较大且传播较远;震级较小时,声音弱且衰减较快等。

从地震学上,这类地震也具有不同于其他成因地震的特征:

①地震与库水位的相关明显,往往震中区刚被库水淹没就发震,滞后时间极短,附加水头也不一定很大,水位稳定或下降,地震即停止。

②地震活动与降雨季节和降雨时间相关,地震多发生在大暴雨期间库水位或地下水位急剧变化的时刻。

③震级低、震感强、影响范围小,大多数地震在 $M_S3.0$ 级以下,但震中强度偏高,$M_S2.0$ 级地震的烈度可达Ⅴ度,并造成轻微破坏,$M_S1.0$ 级左右的地震就可感到上下抖动,并伴有闷炮声。

④多为单发性地震,没有明显的前震,主震后有零星小震,但不构成典型的余震序列。

⑤地震往往在原地重复发生,没有明显的迁移,也没有出现沿断层线往返跳动的现象。

三峡库区巴东库段的地层主要由二叠纪、三叠纪和侏罗纪的单斜岩层组成。三叠系地层为中厚层石灰岩和白云质灰岩,垂直岩溶和水平岩溶发育,容易形成库水向纵深渗透的通道,在库水的作用下易产生岩溶塌陷气爆型水库诱发地震。

(2)矿坑塌陷型

水库蓄水后,通过发育的岩层裂隙、岩溶、暗河等通道,在库水荷载和岩体自重的共同作用下,采空区产生差异应力变化,破坏了岩体原有的应力平衡状态,造成局部岩体失稳,形成塌矿型地震,可能被库水充填。三峡库区巴东库段上三叠统和下侏罗统地层中分布有香溪煤系,煤层厚度不等,现今和过去曾先后在该处采矿,矿井深埋地下。如在金子山一带大小煤矿较多,水库蓄水后,于2003年6月9—12日,单台记录到大小地震约1173次,其中0.0~0.9级地震102次,0.1~0.9级地震1071次(占91%左右)。这些地震震源极浅,衰减快,有感范围很小,地震震中均分布在金子山一带的矿区附近。依据地震现场调查、地震空间分布特点及震级较小等特征分析,认为金子山一带的极微震活动多属矿坑塌陷型地震或矿震。随着蓄水时间的推移,这类地震活动随之减少。此类地震衰减快,影响范围小,烈度较低,对水库大坝工程不会产生破坏性影响。

(3)边坡岩体卸荷松动型

边坡岩体卸荷松动型(又可称为裂隙(层面)错动型)地震主要是由库水作用于库岸岩体中的裂隙面或层面所引起的错动或滑动而产生的。边坡岩体卸荷松动型地震与"天然"构造地震和库水诱发作用下产生的构造地震不同:构造地震是在区域构造应力的持续作用以致超过被作用岩体的承受极限而发生破裂而产生的地震;库水诱发作用下产生的构造地震是区域应力与水体(加载或降低断层摩擦系数)共同作用下产生的;边坡岩体卸荷松动型地震则是在局部应力或重力与水联合作用的结果。这种类型地震主要多发生在小裂隙面或软弱地质结构层面,不构成库水向深部渗透的通道,因此,所诱发地震的强度一般不大,多以微震或弱震为主。

从已有震例来看,这类地震主要具有以下共同特点:

①地震强度很低,但地震频次却相当高。

②震源极浅,绝大多数只有几百米,最深者不超过3km。

③逆断层震源机制解占绝对优势。

Zoback等人根据深孔水压致裂法测量等资料认为,仅在地壳最上部几百米才有较高的水平应力,可能接近于逆断错动的临界值。胡毓良(1983)在乌溪江进行了近场密集台网观测。资料表明,实际震源深度多数在300m左右,72%微震具有逆冲机制,84%的主压应力轴走向大致垂直河岸,倾向河床,倾角接近于岸坡坡角,据此认为,这是由于库水渗入峡谷两岸卸荷松动区和过渡应力区的裂隙中,大大降低了裂隙面的摩擦强度,造成岩体沿倾向河床的陡倾角结构面错动而产生地震。

三峡库区巴东库段主要为三叠系石灰岩和白云质灰岩组成的层状岩体,为中高山峡谷地貌。长江横切NNE向的青石向斜和楠木园背斜。该区除岩溶发育外,垂直裂隙密集成带,层间软弱夹层也十分发育,并有NNE向、NE向、近EW向断裂(带)和裂隙带平行库轴或斜交通过库区,它们与库水有水力联系,具备产生裂隙或层面错动型地震的相关条件。在官渡口、东瀼口和楠木园震区中,除岩溶塌陷气爆型水库诱发地震外,一些较大地震($M \geq$ 1.5级,包括2.1级地震)的发生,也多与裂隙带的滑动或错动有密切联系,它们应属于边坡岩体卸荷松动型地震。

2.2.3　混合成因水库诱发地震

混合成因水库诱发地震即在一次地震过程中,同时或先后发生有几种成因类型的水库诱发地震。以三峡水库为例,一种类型是在一个震区,发生几种外成成因水库诱发地震,如在宝塔河—麂子岩震区,既有矿坑塌陷型,又有边坡岩体卸荷松动型;另一种是发生外成成因与内成成因水库诱发地震的混合,如雷家坪震区,就可能既有断层破裂型又有边坡岩体卸荷松动型地震;火焰石震区既有矿坑塌陷型,又有断层破裂型地震。

第3章　三峡水库区地震地质环境

3.1　概述

从我国迄今已报道并有一定地质、地震资料的16例水库诱发地震震例来看(表3-1)，水库诱发地震具有两个明显的特点。一是仪器定位的震中分布多半集中在库岸侧3km以内，库盆中较少；距库边线6~10km者较少。二是在整个库区上、中、下库段均有水库诱发地震分布。相比而言，水库诱发地震更多发生在水库中部或库尾，坝前深水区或库盆下反而很少。

表3-1　　　　　　　　　　我国水库诱发地震一览表

序号	水库名称	位置	坝高(m)	库容(亿 m³)	开始蓄水时间(年-月-日)	初次发震时间(年-月-日)	诱发最大地震		震中区位置
							时间(年-月-日)	震级 M_S	
1	新丰江	广东河源	105	138.96	1959-10-20	1959-11	1962-03-19	6.1	几乎遍布整个库边，及坝下游6km，大多数地震集中在库首峡谷段，主震在坝下游约1km处
2	南水	广东乳源	81.3	12.18	1969-02	1969-06	1970-02-06	2.4	库区北部东田，椰木桥
3	前进	湖北谷城	50	0.17	1970-05	1970-10	1971-10-20	3.0	库尾
4	柘林	江西修永	62	71.71	1972-01	1972-06	1972-10-14	3.2	中部库岸北缘
5	黄石	湖南常德	40.4	6.02	1970	1973-05-01	1973-07-13	2.3	库尾
6	佛子岭	安徽霍县	74.4	4.88	1954-06	1954-12-14	1973-03-11	4.5	库外西北约10km

续表

序号	水库名称	位置	坝高(m)	库容(亿 m³)	开始蓄水时间(年-月-日)	初次发震时间(年-月-日)	诱发最大地震 时间(年-月-日)	诱发最大地震 震级 M_S	震中区位置
7	丹江口	湖北均县	97	209	1967-11	1970-01	1973-11-29	4.7	丹库上游宋湾峡谷和大坝以东林茂山各有一个震区,玉皇顶一带有一个较弱的震区
8	南冲	湖南邵东	45	0.14	1967	1967年夏	1974-07-25	2.8	库尾
9	参窝	辽宁本溪	50.3	7.9	1972-11	1973-02-15	1974-12-22	4.8	库尾
10	曾文	台湾	133	7.08	1973-04	蓄水后地震活动减弱			由库区迁往下游和临区
11	新店	四川犍为	26.5	0.29	1974-04	1974-07-16	1979-09-15	4.2	水库尾部
12	乌溪江	浙江衢州	129	20.6	1979-01	1979-05-23	1979-10-07	2.8	水库尾部
13	乌江渡	贵州息烽	165	23	1979-11	1980-03	1980-06-20	2.8	水库尾部
14	邓家桥	湖北宜都	12	0.004	1979年底		1981-08-01		断层附近,暗河出口处
15	东江	湖南郴州	157	81.2	1986-08	1987-11	1989-07	2.5	水库中部
16	水口	福建闽清	101	2.6	1993-03-31	1993-05-23	1996-04-21	4.6	离大坝15km的库首区

注:据夏其发,《水利水电科学研究院论文集》第16集,中国水利水电出版社,1984年。

虽然发生于库首区的水库诱发地震数量不多,但是由于其震源一般较浅、地震烈度多较高,又由于震中离大坝近,地震一旦发生,所造成的危害和损失也很大。如新丰江水库1962年3月19日 M_S6.1级地震,震中位于大坝东北方向约1.1km处,震中烈度Ⅷ度,强震后立即对大坝进行了详细检查,发现大坝右岸坝段顶部有长达82m的水平裂缝,左岸坝段同一高程也有规模较小的不连续裂缝,裂缝基本贯穿了上下游面,不得不对大坝进行二期加固。

长江三峡工程是开发和治理长江的关键性骨干工程,也是当今世界最大的水利枢纽工程,该工程具有巨大的防洪、发电、航运等综合效益。因此,确保大坝枢纽工程的安全至关重要。

长江三峡库首区是指巫峡以东至三峡大坝一带两岸延伸宽各25km左右的范围。

3.2 地形地貌

本区属板内隆升蚀余中低山—中高山山地。以隆起中心(奉节以东)高程2000多米,向东、向西以台阶式逐渐降低。东临江汉—洞庭丘陵平原,西接四川低山丘陵盆地。长江三个峡谷段两侧皆为槽地和盆地宽谷相隔:西陵峡东为江汉盆地(平原)、西临秭归盆地低山丘陵宽谷;巫峡东接秭归盆地、西临巫山—大溪槽地;瞿塘峡东接巫山—大溪槽地、西临四川盆地低山丘陵宽谷。

3.2.1 三峡水系

三峡水系为典型的峡谷水系,总体呈EW向展布,呈不对称缓波状弯曲线连接四川盆地和江汉平原。秭归老县城(现归州镇)以东为横—斜切(地层)河段,支流则多为顺向河谷,如九畹溪、香溪河、水田坝河;以西则基本上为顺地层走向的顺向河谷,只在波状弯曲段为斜向河谷,而支流则多为横切河谷,但在支流上游又多转为顺向河谷,如从东向西为:罗鼓河、龙船河、万石河、岭水、鱼溪、红岩河、大宁河、大溪、草堂河等。

从水系形态来看,黄陵结晶岩区为树枝状、西陵峡为平行状、秭归盆地为树枝状、秭归上游河段总体呈不对称梳状。水系还有分布不均匀性的特征,在结晶岩和碎屑岩地段水系密度大且展布较均匀,在碳酸盐岩分布区则水系密度小,地表水系少,水系形态单一。

3.2.2 层状地貌

自古近纪末以来,由于地壳间歇性隆升,在三峡地区形成三期五级夷平面和六级河谷阶地以及多层岩溶。

剥蚀夷平面特征见表3-2。总体上看,区内夷平面保存较完好,未被错移变位,整体略向东南方向缓倾斜,形成层层延绵的山峦。

河流阶地是地壳间歇性上升所保留的重要地形标志之一。新构造运动中,随川东鄂西山区隆起,长江及其支流深切,形成著名的长江三峡。1986年,南京大学对宜都至重庆长江干流河段复查研究,根据峡谷地区一般洪水位特点、现代河床实测横剖面特征、阶地位相以及阶地物质测年等综合对比分析,认为该河段目前能确认的阶地有6级。其中重庆地区可见5级,宜昌、宜都可见6级。其主要特征及形成时代见表3-3。

表 3-2　　鄂西山区剥蚀夷平面特征一览表

地文期		代号	高程(m)	倾斜方向	时代	形态特征及其分布状况	切割地层及相关沉积
鄂西期	云台荒亚期	S₁	1700～2000	SE	古近纪	残丘、洼地、开阔谷地，小型垂直岩溶管道发育；组成长江与清江、汉江等水系的分水岭；以秭归、巴东云台荒、长阳火烧坪等处为代表	鄂西期剥蚀夷平面，切削燕山期褶皱地层，仙女山地堑中的白垩系上统罗镜滩组砾岩被夷平剥蚀。东侧堆积区宜昌坳陷及江汉盆地形成巨厚的红色碎屑堆积层，两者为连续沉积；在宜昌以东鸦雀岭、王家店等处出露的老第三系与新第三系之间为不整合接触
	召风台亚期	S₂	1300～1500	SE	古近纪末	条带状、倒锥状残丘与洼地相间出现，漏斗发育；组成长江一级支流分水岭；秭归椿木岭、凤凰山、仙女山、召风台等处较为典型，山(丘)顶连线，整齐划一	
山原期	周家垴亚期	S₃	1000～1200	SE	新近纪末—早更新世初	残丘洼地、大型坡立谷，落水洞与岩溶管道发育；组成长江二级支流分水岭；广泛分布于兴山黄粮坪，黄陵背斜南端孙家槽，宜昌周家垴一带	山原期剥蚀夷平面切割老第三系地层，江汉盆地沉积了新第三系淡水灰岩和碎屑细粒物质。在与剥蚀夷平面相关的溶洞中，以及在川东万县盐井沟已发现剑齿象和大熊猫动物群化石
	王家坪亚期	S₄	800～900	SE	早更新世	以平缓开阔谷地为主，水平岩溶管道发育；其分布多与今日长江及清江河谷相一致或以嵌入形式分布于高级剥蚀夷平面之间。见于宜昌王家坪、兆吉坪、长阳刘家垭和花桥等地	
云梦期(三峡期)		S₅	250～150(峡外剥蚀夷平面的高程)	E、SE	早更新世末—中更新世初	广泛分布于宜昌以东的山前丘陵地带	在枝江附近剥蚀夷平面上部的网纹红土，经古地磁系统退磁测试，处于布容正极性期内，时代为距今73万年

表 3-3　　重庆至宜昌长江干流阶地基本情况一览表

阶地级序	阶地类型	形成时期 年龄	形成时期 年代	阶地分布地点及高度 重庆李家沱	云阳	奉节	巫山	新滩大岭	茅坪三斗坪	相对高度 海拔高度(m) 宜昌	宜都
T_{VI}	基座	古地磁布容正极性,距今73万年(宜昌云池)								120 / 170	
T_V	基座		中更新世	125 / 291						102 / 152	49~54 / 95~100
T_{IV}	基座	TL,11.2万±0.56万年(宜昌,黏土)	晚更新世早期	99 / 265	95~97 / 205~207	92~97 / 195~200	94~99 / 190~195	91~101 / 156~166		70~75 / 120~12	35~37 / 81~83
T_{III}	基座	TL,9.09万±0.45万年(宜昌,黏土)	晚更新世晚期	62~67 / 225~230	60~65 / 170~175	62~67 / 165~170	67.5 / 163	70 / 135		30~40 / 80~90	24~29 / 70~75
T_{II}	嵌入基座	C^{14},24490±840年(庙河,钙质结核)		42~47 / 205~210	30 / 140	32~37 / 135~140	34.5 / 130	35~40 / 100~105	35 / 95	25 / 75	9~14 / 50~60
T_I	嵌入基座	C^{14},6570±110年(宜昌,炭化木)	全新世	23 / 188.5				19~21 / 80~82	15~20 / 75~80	7~10 / 57~60	7 / 53

三峡峡谷碳酸盐岩分布区岩溶强烈发育,形成溶洞数百个,并分层密布,其展布高程与夷平面和河流阶地高程有一定的对应性(表3-4)。在高程200m以下明显有4层溶洞,并以高程200m左右的一层溶洞规模较大。

表 3-4　　　　　　　　　　　研究区夷平面及岩溶发育特征表

夷平面期	亚期	定型时代	地区及分布高程(m)		形态及岩溶特征
			大巴山前缘	三峡地区	
鄂西期	第一亚期	古新世(E_1)至渐新世(E_2)	1900~2000（山王寨葱坪）	1700~2000（云台荒）	残丘为特征比高50m以上,峰丛顶相连可构成起伏不大的微向下游倾斜的面,以垂直岩溶形态为主,水平岩溶形态被废弃或微弱,漏斗落水洞极为多见
	第二亚期	中新世(N_1)	1700~1800（红池坝九湖）	1300~1500（召风台）	浑园丘包和洼(谷)地组成,部分镶嵌于上一级夷平面间,峰丛顶相连可构成稍有起伏微向长江或支流下游方向倾斜的面。以垂直岩溶形态为主,漏斗、落水洞、洼地、槽谷为主,水平管道少见
山原期	第一亚期	上新世(N_2)至下更新世初(Q_1)	1200~1500（花栗）	1000~1200（周家坳）	由镶嵌于上一级夷平面间的大型洼地(或谷地)组成,丛顶相连可构成略有起伏向长江或支流下游方向倾斜的面,峰丛基座相连,比高较小,漏斗、落水洞、洼地槽谷多见,有少量相应溶洞层发育
	第二亚期	早更新世(Q_1)	700~800（文峰坝、上磺坝）	800~900（王家坪）	分布与长江和支流河谷一致,由条状山脊平缓山顶和宽阔槽谷组成,垂直岩溶及水平溶洞层都相当发育
峡谷期		早更新世末(Q_1)至全新世	500~700（台）,200~300（大宁河河谷）	形成峡谷	以峡谷为特征,并有Ⅰ~Ⅵ级阶地发育,峡谷两岸多呈悬崖峭壁,多层溶洞。以地下暗河水平管道为主,垂直岩溶形态也在逐渐发育,有的已成为溶洞层间通道

3.2.3　岩溶地貌

本区碳酸盐岩类分布面积近半,这些岩石经多次地壳运动,断裂、裂隙较发育,构成岩溶发育的物质基础,新构造运动的隆升形成强烈的侵蚀切割,导致地表、地下水的畅通运移,同时本地区湿热的气候环境给岩溶发育创造了有利条件。所以本区岩溶强烈发育,岩溶类型繁多,且不同的地貌、地质条件,特别是不同类型碳酸盐岩的可溶性决定了岩溶发育的强弱和类别并控制其分布规律。

需要特别提出的是溶洞在本区广泛分布,在高程1000m以下总数有数百个,高程200m

左右以下大概可分出 4 层(即 50~60m,100~120m,150~160m,200m 左右)(表 3-4),大型溶洞(洞径 10m 以上或深度大于 30m)百余个,主要分布在强岩溶地层(石龙洞灰岩(ϵ_1)、三游洞灰岩(ϵ_3)、嘉陵江灰岩(T_1j))产状平缓的地区。

暗河是岩溶水的主要排泄通道,是大溶洞与高处落水洞连接的通道。暗河又分老暗河和有水暗河,一般在侵蚀基准面稍高处集中,数量近 50 个。

3.2.3.1 老暗河

原为暗河,堆积有流水冲积物,因侵蚀基准面下降废弃或季节性干涸。如香溪河玉虚洞、巫峡大硝洞、陆游洞、瞿塘峡七道门洞、大宁河滴翠峡的飞云洞、小小三峡的秦王洞等。

3.2.3.2 有水暗河

一般分布在距当地地表水排泄面 100m 以内。高程 200m 以下暗河出口分 3 种类型排泄。

(1)悬挂式

如巫峡箭穿峡牛眼洞暗河,出口在枯水期高出江河面 20m,有水及冲积物堆积,但洪水季节可能变为虹吸式;大宁河燕子洞暗河高出河水面近 80m,有水及冲积物,1978 年 5 月流量 100L/s;大宁河巴雾峡黑龙洞、黑狗洞,两岸遥相呼应,高出河水面 25m,季节性悬挂式暗河出口;牛肝马肺峡鲤鱼洞和大宁河白龙过江上出口也是悬挂式。

(2)平流式暗河出口

如大宁河巴雾峡回龙洞高出河水面 10m,为平流,水量 68.77L/s;小小三峡马蹄洞暗河高出枯水河面 10m,洪水期为平流式暗河出口,1997 年 4 月流量 6.72L/s;牛肝马肺峡暗河也是平流式出口。

(3)虹吸式暗河出口

暗河出口在高水位期低于江河水面排入江河。如瞿塘峡清水洞暗河出口位于长江漫滩,长江高水位时则以虹吸式排入长江,据观察分析,推测其排泄流量很大;大宁河白龙过江暗河下出口洪水期没入河水中成虹吸式排出,龙船河鱼腥洞暗河也属虹吸式。

3.3 地层与岩性

区内沉积盖层从震旦系至第四系均有出露。震旦系至三叠系中统为浅海滨海相的碳酸盐岩和碎屑岩,厚度近万米,广布于黄陵地块周围及川鄂褶皱山地。三叠系上统至第三系为陆相碎屑岩,厚度变化大,为 5000~12000m,主要分布于大型坳陷盆地及山间槽地,如四川盆地、江汉盆地、秭归盆地等。第四系三峡区沿江两岸及山坡地带可见断续分布的河流阶地冲积层和散布的崩坡积层、洪积层以及滑坡堆积层(表 3-5)。

表 3-5 长江三峡区域地层和构造层简表

构造层	地层	岩性、建造	地层接触关系	地壳运动（期）
上构造层（第三构造层）	新近系（N）	砂岩、泥灰泥、灰岩，内陆相河湖相碎屑堆积（50～790m）	不整合	喜山期
中构造层（第二构造层）	古近系—白垩系（E—K）	红色砂岩、砾岩、泥岩夹石膏、盐岩，内陆河湖相碎屑堆积（4883～12000m）	不整合	燕山晚期
下构造层（第一构造层）	侏罗系上统—三叠系上统（J_3—T_3）	砂岩、页岩夹泥岩、砾岩、煤层，近海内陆盆地泥砂含煤碎屑建造（1587～4400m）	不整合	燕山期
	三叠系中统—泥盆系中统（T_2—D_2）缺 C_1，D_3	灰岩、白云岩夹泥岩、盐岩、石膏、煤层，浅海碳酸盐岩及镁质碳酸盐岩、泥岩，海陆交互含煤建造（869～4150m）	沉积间断	印支期 海西期
	志留系中统—寒武系下统（S_2—C 缺 S_3）	灰岩、泥质灰岩夹页岩、砂岩，浅海碳酸盐岩、泥、砂岩建造（3370～5126m）	沉积间断	
	震旦系上统（Zb）	白云岩、白云质灰岩，浅海镁质碳酸盐岩建造（205～1700m）	整合	加里东期
	震旦系下统（Za）	含砾砂岩、砂岩夹页岩，陆相磨拉石建造（700m）	沉积间断	晋宁期
基底构造层	元古界（Pt—AnZ，Υ）	片岩、片麻岩、大理岩，变质相花岗闪长岩岩浆侵入（5900～15700m）	不整合	

3.4 地质构造及活动性

3.4.1 大地构造单元

研究区大地构造处于扬子准地台上扬子台褶带，在该区西部为四川台坳，北部为大巴山台缘褶带（图3-1）。大巴山台缘褶带，主要由 NWW—EW 走向的较紧密褶皱和同向断裂组成；四川台坳主要为 NEE—EW 走向较开阔的隔挡式褶皱组成，断裂很少；上扬子台褶带主要由 NE—NEE 走向弧形褶皱和同向断裂组成，其中尚包含神农架和黄陵两个古老地块。

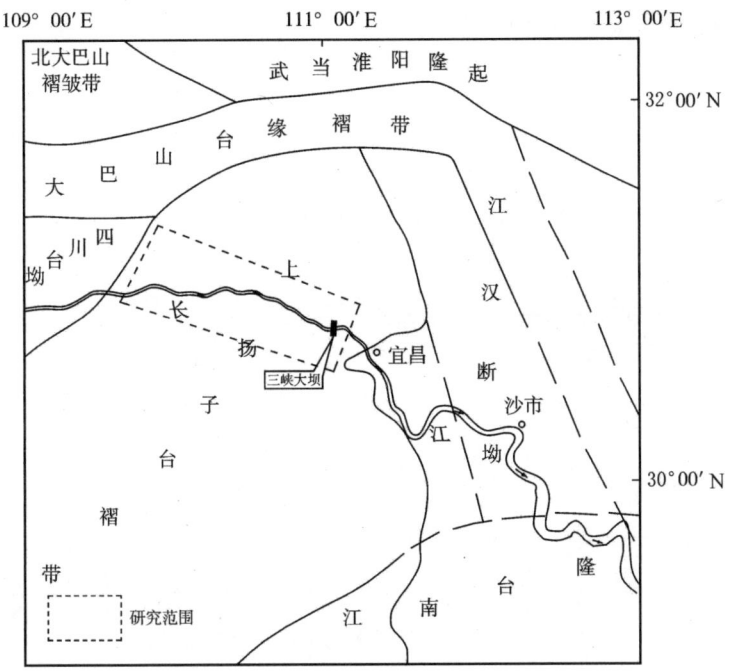

图 3-1 长江三峡地区大地构造位置图(据《湖北省区域地质志》修改)

3.4.2 研究区主要断裂构造特征

本区断裂主要分布在上扬子台褶带(图 3-2),东段有黄陵背斜西南侧和秭归向斜东部的 NNW 向和 NNE 向断裂系;西段上扬子台褶带与四川台坳接触带附近(巫山—奉节一带)主要为 NNE 向断裂系。大宁河库尾地段处于大巴山台缘褶带,区内断裂不多,走向主要为 NWW 向逆冲断裂,且往北逐渐增多。库尾位于四川台坳范围内,其断裂甚少,规模也小。

对于库首区穿越水库或规模较大且有重要诱发地震意义的断裂和结构面专述如下:

(1)九畹溪断裂

该断裂位于黄陵背斜西南侧,距坝址约 17km,在路口子斜穿水库,由相距 1km 的两条断裂平行斜列组成。东支北起庙包向北经老林河切过仙女山断裂、经界垭于水田坝尖灭于奥陶系灰岩中;西支南起和尚崖东坡、向北于新滩下游 3km 路口子处横过长江至巴东一带消失,构成仙女山地堑东侧边界。

断裂切割古生界及白垩系红层,张扭性特征明显(图 3-3),过江一带两盘垂直断距约 100m,断裂带宽 1~5m,由断层角砾岩、构造透镜体、片理带组成,沿主、次断面有不连续断层泥分布(图 3-4),一般宽 2~4cm。地震测深探测表明该断裂深部过长江,并位于黄陵基底隆起西侧陡倾带上,切割深度不大,约 5km,切穿基底,进入上地壳,断差 1.3km。

该断裂形成于燕山运动时期,燕山晚期差异活动强烈,与仙女山断裂同性质,拉张断陷形成断陷盆地,喜山期继承活动明显,断层切断红层继续断陷,仙女山地堑构造形成。新生代后随区域性上升而上升,差异活动逐渐减弱。第四纪以来从宏观地貌反映,断裂新构造活动有不同程度的表现。

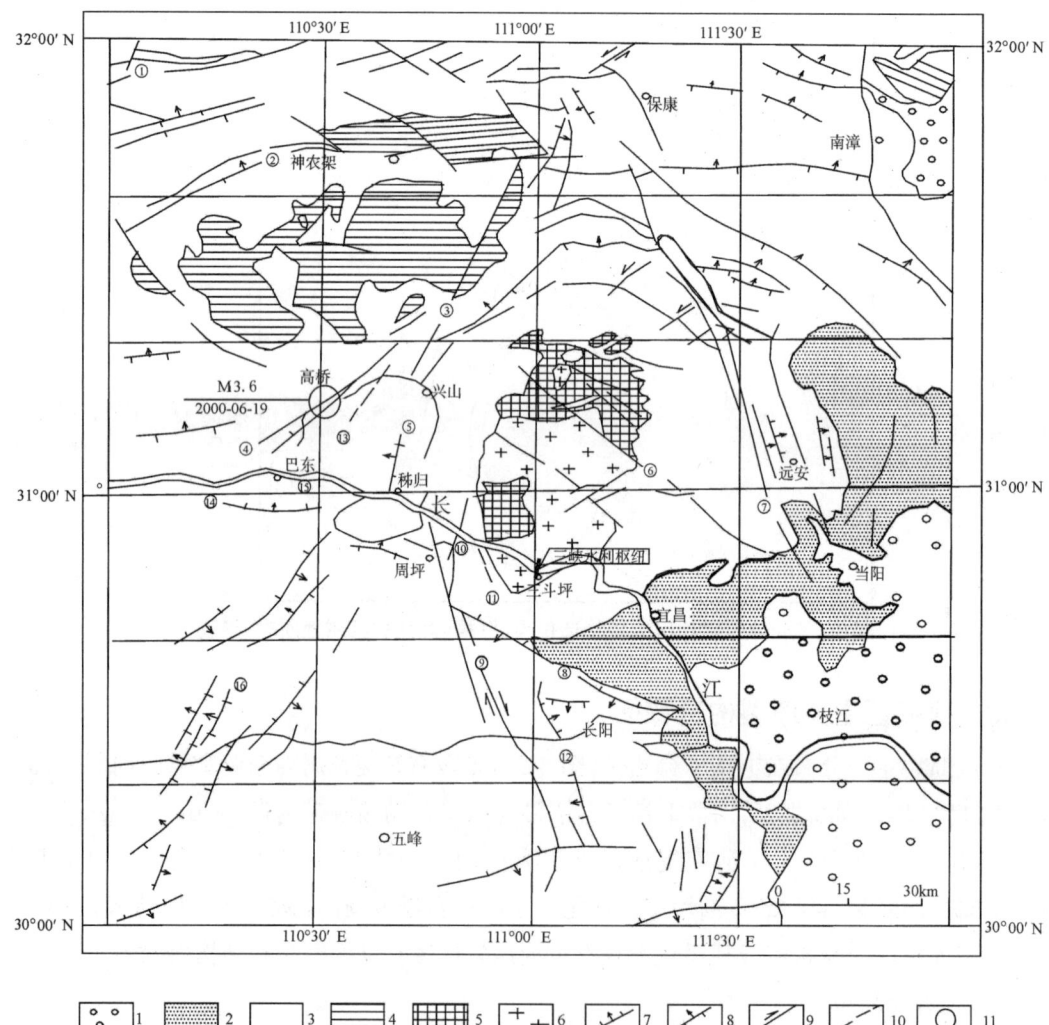

图 3-2 三峡水库库首及周缘地区地质构造略图

1. 第四系构造层；2. 白垩系—上三叠统上部盖层构造亚层；3. 震旦系—中三叠统下部盖层构造亚层；4. 中元古界上部基底构造亚层；5. 下元古界下部基底构造亚层；6. 晋宁期中酸性侵入岩类；7. 正断层；8. 逆断层；9. 平移断层；10. 线性影像带；11. 震中位置

断裂名称：①青峰断裂带；②阳日—九道断裂带；③新华断裂；④高桥断裂带；⑤水田坝断裂；⑥雾渡河断裂；⑦远安断裂带；⑧天阳坪断裂带；⑨仙女山断裂带；⑩九畹溪断裂带；⑪狮子口重力滑动构造带；⑫松园坪断裂；⑬牛口 NNE 向线性影像带；⑭马鹿池断裂；⑮巴东（官渡口）断裂；⑯龙王冲断裂

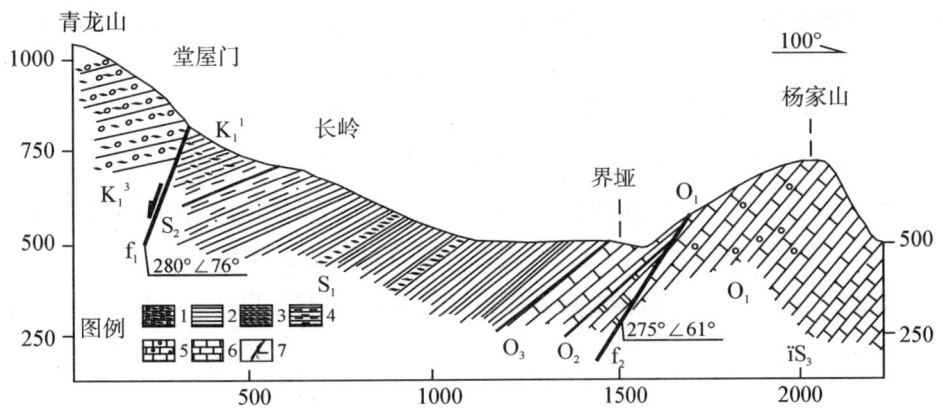

图 3-3　秭归县青龙山至杨家山九畹溪断裂构造剖面图

1. 砾岩；2. 页岩；3. 砂岩；4. 泥岩；5. 鲕状灰岩；6. 白云岩；7. 主断层面

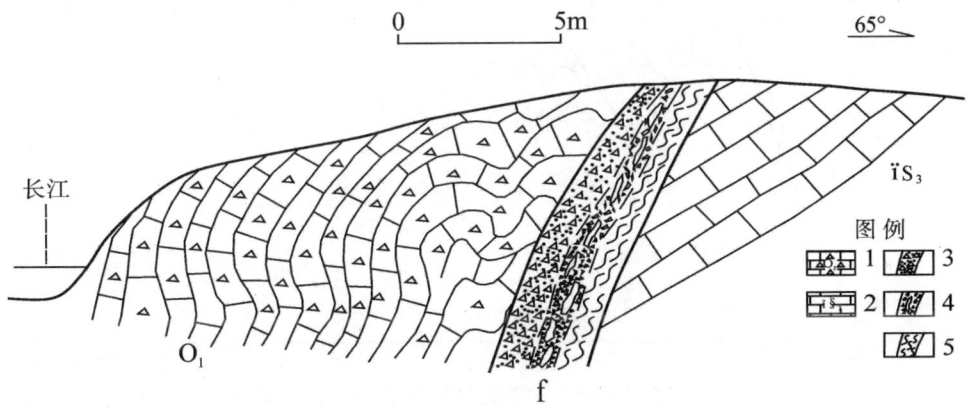

图 3-4　秭归县碳船湾九畹溪断裂构造岩分带素描图

1. 角砾状灰岩；2. 灰岩；3. 构造角砾岩带；4. 构造透镜体带；5. 构造片理带

断裂在上新世晚期至中更新世有过明显活动,活动方式以黏滑为主兼有稳滑,较明显活动有两期,早期强,晚期弱。早期变形应力场,主压应力方位 NE65°～87°,张应力方位 SE160°和 NW352°,断裂活动性质主要为右旋走滑。断裂带中断层泥变形石英和方解石经热释光电子自旋共振等方法测年鉴定,取得近 20 个年龄值,结果亦反映近期可能有过多次活动,经分析最新于 14 万年左右断裂明显活动过。断裂带及两侧土壤中的气汞、全汞和吸附汞以及岩石中挥发性元素 As、Sb、Bi、Hg 测定,沿断裂槐树坪、高湾溪和界垭等处,有较明显的异常反应。现今定点形变测量反映有较弱的活动,垂直形变率 0.07mm/a,沿断裂时有地震发生,但强度不高,最大为 1972 年周坪 3.0 级地震。

(2) 仙女山断裂带

位于黄陵穹隆(背斜)西南,北起秭归荒口,经周坪、槐树坪、花桥、长阳县的青林口、都镇湾,南止五峰县的渔洋关,全长 80 余千米。是一条以扭性顺扭为主兼压性和张性反扭特征的多次活动的断裂。大地电磁测深表明,该断裂切穿基底进入上地壳,断差约 1km。根据仙女山断裂在地表的出露情况,可分为北、中、南三段,三段之间互不连接,各段性质也有差别。

北段即为通常所说的"仙女山断裂",北起秭归风吹垭,南至庙包,长约20km。走向为NW340°~345°,断面SW倾、倾角60°~70°,断裂切割古生界和白垩系地层(图3-5),破碎带宽10~20m,由碎裂岩、构造角砾岩、挤压透镜体及片理带组成,断层泥零星出露,厚15~50cm。由其中次级小构造和断裂切割关系反映断裂经历了四期构造运动,即早期以右行平移运动为主,中期具有两次逆冲性质及晚期张性活动的特点。在庙上至马家湾一带水平错距达500余米。从荒口往北至风吹垭,断裂没入三叠系嘉陵江组灰岩中,其形迹逐渐减弱直至消失。

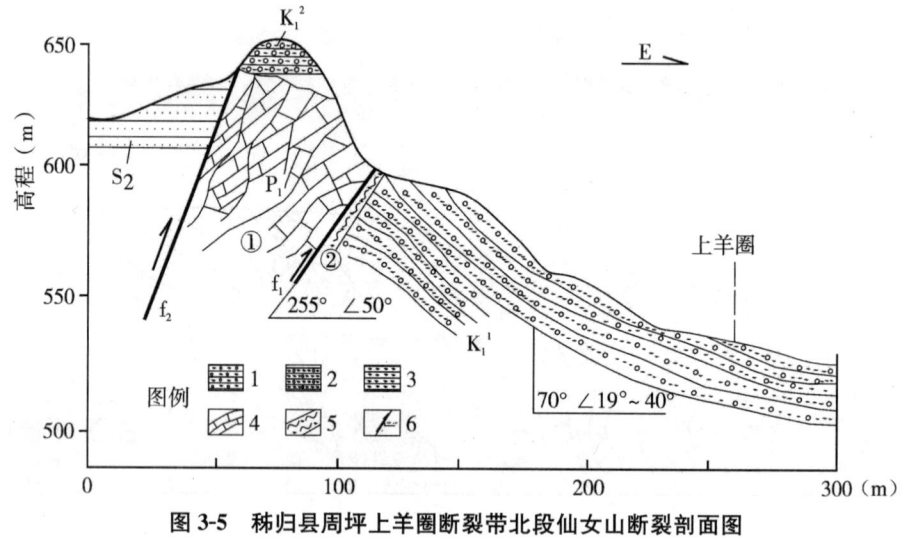

图3-5 秭归县周坪上羊圈断裂带北段仙女山断裂剖面图

1.砾岩;2.含砾砂岩;3.砂岩;4.碎裂状灰岩;5.构造片理化带;6.主断层面

中段都镇湾断裂北起秭归榛子崖,向南经长阳贺家坪、都镇湾至灰溪,长约50km。它由3~4条平行斜列断层组成,断面平直。走向340°~350°,倾向南西,倾角70°~80°(图3-6)。该断裂横切长阳复式背斜,致使组成背斜与向斜的地层都在都镇湾—贺家坪一带右旋错动4km,在榛子崖附近错断了天阳坪断裂,错距约50m。断层破碎带宽5~15m,碎裂岩及构造片理较发育,还零星分布断层泥和碎屑物,厚10~20cm。

南段桥沟断裂北起长阳九里坪,南止渔洋关大坡垴,长12km,走向NW340°~350°,倾向东,倾角近直立;破碎带宽5~20m,主要由断层角砾岩、断层碎裂岩组成,断层具张扭性质,但水平位移小。

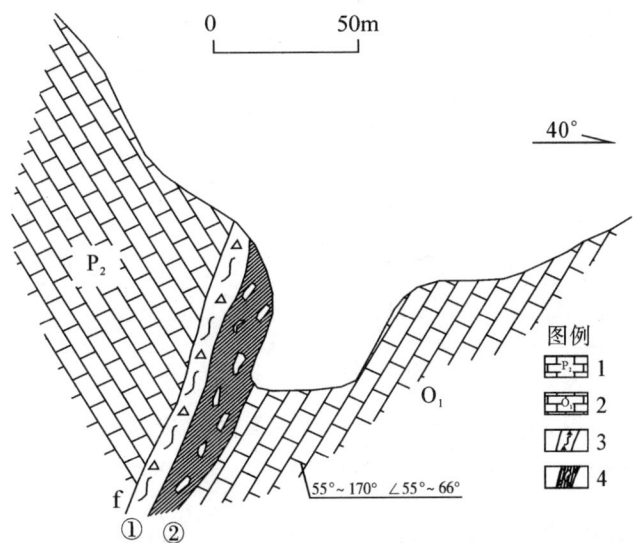

图 3-6 长阳县笔架山西侧仙女山断裂中段都镇湾断裂构造剖面图

1. 下二叠统灰岩；2. 下奥陶统灰岩；3. 断层角砾及片理化带；4. 断层泥及断层角砾带

(3) 水田坝断裂

水田坝断裂位于秭归向斜东翼，呈 NNE 向（NE20°）展布，它由两条近于平行、长短不一的断层组成（图 3-7）。其东为向家岭断层，倾向 280°，倾角 70°，显压性特征，长近 20km；其西为屈家坪断层，倾向 120°，倾角 38°～70°，长约 8km，两者相距 850～1400m。断裂带宽一般 30～85m，多由构造角砾岩带和构造片理带组成，沿主断面有宽约 10cm 的不连续断层泥分布。在主断带两侧为构造影响带，岩石一般比较破碎，有时可见方解石脉出露（图 3-8）。

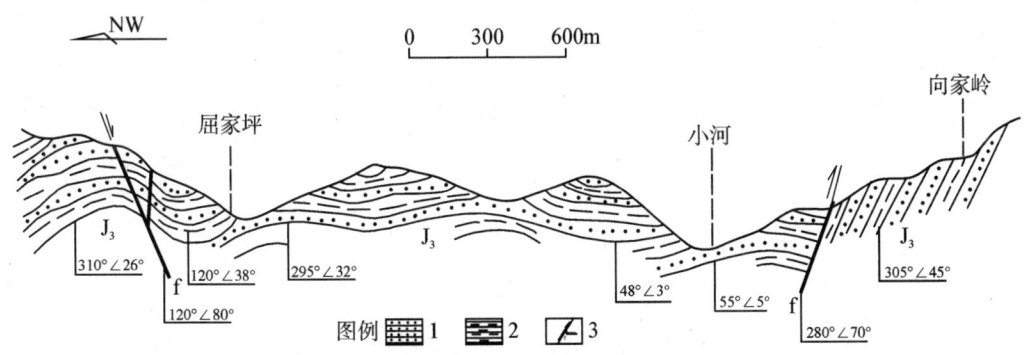

图 3-7 秭归县屈家坪—向家岭水田坝断裂剖面图

1. 砂岩；2. 泥岩；3. 主断层面

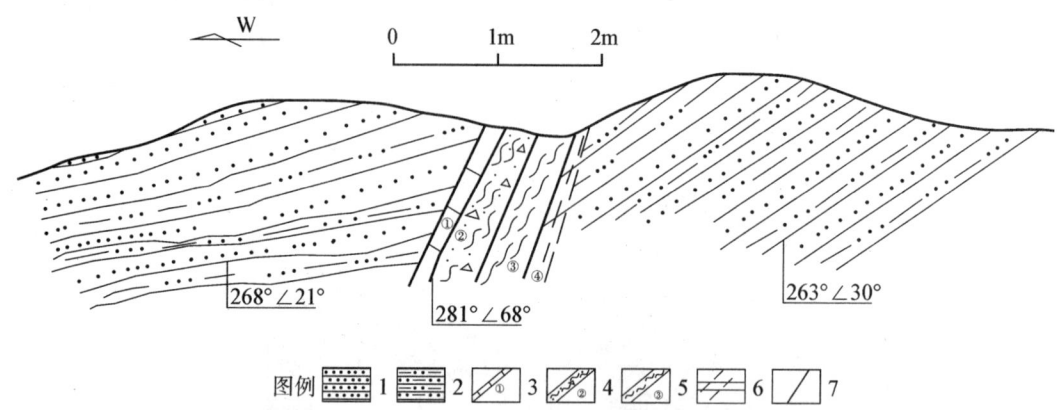

图 3-8 秭归县谭家湾水田坝断裂构造破碎带剖面图

1. 砂岩；2. 泥质砂岩；3. 方解石脉带；4. 含砾断层泥带；5. 断层片理带；6. 碎裂岩带；7. 主断层面

断裂形成于燕山期，具有多期活动的特点。人工地震探测，该断裂深部有断点反映。

断层泥和方解石脉的微观分析与测试，从 N_2 晚期至 Q_2 晚期，甚至 Q_3 有活动。显示区内最大主应力方向为 NE—SW 向，现今秭归地区钻孔地应力测量最大主应力方向亦为 NE 向，显示该断裂以引张为主，兼有扭应力分量。

(4) 高桥断裂

位于秭归盆地西北缘，NE—NEE 走向，倾 SE，倾角 50°～70°。北东端起于兴山古夫，向西经南阳河、伍家垭、高桥、白湾、曾家岭、炮台山，穿越神农溪，止于西瀼口西北，全长约 40km。

该断裂深部处于重力均衡正负异常和正负磁异常交接带，重力反演高桥一带上地壳底面和中地壳底面呈 NE 向线性异常，人工地震探测古夫一带基底面断裂东南盘下错 1.5km，说明为切穿基底的断裂。

地表上该断裂带由多条规模不同、方向相近的断层组成，并在龚家桥以南散开，向北收敛。断裂带宽 50～200m，最宽处达 650m，地层断距一般 300～1500m，最大左行扭动水平错距达 3～5km，反映地层垂直断距 2000m。

野外调查表明，高桥断裂带从第四纪至今仍有一定的活动性，大致以兴山龙王庙茶园坡为界，其北东段活动性较弱，南西段特别是高桥一带则要强烈得多，主要表现为断裂两侧地形地貌存在较大差异，西北侧陡峻，东南侧低缓，最大高差可达 500m 左右。断裂带中段的龚家桥附近形态十分复杂，最多可见 6 条同方向的断层，破碎带宽达 650m(图 3-9)，此处自北而南流经断裂带的纸厂河具明显右旋牵引现象。右岸有崩滑体分布，沿断裂带向南，沿线滑坡、崩塌体发育。但多处剖面调查表明，断裂带并未穿过第四系堆积物。

断裂燕山早期为张性正断层，燕山运动中期为压性叠瓦式逆冲带，形成挤压包裹体及扁豆体构造岩，晚期显张性活动。从显微构造特点分析判断，高桥断裂带全新世以来有较弱的活动，自身的物质组成、内部组构以及最新活动方式都揭示该断裂带活动方式以黏滑为主，有利于能量积聚。

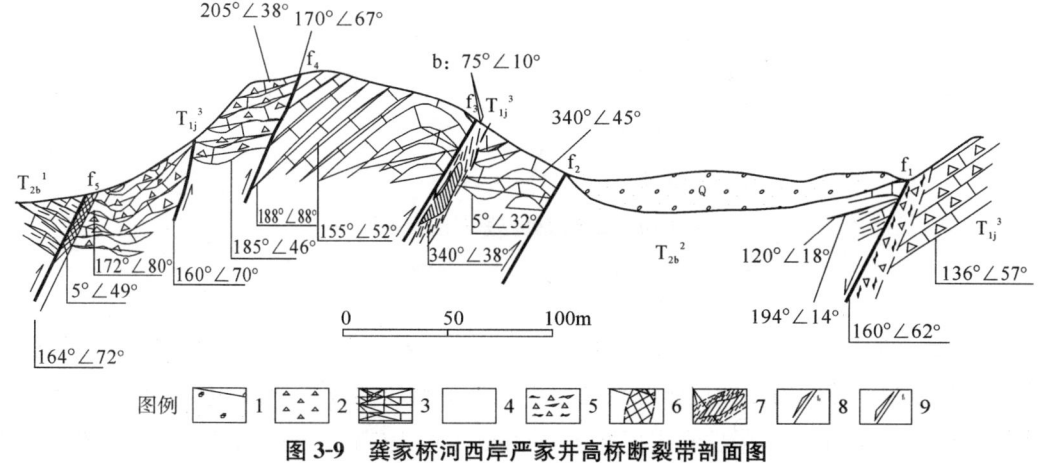

图 3-9 龚家桥河西岸严家井高桥断裂带剖面图

1. 第四系砂砾石；2. 角砾状灰岩；3. 灰岩；4. 泥质灰岩；5. 构造角砾岩带；6. 断层泥带；
7. 构造透镜体及断层泥带；8. 正断层；9. 逆断层

断层岩测年最新活动年龄为 23.8 万年，SEM 法分析晚更新世早期（Q_3^1）有活动。2000 年 6 月 19 日该断裂带上发生高桥 3.0 级地震，1979 年 5 月 22 日秭归龙会观 M_S5.1 级地震可能与该断裂有关。

古构造应力值计算早期方解石粗脉差异应力值为 112.5～140MPa，高于三峡地区喜山期古差异应力平均值（100MPa）。

（5）天子崖断裂（凉水井断裂）

走向 NE85°左右，西端转折为 NE60°倾向 N，倾角 40°～70°。东起楠木园北向西经凉水井上头坪、天子崖、对秋坪、龙河，全长约 42km。断裂挤压破碎带宽 30m，劈理发育，角砾岩中角砾定向排列。据构造形迹判定断裂早期为逆冲（压性）、后期为张性活动特征。

（6）巴东（官渡口）断裂

走向近东西（NE70°～NW280°），倾向 340°～10°，倾角 55°～75°。自巴东老县城马鹿巷向西经土地堂、亩田湾、巴东新城南，随后跨越长江稍有转折，顺官渡口西南侧近 EW 向冲沟延伸，西端在南湾被 NNW 向断裂切断，全长约 15km，呈缓弧形弯曲。构造部位处于楠木园背斜北翼与官渡口向斜南翼的转折部位。断裂南侧为灰岩、白云质灰岩夹原生砾状灰岩，北侧为 T_2b^1 的灰黄色泥质白云质灰岩、泥灰岩以及 T_2b^2 的紫红色泥岩夹砂岩。断裂面大致沿 T_1j 和 T_2b 接触带延伸，但有明显的切层现象，地层时有缺失和重复，断层带夹持 T_1j 层的灰岩条带以及混杂距上盘断裂较远的紫红色泥岩碎块。

构造岩主要有压碎断层角砾岩（分胶结好和胶结差两种）、碎裂岩、片状和鳞片状构造岩，不同地段构造岩的类型和厚度差异较大，断裂带的宽度一般为 5～40m，最大宽度在亩田湾，达 140m，由 5 条主断面和其间的角砾岩、碎块岩和较完整的石灰岩组成（图 3-10）。

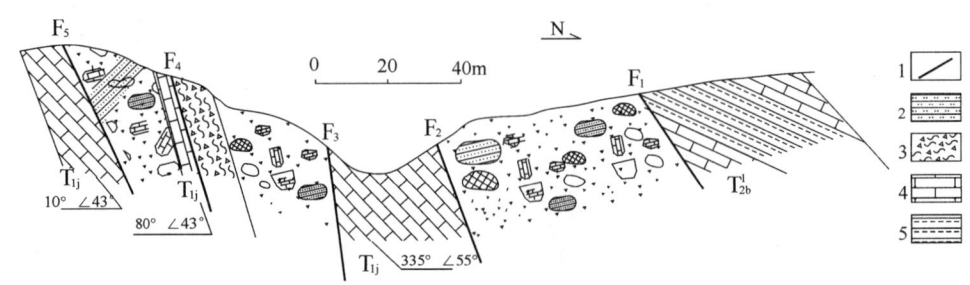

图 3-10 亩田湾处巴东断裂带剖面图

1. 紫红色泥质砂岩角砾；2. 碳酸盐岩角砾；3. 胶结好的角砾；4. 灰岩；5. 砂岩

从构造岩的特征可以看出,该断裂有过多次活动。早期(燕山运动)为逆冲挤压破碎,断层定型,从断带构造岩的强烈挤压特点说明本期构造挤压力较强烈;燕山运动晚期,区域伸张应力场条件下断裂产生张性和张扭性运动,在断层面上保留正斜平移位移痕迹;喜山地壳运动期,在整个隆坳的应力场背景下断裂显张性活动;新构造期继承喜山应力场特点仍显张性活动特征,断裂角砾岩ESR测定最新活动年龄为29万年。该断层在内、外营力作用下产生一些张性活动及蠕变现象。

(7) 马鹿池断裂

位于秭归盆地(向斜)西南侧,吴家坪—立志一带。断裂由一系列走向近EW向、倾N、倾角为55°~65°的小断层组成,剖面上构成"花状构造"(图3-11),沿走向延伸长约23km。断裂破碎带宽达100余米,内部挤压片理、劈理、构造透镜体发育。在马鹿池一带断裂带宽30m,断裂带内角砾岩、次生面理发育,角砾大小混杂,无定向排列,由次级小构造反映该断裂至少经历过两期活动,早期以挤压逆冲为主,晚期表现为张性正断层特点,在靠近下盘处,带内有1m左右的未胶结角砾,可能为更后期活动产物。SEM和TL测年表明,该断裂不仅在上新世(N_2)有过活动,而且在晚更新世(Q_3)也有显著活动,活动期距今26万年左右。

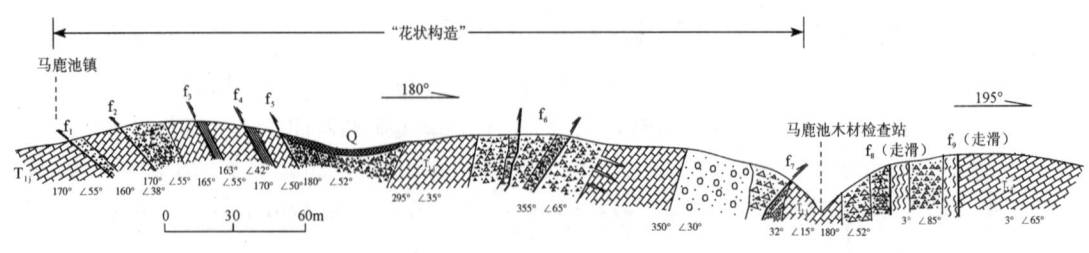

图 3-11 马鹿池断裂带("花状构造")剖面图

1. 第四系砂砾石；2. 灰岩；3. 早期构造角砾岩；4. 晚期构造角砾岩；5. 构造碎粒岩；
6. 构造片理带；7. 晚期角砾包裹早期角砾；8. 主断层面；9. 不整合面

(8) 基底与盖层不整合面的构造特征

黄陵背斜核部结晶基底与盖层的不整合接触面在本区沿着黄陵背斜西翼呈 SN 方向展布,以长江北岸庙河一带最清晰。不整合面实质上是一个构造挤压带,上部的南沱石英砂岩与其下的结晶岩均挤压呈鳞片状构造岩,其内擦痕满布,厚数十厘米至 1m,并形成古风化壳,多呈黄色,具有一定的透水性。在有的地段基底和盖层为逆冲断裂接触,以长江南岸青林口林场处为例。论其成因为古剥蚀面经强烈风化形成古风化壳,随后沉积厚近万米的盖层,燕山运动沿着接触带滑脱挤压形成层间挤压带。值得注意的是,一些浅源地震的震中深度恰在基底面附近,此处地震波速度偏低。因此,在水库诱发地震探讨中应将其视为一个构造带和水文地质结构面来研究。

三峡水库库首区主要断裂构造活动特征见表 3-6。

3.4.3 新构造活动特征

本区新构造运动较微弱,主要表现为整体缓慢隆升的特点。

多年研究表明,三峡地区地貌面可划分为三期五级夷平面,这五级夷平面向 E 或 NW 倾斜,从而构成了区域上从川东鄂西隆起区向江汉坳陷区的逐级层状下降地貌。

受夷平面的控制,西部山区岩溶发育在垂向上亦具多层性,层状岩溶地貌清晰,分层明显。研究资料表明,从古近纪开始到早更新世,西部山区有多次间歇性隆升过程。由于新构造运动的间歇性,在长江峡谷形成六级阶地,零星展布于长江两岸,整体保存完好,未见变形现象。

三峡地区抬升、坳陷、掀斜并存,并以大面积间歇性抬升均衡调整为主,区域内差异活动不明显,没有控制第四纪沉积的大断裂,也没有发现证据确凿的第四纪断层。

本区区域构造格架定型于燕山运动主期,虽经喜山期改造和新构造活动期大面积抬升变化,其地貌格局和山体展布仍较明显地受构造控制,但差异活动强度大大降低,并呈现逐渐减弱的特点。

区域新构造运动的另一个明显特点是对老构造的继承性。一方面表现在新构造运动继承燕山晚期以来所形成的隆起区和坳陷区的升降运动;另一方面表现在早期形成的断裂的继承性活动。

地形变观测分析表明,现今地壳形变以水平扭动为主,主压应力方向在 NE36°～60°至 SW216°～240°,震源机制解分析地壳主压应力近似水平(倾角很缓),主压力方向 NE12°～62°。地应力测量结果,最大主压力近似水平,主压力方向以 NE 为主,向深部有渐转变至近 EW 趋势。

本区位于我国大陆地震活动较弱的地震带,三峡工程周围 100km 范围内中强震不多,历史上未发生过 6.0 级以上地震,$M_S \geqslant 4.7$ 级的地震仅有 3 次,最大地震为 1979 年秭归龙会观 M_S5.1 级地震。本区地震的震源深度一般为 5～15km,以 15km 居多,此深度恰好处于上地壳底面附近,据人工地震探测,该深度为一相对低速层,可能与之有内在联系。

表 3-6　三峡水库库首区主要断裂活动特征综合表

断裂名称	延伸方向	延伸长度(km)	切割深度分类	最新活动年龄 相对年代	最新活动年龄 年龄值(万年)	现今运动方式及形变速率(mm/a) 垂直	现今运动方式及形变速率(mm/a) 水平	地貌特征	地震活动特征	运动学和动力学特征 方解石双晶纹变形特征	运动学和动力学特征 古差异应力值(MPa)	活动方式
仙女山断裂	NNW	82	切穿基底顶进人上地壳，基底Ⅱ型，断差1km	N_2—晚Q_2	17.2	0.06	顺扭 0.06	线性影像清晰，沟槽垭口明显	发生30余次微震，4.9级地震发震断裂之一	一、二期方解石变形，三期方解石未变形	94	右旋以黏滑为主，兼稳滑
九畹溪断裂	NNE	30	基底Ⅱ型，断差1.3km	N_2—晚Q_2	14.2	0.07	微拉张顺扭	线性清晰，沟槽崩塌、断壁明显	有微震活动，最大3.0级	一、二期方解石变形，三期方解石未变形	107	拉张右旋黏滑兼稳滑
水田坝断裂	NNE	20	基底Ⅱ型，断差1.5km	N_2—晚Q_2早	20.8, 9.74		拉张兼顺扭	地貌反差明显	无地震记载	两期方解石脉均变形	120	张性、黏滑兼稳滑
高桥断裂	NE—NEE	40	基底Ⅱ型，断差1.5km	N_2—Q_2—Q_3	23.8		右行	线性明显，沟槽、垭口明显	$M_S5.1$级的地震发震构造之一	四期方解石脉，第四期末变形	70	黏滑
天子崖断裂	NEE—EW	42	盖层断裂	Q_1—Q_2	29		压顺扭后期张	线性明显	无地震记录			张性
巴东断裂	EW	15	盖层断裂		26		压性后期张性	线性明显，控制山坡形态	无地震记录	两期方解石脉，均变形	112.5~140	NE方向滑脱、黏滑
马鹿池断裂	EW	23	盖层断裂	N_2—Q_3			左行走滑	平直、线性明显	无地震记录			左行以走滑、蠕滑为主

3.5 岩溶水文地质条件

三峡库区水文地质条件受岩性、构造和地貌因素控制,三者决定了含水层特征和地下水运移、排泄特征。水文地质条件可分5种类型的区、带,即松散堆积层孔隙含水层区(Ⅰ),碎屑岩裂隙及层间含水层区(Ⅱ),碳酸盐岩类岩溶地下水区(Ⅲ),岩浆岩、变质岩网状裂隙含水层区(Ⅳ)以及断裂带地下水含水带(Ⅴ)。

3.5.1 松散堆积层孔隙含水层区(Ⅰ)

松散堆积层孔隙含水层区(Ⅰ)主要分布在江、河漫滩阶地松散堆积层和斜坡上的崩坡积、残积以及滑坡堆积层分布区,主要以孔隙水形式埋藏运移,部分为承压含水层,分布零星,多以泉水形式排泄到附近的江河中,与江河地表水直接发生补排关系。

3.5.2 碎屑岩裂隙及层间含水层区(Ⅱ)

碎屑岩裂隙及层间含水层区(Ⅱ)据岩性组合和含水特点可分4种类型。

(1)$Ⅱ_1$ 以泥岩为主夹泥灰岩及砂岩、粉砂岩层间裂隙水——贫水区

总体隔水性强,泥灰岩溶蚀很微弱,不能形成含水和运移通道,砂岩夹层很少,故一般为贫水区。分布在中三叠系巴东组地层分布区,一般以泉水排泄,水量甚小。

(2)$Ⅱ_2$ 以砾岩砂岩为主夹泥岩、页岩(部分煤层)层间裂隙水及承压水——较富水区

主要分布在K—E红色砂砾岩分布区,如仙女山周围,J_1—T_3 砂岩夹砾岩和页岩、煤层展布区以及震旦系南沱砂岩分布区。砂砾岩一般构成层间孔隙含水层,部分是承压水性质,含水量较丰,以较大泉水点排泄。

(3)$Ⅱ_3$ 以泥岩为主夹厚层砂岩层间裂隙水部分承压水——较贫水区

主要为中上侏罗系(J_2、J_3)红色岩系分布区,总体为大的隔水区,只是厚层砂岩形成层间裂隙孔隙含水层,由于是盆地地质结构,盆地边缘接受补给形成以砂、砾岩层构成的层间承压含水层。除这些少数层间含水层外,一般为隔水区,以下降和上升泉排泄,水量小。

(4)$Ⅱ_4$ 以页岩为主夹少量粉砂岩和砂岩裂隙水——贫水区

分布在以古生代寒武系页岩和志留系及部分泥盆系页岩为主的地区。由于岩层为基本不透水层,不能形成含水层,只在表层裂隙中含少量地下水,以小泉水排泄,为典型贫水区。

3.5.3 碳酸盐岩类岩溶地下水区(Ⅲ)

碳酸盐岩类岩溶地下水区(Ⅲ)据岩溶发育程度可分为强、中、弱三类。

(1)Ⅲ岩溶强发育的岩溶水裂隙水——富水区

富水区主要分布在嘉陵江组(T_1j)灰岩分布区和下寒武系石龙洞灰岩(ϵ_{1sh})以及上寒武系三游洞灰岩(ϵ_3)分布区。以前者分布最广、岩溶最发育,如兵书宝剑峡、巫峡、瞿塘峡库段,支流大宁河小三峡和小小三峡峡谷以及大宁河—瞿塘峡的河间地块区,以及支流龙船

河、鳊鱼溪、链子溪、天子河、大溪、岭水、红岩河峡谷段以及官渡河与长江间分水岭地带,大约占碳酸盐岩分布区的80%,广泛分布天坑、漏斗、落水洞以及大型溶洞上百个,大型暗河数十条。如香溪玉虚洞、巴东无源洞、龙船河燕子阡洞和鱼腥洞、巫峡的箭穿洞、陆游洞、瞿塘峡的清水洞、七道门洞、支流大宁河的回龙洞、黑狗洞、水帘洞、马蹄洞、秦王洞、飞云洞、穿洞子、白龙过江以及大溪支流的莲花洞、龙洞河鱼泉洞等。这些洞洞径大者10~50m,小者数米,洞深一般数十米至百余米(未见底),暗河长者300余米(未见底)。暗河水量丰沛,水深者人不能涉探。据巫溪地区岩溶调查,在7000km²内分布大泉和暗河168处,明显较大暗河58条,总流量38944L/s,其中,10~100L/s 97处(流量3311.6L/s)、100~500L/s 51处(流量10739L/s)、500~1000L/s 12条(流量8858L/s)、大于1000L/s 8条(流量16035L/s),最大暗河流量为4700L/s,其中孔梁子伏流达2542L/s。较大暗河和伏流都分布在河谷中接近侵蚀基准面稍高处,多以悬挂式、平流式、反虹吸式(埋式)排入江河。

(2) Ⅲ$_2$ 中等岩溶发育的岩溶水裂隙水——洞穴式较富水区

洞穴式较富水区分布在三叠系大冶组(T_1d)、奥陶系南津关灰岩(O_1)、中寒武统(ϵ_2)部分灰岩、上寒武统(ϵ_3)部分灰岩和白云岩的分布区,如牛肝马肺峡库段、九畹溪支流部分库段、支流龙马溪库段、兵书宝剑峡库段、巫峡库段、瞿塘峡库段、支流大宁河库尾白龙过江段、支流龙船河部分库段、支流岭水和红岩河部分地段、大溪支流局部地段。该类地区约占碳酸盐岩分布区的10%左右,除巫峡以南分布较集中外,其余均零星分布。天坑、落水洞和溶洞发育,但规模和数量与Ⅲ$_1$类相比小而少,暗河也更少而短小,以巫峡箭穿峡牛眼洞为最大(长110m,宽7m,高5m)。岩溶水连通性差,多以中等泉水潮泉和小泉排泄入江河。

(3) Ⅲ$_3$ 岩溶弱发育的岩溶水裂隙水——较贫水区

较贫水区分布在二叠系($P_1、P_2$)燧石条带灰岩夹页岩和煤层区、石炭系灰岩、下寒武系水井沱灰岩夹灰质页岩、中寒武统(ϵ_2)泥灰岩白云质灰岩、上寒武统(ϵ_3)灰质白云岩、中奥陶统(O_2)灰岩、上震旦系灯影硅质灰岩和陡山沱薄层硅质条带灰岩展布地区,如牛肝马肺峡、兵书宝剑峡下段、支流九畹溪部分段、巫峡横石溪库段、支流链子溪、岭水、红岩河上游库段。一般以零星条带分布,仅占碳酸盐岩分布区的百分之几。溶蚀较弱,天坑、落水洞少见,溶洞少且多呈崖屋式(扁浅平)、蜂窝式(多溶孔浅洞),以巫峡曹家湾龙洞为典型,局部地段形成暗河,一般以中、小泉水排泄,流量一般较小,为数升至数十升/秒。

3.5.4 岩浆岩、变质岩网状裂隙含水层区

分布在黄陵背斜核部花岗岩、石英闪长岩和变质岩地区。库首大坝—庙河库段主要为花岗岩和石英闪长岩,只在黑岩子一带分布变质岩,其大片变质岩远布于黄陵背斜北部。结晶岩区的地下水主要赋存于风化带的孔隙、断裂和裂隙中,且主要为潜水含水岩体,偶见局部裂隙承压水,主要受大气降水补给,地下水位随地点、季节变化,但大部分在弱风化下部。

3.5.5 断裂带地下水含水带

研究区水库区域及附近较大断裂有仙女山断裂、九畹溪断裂、水田坝断裂、巴东断裂、高

桥断裂、马鹿池断裂、天子崖断裂、三溪河断裂等。这些断裂的特征前文已述明,现将透水和含水性予以简述。

(1)仙女山断裂

仙女山断裂受两侧灰岩、碎屑岩及断裂裂隙的影响,形成有利于地表水下渗、汇集的地下水富集带,断裂沿线泉水成排出露。从地下水季节性变化程度及水样分析结果看,属地表浅层循环水。该断裂为切穿基底的断裂,规模较大,经历了多期活动,断层破碎带较宽,有构成深层水文地质结构面的条件。

(2)九畹溪断裂

九畹溪断裂在新滩下游3km处横过长江至巴东一带消失,两盘岩性差异较大,断裂性质复杂,有利于地表水下渗汇集形成地下水富集带,但沿断裂泉水出露较少。在周坪河左岸断裂开挖的引水隧洞表明,该断裂渗水性、导水性均较差。

虽然东盘为岩溶较发育的灰岩,在九畹溪镇圣天观河水流量的观测结果证明断裂本身尚未形成强烈的渗水带。但因断裂横穿水库,且断裂为切穿基底的断裂,规模较大,断层破碎带较宽,其渗透性是重要的诱发因素,值得重点关注。

(3)秭归盆地西缘的断裂

水田坝断裂、桑坪—泄滩断裂等均发育于侏罗系砂页岩与泥岩中,尽管在地表可以表现为正断层或张性特征,但由于断裂规模较小,为盖层断裂,受两盘岩性的限制,不可能构成良好的渗透通道。

(4)高桥断裂

高桥断裂为秭归盆地西缘的边界断裂,总体走向NE,早期压性,后期张性,在支流龙船河一带规模较大,与河流呈小角度夹角,并主要发育于岩溶化碳酸盐岩地层中,构成较有利的渗透条件,是水库诱发地震重点监测的断裂。

(5)巴东断裂

该断裂以往未被人们认识,最新资料和现场复核发现其规模较大,由数条主断面组成,特别是破碎带宽度大,张性角砾岩厚度也大,透水性较好,南盘为岩溶强发育的灰岩,有较多泉水出露。断裂早期为逆冲挤压性质形成片状构造岩,后期(喜山期)张性破碎特征明显,由于倾斜方向临长江深切割环境,现今在内外动力作用下有明显蠕变现象。三峡水库蓄水后,在下游巴东老县城码头处与上游官渡口两岸共有3处被库水淹没,同时受周期性库水涨落影响,其地下水动态变化将会诱发断裂的蠕变,在水库诱发地震研究中有重要意义,应予重点监测。

(6)三溪河断裂

走向近EW、倾N,延伸长度达38km,规模大且主要分布在岩溶岩层(T_1j)中,断层早期为逆冲压性,后期显张性,泉水和岩溶地下水丰富。燕子阡溶洞暗河顺断裂带发育,向西与万人坑(天坑落水洞)相连通。三峡水库蓄水后龙船河两岸库水与断裂发生渗透作用,是水库诱发地震值得重视的地段。

(7)天子崖断裂

走向近 EW,规模较大,延伸长约 32km,早期压性,后期显张性,展布在岩溶发育的石灰岩地段,岩溶地下水比较活跃,东段进入三峡水库域,形成集中渗流带,在水库诱发地震研究中应予重视。

3.6 不良地质现象

研究区处于长江三峡峡谷河段,地貌发育阶段为三峡期,即三峡峡谷下切形成期。河流下切峡谷形成阶段不良地质体十分发育,主要表现为崩塌、滑坡、坠覆体以及正在变形的变形体和危岩体。它们在峡谷形成的不同阶段大致与层状地貌面相对应,具有典型的多期性特点,尤以中更新世 25 万年左右最为强烈。

据统计,在三峡水库干流 1300km、支流 3679.5km 的库段,共发现体积大于 10 万 m^3 以上的滑坡、崩塌、危岩体共 684 处,总体积 30.4 万 m^3,平均线密度为 0.14 个/km。其中干流段崩塌、滑坡体 215 处共 17.3 亿 m^3,平均线密度 0.17 个/km,支流段崩塌、滑坡体 469 处共 13.1 亿 m^3,平均线密度 0.13 个/km。而在研究区内,干、支流段大于 1000 万 m^3 崩滑体、坠覆体共 35 个,干流段危岩体 3 个。其中香溪河口八字门滑体和巫峡向家湾坠覆体接近 1000 万 m^3,属不稳定状态,故归入统计表内。35 个崩滑体和坠覆体中,处于较不稳定状态的 7 个,处于不稳定状态的 5 个,正在变形状态的 1 个,约占总数的 1/3,三峡水库蓄水后稳态还会变化。干流 3 个危岩体中链子崖和猴子包危岩体属不稳定状态,前者已进行局部治理,稳定状态有所改善,向家湾危岩体处于变形拉裂阶段(表 3-7)。

表 3-7 长江三峡水库三斗坪—奉节库段干、支流的崩滑体、坠覆体(大于 1000 万 m^3)统计表

干流编号	崩滑体名称	距坝址距离(km)	稳态	淹没情况
1	新滩崩滑体	25.6	C	淹前缘
2	树坪坠覆体	45.1	B、C	淹 1/3
3	淹锅沙坝滑体	51.3	B	1/3
4	白水河滑体	54.9	D	1/2
5	范家坪滑体	58.23	A	前缘
6	店子湾崩滑体	61.9	A	前缘
7	大坪坠覆体	62.7	C	1/3
8	黄腊石坠覆体	65	C	前缘
9	黄土坡坠覆体	69	E	前缘

续表

干流编号	崩滑体名称	距坝址距离(km)	稳态	淹没情况
10	赵树岭滑体	73.7	B	前缘
11	官渡口坠覆体	77.8	B	1/2
12	向家湾坠覆体	113.8	D	前缘
13	上西坪坠覆体	124.27	C	前缘
14	白鹤坪坠覆体	137.87	A	1/3
15	水竹园坠覆体	139.6	B	前缘
16	杨家坪坠覆体	145.25	A	前缘
17	曹家沱滑体	145.6	B	1/2
18	向家淌坠覆体	161.6	D	1/3
19	白衣庵坠覆体	163.36	A	前缘
20	链子崖危岩体	26.77	D	前缘
21	猴子包危岩体	113.2	D	前缘
22	向家湾危岩体	113	E	不淹

支流编号	崩滑体名称	河流	稳态:蓄水前/蓄水后
23	八字门滑体群	香溪河	D/D
24	张家湾滑体群	童庄河	A/B-C
25	桑树坪滑体	青干河	A/B
26	殷家坝滑体	青干河	B/B
27	堰坪滑体	归洲河	B/C
28	吴家大岭滑体	归洲河	B/C
29	龙口滑体	归洲河	B/B
30	彭家屋场滑体	小河(东瀼口)	B/C
31	田家梁子滑体	龙船河	B/C
32	吴家院子滑体	龙船河	C/C
33	寨子包滑体	大宁河	B/C
34	鲢鱼地滑体	大宁河	B/C
35	大屋场滑体	错开峡河	A/B
36	花莲树滑体	大溪	A/B
37	响水滩滑体	大溪	D/D
38	曾家棚滑体	大溪	C/D
39	施家湾滑体	大溪	B/C

注:A 为稳定、B 为基本稳定、C 为潜在不稳定、D 为不稳定、E 为正在变形。

3.7 区域地震活动的基本特征

3.7.1 地震资料与地震活动概况

以三峡坝址为中心,半径约300km的范围(28°~34°N、108°~114°E)内,地震记载史料悠久,早在公元前143年就开始有了地震灾害记载,公元前143年至公元1900年共有近300次地震记载,据《中国历史地震强震目录》,研究区$M_S \geqslant 4$的中强震共有47次,截至1998年年底尚未增加,6.0级以上地震4次,最大地震是公元1631年湖南常德6.8级地震。

自1958年9月在三峡地区建立起我国第一个专业性地震观测台网——三峡地震台网以来,该台网连续监测至三峡水库蓄水期间,在研究区范围(28°~34°N、108°~114°E)共记录到$M_S \geqslant 1.0$级地震2437次,其中$M_S \geqslant 3.0$级地震73次,占总数的3%,最大震级为1979年湖北秭归$M_S 5.1$级地震。

3.7.2 地震活动的时空分布特征

3.7.2.1 历史和现今地震的平面分布

区内地震活动主要受所在地区断裂构造的控制,具有较明显的区域性特征和条带状特征。青峰断裂以北的鄂西北及豫陕边境地区(32°N以北)在构造上属秦岭褶皱系南秦岭—大别山断褶带,以NW向断裂发育为特征,中强地震沿其分布,形成醒目的NW向安康—房县(北大巴山)地震带,该地区是中强地震相对频发的地区,历史至今共发生$M \geqslant 4.0$级地震16次,最大地震为公元788年竹山6.5级地震和公元46年南阳6.5级地震。

青峰断裂以南的川鄂边境地区(保康—兴山—鹤峰一线以西),构造上属上扬子台褶带黔江隆褶束和四川台坳川东褶皱带,显著展布一系列NNE—NE向的弧形褶皱和断裂,诸如郁山断裂、齐岳山断裂、黔江断裂、恩施断裂和新华断裂等。地震活动沿这些断裂呈带状分布,组成了兴山—黔江地震带。该地震带地震活动性相对较弱,中强地震频次不高,历史至今仅发生了5次4.8级以上地震,最大地震为公元1856年咸丰6.3级地震。

保康—兴山—鹤峰以东地区,构造上属于扬子台褶带武陵坳束和江汉—洞庭断陷区,区内由NNW、NE和近EW向断裂分割组成一系列的构造条块,从而形成了地震活动性不尽相同的3个地震带。即在黄陵背斜东侧,主要由NNW向的远安断裂、南漳—荆门断裂、胡集—沙洋断裂、武安—石桥断裂、钟祥—永隆河断裂及这些断裂所构成的地堑、地垒构造所组成的远安—钟祥地震带;黄陵背斜西侧,主要由仙女山断裂带、九畹溪断裂带组成了近NS向狭长的秭归—渔洋关地震带;洞庭盆地西缘的太阳山断裂带和南县—汉寿断裂带,组成了NE向的安乡—常德地震带。该地区除常德地区地震活动水平相对较高,历史上曾发生过9次$M \geqslant 4.8$级地震(最大地震为公元1631年湖南常德6.8地震)外,其他大部分地区地震活动水平较低,以小震活动为主,最大震级为5.0级。

上述5个地震带的地震活动存在着显著的差异性。NW向的安康—房县地震带和NE向的安乡—常德地震带,地震活动性较强,分别发生过16次和9次$M \geqslant 4.8$级的地震,最大震级分别为6.5级和6.8级。但由于这两个地震带距三峡水库较远,且控震构造的性质和展布方向与工程区不属于同一个地震构造区,不构成三峡工程地震危险性评价的主要因素。黄陵背斜东西两侧的远安—钟祥、秭归—渔洋关和兴山—黔江3个地震带,虽然地震活动强度比上述2个地震带小得多,但由于它们离三峡工程较近,并且秭归—渔洋关地震带和兴山—黔江地震带跨越三峡水库,构成三峡工程地震危险性评价的主要因素。

远安—钟祥地震带,距坝址最近距离约55km,远离三峡水库区,历史上曾发生过7次$M \geqslant 4.0$级地震,最大震级为5.5级。现今地震活动具有频次高、强度低的特征,经过39年的仪器监测,中强地震仅1969年保康马良坪4.8级地震一次。

秭归—渔洋关地震带,距坝址最近距离17km,在库首区穿过三峡水库,历史上无中强地震记载。经过38年的仪器监测,记录到的最大震级为1961年宜都潘家湾M_S4.9级地震。

兴山—黔江地震带,距坝址最近距离约50km,穿越三峡水库,历史上曾发生过3次$M_S \geqslant 4.3$级地震,最大震级为湖北咸丰M_S6.3级地震。经过38年的仪器监测,记录到的最大地震为1979年秭归龙会观M_S5.1级地震。

三峡坝址所在的黄陵背斜核部结晶基底内,历史上无中强地震记载,现今地震活动也很微弱。

距坝址区较近(60～70km)的中强地震有3次,即1961年宜都潘家湾4.9级地震(震中烈度Ⅶ度)、1969年保康马良坪4.8级地震(震中烈度Ⅶ度)、1979年秭归龙会观5.1级地震(震中烈度Ⅶ度)。这3次地震影响到坝区的地震烈度均小于Ⅴ度。区内发生过的4次6级以上地震与坝址的距离均超过200km,对坝、库区的影响烈度为Ⅳ～Ⅴ度。

3.7.2.2 地震震源深度的分布特征

本区能根据历史地震推测出震源深度的资料不多,因此震源深度主要利用区内地震台网记录所测定的资料。

对三峡地区1959年以来的近600次地震的震源参数进行统一修正后,求得区内地震震源平均深度为11km,除远安—钟祥一带有少数地震震源深度可达20km左右外,其他地区震源深度均在15km以内。由此表明,本区地震主要集中在上地壳内,属浅源地震。

3.7.2.3 地震活动的时间分布特征

地震活动的时间分布是不均匀的,主要表现为平静期与活跃期相间分布的似周期性。分析地震活动时间分布特征的方法一般有地震序列图分析、周期图分析、最大熵谱分析、应变释放曲线和极值分析等。

分析研究区1400年以来的中强地震序列图(图3-12),本区地震活动可以划分出2个地震活跃期,并显示出300年左右的地震活动周期(表3-8)。

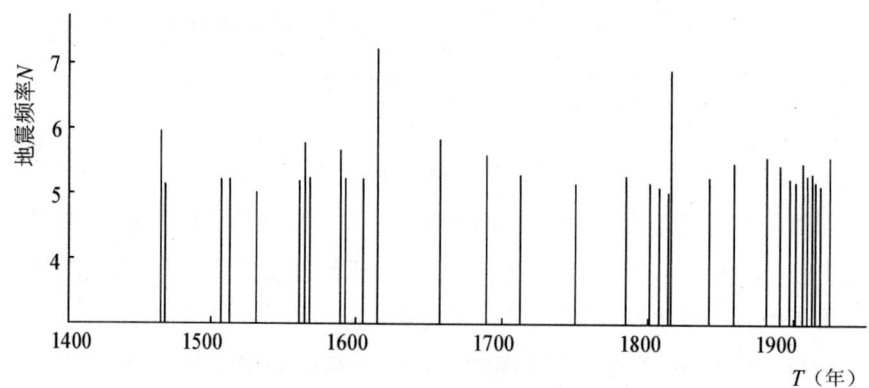

图 3-12　长江三峡及邻区地震时间序列图

表 3-8　三峡地区地震活动周期划分

周期	地震平静期		地震活跃期		地震周期经历时间(年)
	起止年份	经历时间(年)	起止年份	经历时间(年)	
Ⅰ	—1508		1509—1679	170	312
Ⅱ	1680—1822	142	1823—		

以本区每 10 年 $M \geqslant 4.8$ 级地震能量的对数和为特征量,然后进行 30 年滑动平均,构成一个随机过程序列 $x(t)$。将 $x(t)$ 进行傅氏级数分析后,得到长江三峡及邻区地震活动周期(图 3-13)。从图 3-13 中可见,本区地震活动周期为 320 年。

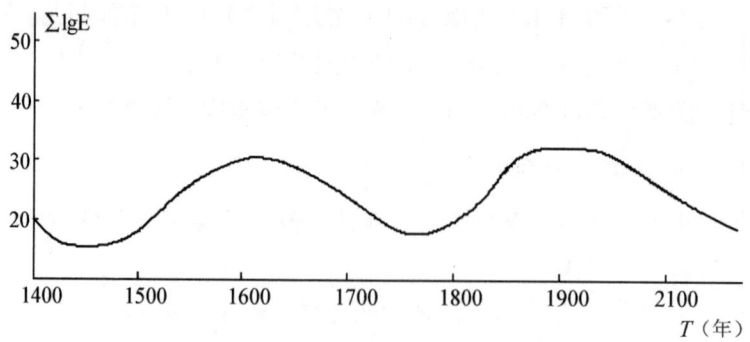

图 3-13　长江三峡及邻区地震活动周期图

将 $x(t)$ 进行最大熵谱分析后,得到本区地震周期熵谱图(图 3-14)。由图 3-14 可以看出,最大谱值所对应的周期为 316 年。

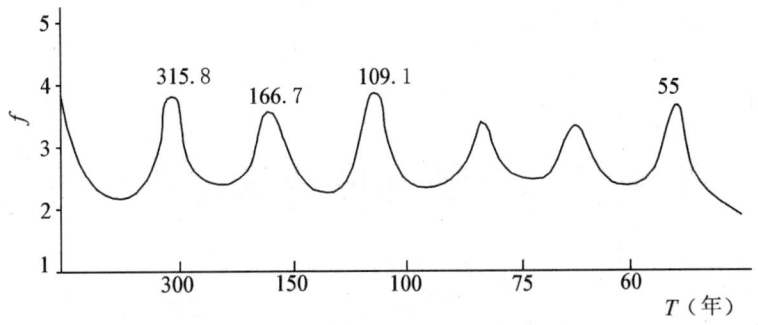

图 3-14　长江三峡及邻区地震周期熵谱图

以上 3 种分析方法均表明,本区地震活动的似周期为 300 年左右。研究区第一地震活跃期(1509—1679 年)共释放应变能 2.3×10^{11}(erg)$^{\frac{1}{2}}$,年平均释放应变能 1.35×10^{9}(erg)$^{\frac{1}{2}}$,相当于一个 4.3 级地震。第二活跃期自 1823 年至今已释放应变能 1.073×10^{11}(erg)$^{\frac{1}{2}}$,若假定第二活跃期释放的应变能与第一活跃期相同,则到第二活跃期结束,全区还应释放应变能 1.227×10^{11}(erg)$^{\frac{1}{2}}$,相当于一个 6.9 级地震。根据本区应力集中条件差、断裂构造孕震能力较低和地震活动多以小震形式分散在各地震条带的特点,剩余能量不可能在一个地带(段)以一次强震释放,而主要是在不同的地带(段)以多次中、小地震释放。

利用震级—频次关系和极值理论统计分析,在未来 100 年内,本区有可能发生 5.0~6.0 级地震 1~2 次,发生 6.0 级以上地震可能性较小;而黄陵背斜两侧的 3 个地震带未来 100 年发生 5.0 级以上地震的可能性都较小。

第4章 三峡水库诱发地震评价

4.1 概述

按照水库诱发地震的多成因理论,不同成因类型水库诱发地震的发震机制不同,能量的积蓄和释放条件不同,应该用不同的方法来估算其可能的最大震级。根据对已有发震强度 $M_S \geqslant 4.5$ 级水库诱发地震的地震资料分析,其成因类型均划分为断层破裂型水库诱发地震,有些已对大坝或库区造成了经济损失和社会影响,如印度的 Koyna、我国的新丰江、希腊的 Kremasta 等诸水库。外成成因水库诱发地震一般发震强度均较小,因此,本章将重点讨论三峡水库断层破裂型水库诱发地震的可能最大震级的估算方法。需要指出的是,所估算出的水库诱发地震的最大震级并不是对某次具体的水库诱发地震进行预测,而是求出一个数值,能合理地从上限来包容三峡工程所在地区可能发生的水库诱发地震。

4.2 估算可能最大震级的必要性

对于断层破裂型(即断裂型)水库诱发地震,普遍认为它只能将原已积蓄在断裂带中的应变能提前释放出来,因此其最大强度不可能超过该断裂的最大可信地震。然而还有一种看法,认为水库诱发地震的最大震级不可能超过当地的最大历史地震,只要搞清楚工程库区的历史地震情况就足够了,无须对水库诱发地震进行专门研究。

前一种看法符合构造地质学和地震学的基本理论,是有根据的;而后一种提法,从理论上混淆了最大可信地震和最大历史地震两个完全不同的概念。最大可信地震是指在给定区域或当前构造格架下断层所能产生的最大地震。顾名思义,最大历史地震是指历史上已经发生过的最大地震。工程实践证实,认为水库诱发地震的最大震级不可能超过当地最大历史地震的观点,并不符合已发生水库诱发地震地区的实际情况。世界上超过 6.0 级的 4 例震例中(①1967 年 12 月 10 日印度 Koyna,M_S6.3 级地震;②1963 年 9 月 23 日赞比亚—津巴布韦边界 Kariba,M_S6.25 级地震;③1962 年 3 月 19 日我国新丰江,M_S6.1 级地震;④1962 年 2 月 5 日希腊 Kremasta,M_S6.2 级地震),至少有 3 例地震的震级远远超过了当地记载的最大历史地震,发生中等强度水库诱发地震的震例中,大部分也都大于附近已知的历史地震。

大多数情况下,水库诱发地震对坝址的影响没有超过坝区的地震基本烈度。但是,在一定的不利条件组合下,中等强度以上水库诱发地震的影响完全有可能超过当地的地震基本烈度。如我国的新丰江水库与丹江口水库的库坝区,按第三、四代地震烈度区划图,均属于Ⅵ度区,按最新的五代地震动参数区划图,分别为地震峰值加速度 0.10g(Ⅶ度区)和 0.05g(Ⅵ度区),但这两个水库发生的水库诱发地震主震震中烈度分别为Ⅷ度和Ⅶ度,新丰江水库坝址也受到了Ⅷ度的影响。这两例水库诱发地震至今仍是这两个地区记录到的最强地震。虽然这种情况是少数的,但却是对工程安全的一种现实威胁,绝不能因其出现概率小而掉以轻心。

水利水电工程的实践和水库诱发地震研究的经验表明,对于重大工程项目,在勘测设计阶段就要进行专门性的研究,判明水库诱发地震的可能性,特别是根据库坝区的地震地质条件估算其可能的最大震级,为正确进行抗震设计选取合理的参数。在水库蓄水后,如果诱发了水库诱发地震,则需要根据新的情况正确评价其可能的发展趋势,特别是要核查或重新估算今后可能达到的最大震级,这项工作应成为水库工程地质研究必不可少的内容之一。

4.3 可能最大震级的估算方法

目前,估算可能最大震级的方法很多,主要有:

(1)工程类比法

当所研究工程的地层构造环境和地震地质条件与其他已诱发地震的工程相类似时,取后者的最大震级作为本工程可能发生的水库诱发地震最大震级。这种估算方法十分粗略,适用于可行性评价阶段。

(2)地震地质类比法(简称地质类比法)

即在库坝区进行综合分区的基础上,按其不同的工程地质类型、不同等级的水文地质结构面或不同的岩溶水文地质结构,确定其可能发震的类型,然后按相似类型中的上限震级来估算其可能的最大震级强度,这是初步的定性评价,一般只适用于可行性评价阶段。

(3)经验公式法

通常借用震级与断层破裂长度的相关公式,其表达形式为: $M=A\ \log L+B$,式中: M 为震级, L 为断层破裂长度, A、B 为待定系数。这类关系式是通过对该地区强烈地震与实测地表断层的破裂长度之间进行统计拟合而得出的。如龙羊峡水库诱发地震初步预测,就是采用郭增建在我国西北地区地震资料拟合求得的关系式,即 $M=3.3+2.1 \log L$ 来进行最大震级估算。向下套用至中等强度的震级范围,安全裕度偏大。近年来,国内不少地区分别统计了本区的相应关系式,对于缺乏地表破裂数据的中强地震,也有用余震分布区的尺寸作为统计量的。这种方法适用于危险性评价阶段(即第二阶段的评价)。

需要注意的是,当采用这类公式时,必须首先确认所研究的断层是存在确凿证据的现代活动断层或发震断层。同时要十分注意研究断层的分段(带)特征,合理估算水库诱发地震可能引起的破裂长度,否则所得结果可能太大,无实用价值。

(4)地震学方法

在水库诱发地震可能最大震级的估算中,常采用地震应变能积累与释放曲线的方法。在地震基本烈度的研究中多采用今后100年内可能释放的最大能量,而水库诱发地震危险性评价中,一般只需考虑2~3个高水位期,最多不超过20年内的能量积累和释放。因此,所得结果亦可能偏大。

(5)数学模型法

该方法是目前水库诱发地震研究工作中,对可能诱发地震强度评价的一类常见的估算方法。随着计算机技术的发展,目前所探讨和应用的数学模型法很多,主要有:

①解析模型法主要有弹性半空间模型、均匀孔隙弹性半空间模型、饱和流体弹性介质模型。

②数值模拟模型主要有有限差分法模型、有限单元法模型。

③统计模型有统计检验法、综合影响系数(E)法、概率预测模型。

④模糊数学和灰色系统模型有模糊综合评判法、模糊聚类分析法、灰色聚类分析法、逻辑信息法等。

⑤人工神经网络模型。

目前,又出现了将人工神经网络模型与模糊数学和灰色系统模型相结合,预测滑坡变形和大坝变形的方法,即灰色神经网络预测模型和模糊神经网络预测模型,这些模型也将会运用于水库诱发地震的预测。

总之,无论哪一种计算模型,都必须密切结合被预测水库的工程地质条件与可能存在的诱震因素。但是,在以往的计算过程中,过分强调了水库三要素(坝高、库容与水库面积)而忽视了诱发地震的基本因素(岩体结构、断裂带与水文地质条件的组合)。事实上,从现有资料来看,不论是高坝大库还是低坝小库均有发生水库诱发地震的震例。如世界上已发生的震例只占水库总数的0.34%。这就说明水库三要素并不是诱发地震的决定性因素,其中只有当其库区具备了诱发地震的地质条件时,这时的库水才是水库诱发地震的外动力因素。众所周知,完整的岩体在库水的作用下是不可能破裂的(因目前最大库水压力亦未超过4MPa)。只有岩体中存在裂缝,水才有产出效应的前提条件,裂缝的大小、深浅及性状不同,水的作用效应也不同,这就是人们通常所考虑的库区的地质构造,实际上就是断层与裂隙以及岩溶地区的岩溶洞穴的影响。因此不论采用何种计算模型,关键是诱发地震因素的真实性和实用性,其因素(因子)的选取越符合实际的地质条件,其结果就越能反映出真实的客观情况。

4.4 数学模型法预测水库诱发地震简要评述

4.4.1 概述

20世纪七八十年代以来,在水库诱发地震的研究和预测中,人们不断尝试引入各种数学模型,以期达到减少专家主观因素的影响和使预测意见定量化的目的。这些模型大体可以分为5类:解析法模型,数值模拟模型,统计预测模型,模糊数学和灰色系统模型,以及人工神经网络模型等。各种模型有其本身的应用原理和局限性。

4.4.2 解析法模型

(1)弹性半空间模型

这类模型主要研究荷载作用下岩体的应力和形变,此模型假设介质是连续的,因此无法解释水位变化和地震现象之间的滞后现象。

(2)均匀孔隙性半空间模型

此类模型主要计算水库荷载作用下,介质内应力随时间的变化,它考虑了孔隙压力的变化对诱发水库地震的重要作用,认为有效应力的变化是水库诱发地震的触发机制,但仍不能合理解释水库水位的变化只在少数情况下才会诱发地震这一事实。

(3)饱和流体弹性介质模型

认为有效应力变化、原地应力状态和水位变化等方面是水库诱发地震的触发机制。应用该类模型求出均匀岩石、各向同性一维水流时的解析解。它较好地解释了地震活动对水位变化的滞后现象,也能回答为什么不是所有水库蓄水后都发生诱发地震的问题。

4.4.3 数值模拟模型

(1)有限差分法模型

用孔隙介质准静力弹性半空间二维模型研究逆断层、正断层和走滑断层由于库水重量、孔隙压力增大等机制所产生的强度变化。先用有限差分法求解孔隙压力扩散方程,求得孔隙压力增量后,用解析法求解平衡方程的特解。该模型较简单,但偏于定性。

(2)有限单元法模型

对饱和流体弹性介质模型用有限单元法求解非均质二维的质量平衡方程,预测岩石破裂情形。

数值计算方法在数学理论和计算方面已很成熟,可对二维、三维的质量平衡方程进行数值积分求解,能较方便地处理非均匀介质,便于模拟断层等地质构造。

上述解析法和数值模拟两类模型一般都是根据经验选择某种成因假设或发震机制,设定岩体的若干参数以及水库诱发地震的临界值,采用解析法或数值模拟计算在库水载荷及孔隙压力作用下,库盆岩体中应力和形变随时间的变化,得出定量的预测意见。这两类模型往往对复杂的地震地质和水文地质条件进行高度简化,主要参数难以取得实测值,在工程实践中未能得到广泛的应用。

4.4.4 统计预测模型

这类模型避开成因机制方向的争论,将与水库诱发地震有关的若干因素视为随机量,选取一定数量的发震水库和未发震水库组成样本集,分别求出同一因素不同状态先验概率,然后按某个统计模型预测研究水库的诱发地震可能性。

我国在20世纪80年代开始引入美国地质调查所Baecher(1982)用贝叶斯公式建立的

概率统计检验模型。这类模型只适用于指标明确、信息完整的情况。它所采用的统计方法是建立在古典等可能概率的基础之上的,统计样本的代表性对计算结果影响很大。当统计样本较大,且具有良好的代表性时,可以粗略地估算水库诱发地震的可能性,但当统计样本量较小的时候,代表性差,特别当出现空数据单元时,概率的估值为零,对计算结果可靠性的影响很大。因此在应用时必须十分谨慎,这是统计模型的主要缺点。此外,在影响因子及其指标的选择上,难免有主观的影响,这也对计算结果的准确性有一定的影响。

4.4.5 模糊数学和灰色系统模型

由于目前对水库诱发地震的成因机制及各种影响因素之间的关系仍不十分清楚,有些指标很难用确定的数量关系确切地描述,这使定量模型在水库诱发地震预测中的应用存在一定的困难。近年来,不少研究者开始将模糊数学、灰色系统理论以及系统工程的一些原理应用于水库诱发地震预测的研究。

模糊数学和灰色系统理论适合部分信息已知、部分信息未知的问题,对水库诱发地震的预测,这类模型有其优越性。弱点在于模型的建立、诱发地震因素的选择,以及隶属度、权值、置信水平 λ 的选取和功效函数的建立等,都带有人为的经验性,无法摆脱宏观类比法的巨大影响。

整个地学现阶段的发展水平所限,很多因素、指标较难确切地以数量加以描述,特别是对水库诱发地震机制的研究尚处探索阶段,使数学模型的概括和选择存在不少困难,因此,一些量化预测方法所作出的定量评价,实际上只能是半定量甚至只是定性的估算。这有待于水库诱发地震的研究者们在不断认识事物本质的过程中,不断地完善这些定量模型,使之能更好地模拟实际情况。

4.4.6 人工神经网络模型

人工神经网络模型是用工程技术手段模拟生物神经网络的结构特征和功能特征的一类人工系统。神经网络理论与一般统计学方法相比,其突出特点是能模拟人脑的思维过程,首先通过对已知样本的学习训练,掌握输入与输出间复杂的非线性映射关系,并对这种关系进行存储记忆。当遇到有未知样本输入时,直接调用网络的"记忆"功能对其作出预测判断。

人工神经网络的研究实例表明,与一般的统计学方法相比,用神经网络预测水库诱发地震具有能充分利用所掌握的资料,能反映变量间复杂的非线性关系以及预测准确度高等优点。

本书在三峡水库诱发地震研究中,努力探求更合理和可供实用的定量预测模型。通过研究认为,统计预测模型、灰色系统模型和人工神经网络模型预测效果较好。为便于更好地反映长江三峡地区不同成因类型水库诱发地震的特点,在采用上述模型预测的研究中,主要从以下几个方面对评价方法进行了改进和创新。

①三峡水库跨越了若干个构造单元,不同单元具有不同的岩性、断裂和水文地质条件,其发震的可能性会有很大差别,因此,将库首区按不同的诱震环境分成若干区段进行判别,有助于发现诱发地震危险性最大的地点,使预测结果更科学、更实用。

②在影响因素方面考虑了不同成因类型的判别标志,增加了反映水文地质条件和库水

作用的因素,舍弃了相关影响关系不明且在分段判别中意义不大的"库容"因素。

③在预测目标上将震级分为"强烈水库诱发地震、中等强度水库诱发地震、弱水库诱发地震、微震、不发震"等5个档次,直接判别是否诱发水库地震及可能发生的震级量值。

需要说明的是,在目前的实际应用中,统计预测模型、模糊数学及灰色系统模型、人工神经网络模型等往往只能作为一种辅助手段,需要与地震地质类比法的结果互相印证比较,以使综合分析预测的结果更趋于合理和准确。

4.5 三峡库首区水库诱发地震数学模型预测

4.5.1 统计模型预测法

4.5.1.1 水库诱发地震影响因素

在前人研究的基础上,根据对国内外251座水库资料的统计分析,针对三峡水库诱发地震危险性的预测,选用库深、构造应力环境、断层活动性、岩石类型、地震活动背景、水文地质结构面发育规模和透水深度、水文地质结构面与库水沟通关系和岩溶发育程度8个诱震因子,并均分成3种状态(断层活动性分为2种状态),使模型计算便于量化。

各量化标准说明如下(表4-1):

表4-1　　　　　　　　　　水库诱发地震影响因素及其状态

影响因子	状态		
	1	2	3
1. 库深(D)	>150m	92～150m	<92m
2. 构造应力环境(S)	逆断层环境	正断层环境	走滑断层环境
3. 断层活动性(E)	活动	不活动	
4. 岩石类型(G)	块状岩体	层状岩体	碳酸盐岩体
5. 地震活动背景(E)	强	中等	微弱
6. 水文地质结构面发育规模和透水深度(FD)	导水深度>2000m	导水深度500～2000m	导水深度<500m
7. 水文地质结构面与库水沟通关系(FC)	直接接触	不直接接触,但有沟通	不沟通
8. 岩溶发育程度(SK)	强	弱	不发育

①库深:一般在工程单位有确切的统计数字时按统计数,如无确切统计资料时按以下规律估计:混凝土坝坝高>150m,从坝高减去 30m;坝高 150～100m,从坝高减 18m;坝高<100m 者,以坝高乘以 0.9 计算;土石坝坝高≥100m 时,以坝高乘以 0.95 计算;坝高<100m,以坝高乘以 0.9 计算。当库深>150m 时为状态 1;当库深为 92～150m 时为状态 2;当库深<92m 时为状态 3。

②构造应力环境：状态1表示垂直方向为最小主应力方向，即逆断层环境；状态2表示垂直方向为最大主应力方向，即正断层；状态3表示垂直方向为中间主应力方向，即走滑断层环境。

③断层活动性：分为断层活动和不活动两种状态。由于对断层活动性的鉴定比较复杂，有时难于肯定一个地区有没有活动断层、活动的强度如何，在这种情况下只粗略地划分为活动断层(状态1)和不活动断层(状态2)两种状态。

④岩石类型：一般而言，水库库区的地层和岩性是多种多样的，因此，预测区的岩性类型指的是该区段的优势(主要)岩性，考虑发震概率与岩性有关，震级大小与岩体强度有关，划分为块状岩体、层状岩体和碳酸盐岩体三类。块状岩体是指火成岩、混合岩和块状火山岩等；层状岩体是指沉积岩中的碎屑岩及变质岩中的千枚岩、板岩、片岩等；碳酸盐岩体包括碳酸盐岩和其他可溶岩。

⑤地震活动背景：基本烈度≥Ⅷ为地震活动强；Ⅵ≤基本烈度＜Ⅷ为地震活动中等；基本烈度≤Ⅵ为地震活动弱。

⑥水文地质结构面发育规模和透水深度：区域性活动断裂带的导水深度在2000m以上为状态1；构造单元内部长度不超过20km的断层，导水深度地表500~2000m为状态2；表层为小断层和节理裂隙等，导水深度在地表500m以内为状态3。

⑦水文地质结构面和库水的沟通关系：水文地质结构面和库水直接接触为状态1，即断层穿过库区，被库水淹没和距库边线5000m以内；水文地质结构面和库水不直接接触但有沟通为状态2，一般指断层距库边线5000~10000m；水文地质结构面和库水不沟通，指断层距库边线10000m以上。

⑧岩溶发育状态：岩溶发育强烈为状态1；岩溶发育中等为状态2；岩溶不发育为状态3。

4.5.1.2 水库诱发地震震级分类

将预测水库诱发地震震级分为"强烈水库诱发地震、中等强度水库诱发地震、弱水库诱发地震、微震、不发震"五种状态。具体标准如下：

强烈水库诱发地震(M_1)：$M \geq 6.0$级；中等强度水库诱发地震(M_2)：$6.0 > M \geq 4.5$；弱水库诱发地震(M_3)：$4.5 > M \geq 3.0$；微震(M_4)：$M < 3.0$；不发震(M_0)。

4.5.1.3 统计预测法

统计预测法即概率预测法，是美国佩克(Packer)和比切尔(Beacher)等人提出的，该方法通过对现有大型水库的可能与诱发地震有密切关系的因素进行统计分析。水库诱发地震受多种因素的影响。在目前对其产生条件和成因机制存在争议的情况下，若把众多影响因素都当成确定状态来处理是不符合实际的。因此，把这些影响因素看作随机因素，把水库诱发地震过程看成一个多因素函数，在比较真实全面地获得水库诱发地震总体组合环境(条件)和诱发地震活动特点(结果)的资料条件下，再通过概率统计等数学模型来计算和处理，就可以得到条件和结果之间的函数关系。

在具体建模过程中,采用以下方法:长江三峡工程属特大型工程,不同库段的地震地质条件差别很大,诱发地震可能性各不相同。在前人研究的基础上,根据对国内外251座水库资料的统计分析以及三峡库区的地质背景条件,采用库深、构造应力环境、断层活动性、岩石类型、地震活动背景、水文地质结构面发育程度和透水深度、水文地质结构面与库水沟通关系以及岩溶发育程度8个诱震因素,根据统计资料,分别求出各诱震因子在不同状态下分属5个震级档次的条件概率,其结果见表4-2。

表4-2　　　　　　　　　诱震因素不同状态发震先验概率统计表

诱震因素		发震强度				
		Ⅰ类 ($M \geqslant 6.0$)	Ⅱ类 [4.5,6.0)	Ⅲ类 [3.0,4.5)	Ⅳ类 ($M<3.0$)	Ⅴ类 (不发震)
1. 库深 (D)	1	0.00	0.22	0.46	0.36	0.18
	2	1.00	0.70	0.46	0.54	0.60
	3	0.00	0.08	0.08	0.10	0.22
2. 构造应力环境 (S)	1	0.00	0.10	0.23	0.32	0.17
	2	0.40	0.41	0.62	0.50	0.68
	3	0.60	0.49	0.15	0.18	0.15
3. 断层活动性 (F)	1	0.90	0.70	0.38	0.21	0.10
	2	0.10	0.30	0.62	0.79	0.90
4. 岩石类型 (G)	1	0.70	0.48	0.46	0.21	0.48
	2	0.05	0.10	0.15	0.47	0.36
	3	0.25	0.42	0.39	0.32	0.16
5. 地震活动背景 (E)	1	0.25	0.20	0.31	0.21	0.24
	2	0.25	0.40	0.46	0.53	0.47
	3	0.50	0.40	0.23	0.26	0.29
6. 水文地质结构面发育规模和透水深度 (FD)	1	0.75	0.60	0.57	0.31	0.21
	2	0.20	0.30	0.38	0.50	0.28
	3	0.05	0.10	0.05	0.19	0.51
7. 水文地质结构面与库水沟通关系 (FC)	1	0.80	0.80	0.69	0.61	0.38
	2	0.10	0.10	0.23	0.29	0.31
	3	0.10	0.10	0.08	0.10	0.31
8. 岩溶发育程度 (SK)	1	1.00	0.42	0.55	0.50	0.16
	2	0.00	0.33	0.35	0.17	0.34
	3	0.00	0.25	0.10	0.33	0.50

在模型计算时,将库首区按不同诱发地震地质条件划分为31个工程地质分区预测单元(图4-1),又根据不同诱发地震组合条件组合成35种方案,分别进行计算(表4-3)。

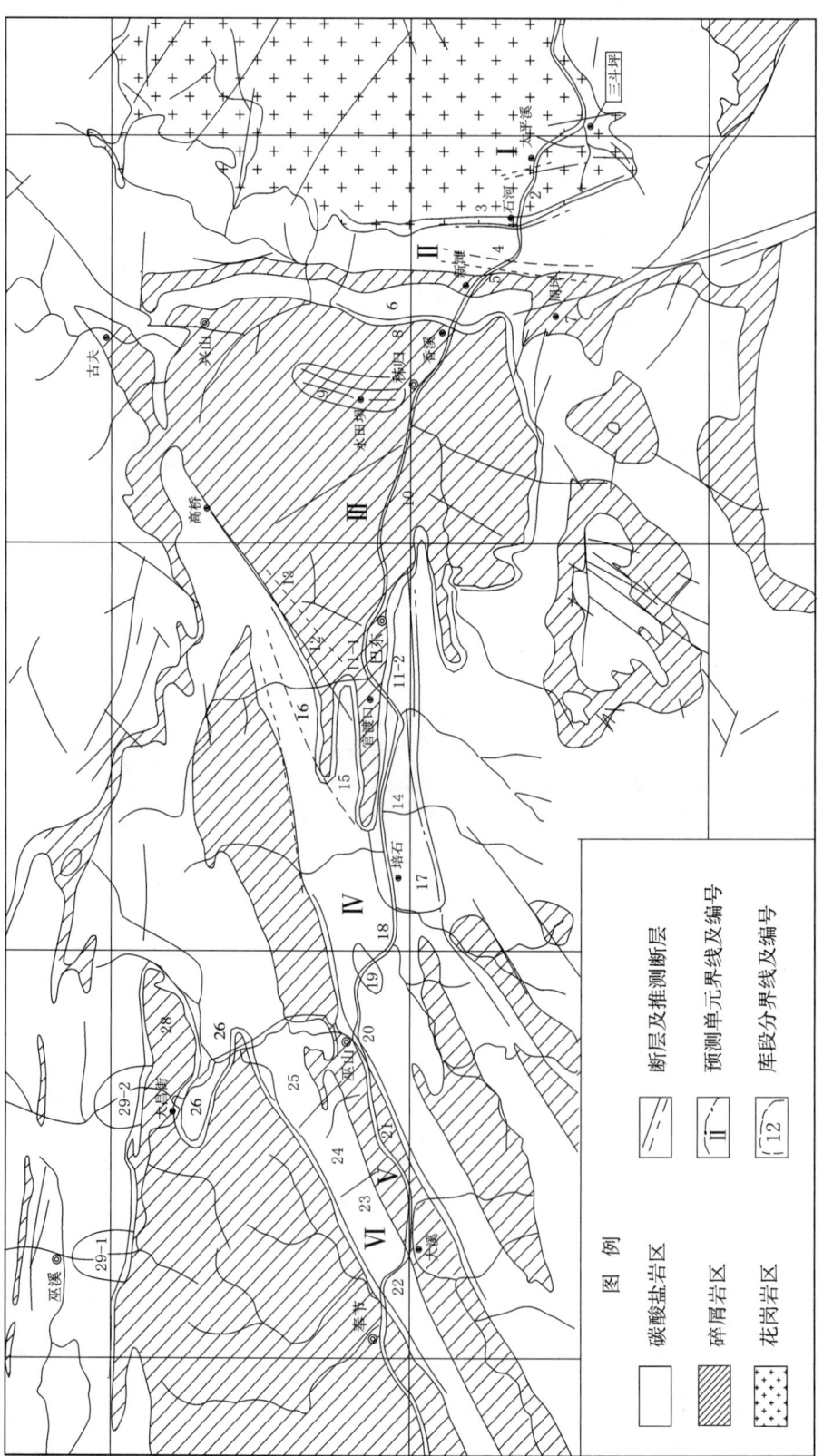

图4-1 三峡工程三斗坪坝址—奉节库段水库诱发地震预测单元划分示意图

表 4-3 工程地质分区预测单元及组合的影响因子状态表

预测单元划分		组合方案	影响因子状态
编号	单元名称		
1	坝区三斗坪—太平溪	组合 1	$D_1S_3F_2G_1FC_3FD_3E_3$
2	太平溪—庙河口	组合 2	$D_1S_3F_2G_1FC_3FD_3E_3$
3	庙河口不整合面	组合 3	$D_1S_3F_2G_1FC_2FD_3E_3$
4	庙河口—九畹溪	组合 4	$D_1S_3F_2G_3FC_1FD_3E_3$
5	九畹溪—路口子断层沿线	组合 5	$D_1S_2F_1G_2FC_1FD_1E_3$
	九畹溪—路口子断层沿线	组合 6	$D_1S_2F_1G_3FC_1FD_1E_3$
6	香溪河东岸灰岩区	组合 7	$D_1S_3F_2G_3FC_2FD_3E_3$
7	仙女山断层沿线	组合 8	$D_1S_1F_1G_3FC_3FD_1E_3$
8	香溪河西岸砂页岩区	组合 9	$D_1S_3F_2G_2FC_3FD_3E_3$
9	水田坝断层沿线	组合 10	$D_1S_3F_2G_2FC_1FD_1E_3$
10	秭归盆地主体	组合 11	$D_1S_3F_2G_2FC_2FD_3E_3$
11-1	巴东—官渡口砂页岩区	组合 12	$D_1S_3F_2G_2FC_1FD_2E_3$
11-2	巴东以南灰岩区	组合 13	$D_1S_3F_2G_3FC_1FD_2E_3$
	巴东以南灰岩区	组合 14	$D_1S_3F_1G_3FC_1FD_2E_3$
12	秭归盆地高桥断裂近库段	组合 15	$D_2S_3F_2G_2FC_1FD_2E_3$
	秭归盆地高桥断裂近库段	组合 16	$D_2S_3F_1G_2FC_1FD_2E_3$
13	秭归盆地高桥断裂远库段	组合 17	$D_2S_3F_2G_2FC_3FD_2E_3$
14	官渡口—冷水溪	组合 18	$D_2S_3F_1G_3FC_1FD_2E_3$
15	龙船河灰岩近库段	组合 19	$D_2S_3F_2G_3FC_1FD_2E_3$
16	高桥断裂灰岩区远库段	组合 20	$D_2S_3F_2G_3FC_2FD_2E_3$
	高桥断裂灰岩区远库段	组合 21	$D_2S_3F_1G_3FC_1FD_2E_3$
17	培石段冷水溪—红河岩	组合 22	$D_2S_3F_2G_3FC_2FD_2E_3$
18	金盔银甲峡库段	组合 23	$D_2S_3F_2G_3FC_1FD_2E_3$
19	横石溪库段	组合 24	$D_2S_3F_2G_2FC_3FD_3E_3$
20	巫峡上段	组合 25	$D_2S_3F_2G_3FC_1FD_3E_3$
21	巫山—大溪	组合 26	$D_2S_3F_2G_2FC_1FD_3E_3$
22	瞿塘峡南岸库段	组合 27	$D_2S_3F_2G_2FC_1FD_3E_3$
23	瞿塘峡北岸库段	组合 28	$D_2S_3F_2G_3FC_1FD_3E_3$
24	瞿塘峡北岸灰岩远库段	组合 29	$D_2S_2F_2G_3FC_3FD_3E_3$
25	大宁河西岸近库段	组合 30	$D_2S_3F_2G_3FC_1FD_3E_3$
26	大宁河西岸远库段	组合 31	$D_2S_3F_2G_3FC_2FD_3E_3$

续表

预测单元划分		组合方案	影响因子状态
编号	单元名称		
27	大宁河东岸库段	组合32	D2S3F2G3FC1FD3E3
28	大昌街—长溪河	组合33	D2S3F2G2FC3FD3E3
29-1	长溪河—巫峡县	组合34	D2S3F2G3FC3FD3E3
29-2	大昌街北脚步典河灰岩段	组合35	D2S3F2G3FC2FD3E3

注：库首区全部位于基本烈度Ⅺ度内，各单元均按$E3$计算。

上述的多个诱震因素可以考虑为随机和相互独立的。根据贝叶斯条件概率理论，预测水库诱发地震的统计模型可表达为：

$$P(M_i \mid A_j) = \frac{P(M_i)P(A_j \mid M_i)}{P(A)} \tag{4.5-1}$$

式中：$P(M_i \mid A_j)$——所需预测的水库诱发地震的概率；

M_i——水库诱发地震震级的类别$(i=0,1,2,\cdots,n)$；

A_j——水库诱发地震库段各诱发地震因素及其相应的状态，即诱发地震因素组合条件$(j=1,2,3\cdots)$；

$P(M_i)$——各个不同震级地震类别的先验概率；

$P(A_j \mid M_i)$——不同影响同素组合条件下不同震级的条件概率，即各影响因素组合条件下，库首区诱发强烈水库诱发地震(M_1)、中等强度水库诱发地震(M_2)、弱水库诱发地震(M_3)、微震(M_4)、不发震(M_0)的条件概率。

$$P(A_j \mid M_i) = P(i) \mid P(A) \quad (i=0,1,2,3,4) \tag{4.5-2}$$

式中

$$P(A) = P(0) + P(1) + P(2) + P(3) + P(4)$$

$$P(i) = P(M_i) \cdot P(D,S,F,E,G,FD,FC,SK \mid M_i) \tag{4.5-3}$$

式中

$$P(D,S,F,E,G,FD,FC,SK \mid M_i) = P(D \mid M_i) \cdot P(S \mid M_i) \cdot P(F \mid M_i) \cdot$$
$$P(E \mid M_i) \cdot P(G \mid M_i) \cdot P(FD \mid M_i) \cdot P(FC \mid M_i) \cdot P(SK \mid M_i)$$

水库诱发地震的全概率$(P(A))$，由下式计算：

$$P(A) = \sum_{i=0}^{n} P(A_j \mid M_i) P(M_i) \tag{4.5-4}$$

4.5.1.4 计算方法及结果

根据国内外46座发震的大型水库及205座未发震的大型水库资料统计的发震概率（表4-2）。发生强烈水库诱发地震、中等强度水库诱发地震、弱水库诱发地震、微震和不发震的先验概率分别为：

状态 M_1——强烈水库诱发地震($M_S \geq 6.0$ 级),$P(M_1) = 0.02$;

状态 M_2——中等强度水库诱发地震($6.0 > M_S \geq 4.5$ 级),$P(M_2) = 0.04$;

状态 M_3——弱水库诱发地震($4.5 > M_S \geq 3.0$ 级),$P(M_3) = 0.05$;

状态 M_4——微震($M_S < 3.0$ 级),$P(M_4) = 0.07$;

状态 M_0——不发震,$P(M_0) = 0.82$。

三峡水库坝高185m,但库首各段蓄水后增加的水深不一样,按每个预测单元内水深的最大值考虑,为165~120m,分属 D_1、D_2 两种类型,支流和距主库较远的单元暂不按最近的长江库段水深归入相应状态中。

三峡地区所处的现代构造应力环境以走滑断层环境为主,因此绝大部分库段按 S_3 进行计算。九畹溪—路口子断层沿线按 S_2 进行计算,仙女山断层沿线按 S_1 考虑。

关于断层活动性,除九畹溪—路口子断层沿线、仙女山断层和高桥断裂具轻微活动性外,库首地区很少有现代活动的断层,因此九畹溪—路口子断层沿线和仙女山断层两处按 F_1 考虑;天子崖断层长度40余千米,横穿南岸两条支流,计算时断层活动性也按 F_1 处理。水田坝断层和库首区其他断层均确定属于"不活动"状态,按 F_2 考虑。巴东以南灰岩区有巴东断层穿行于灰岩与砂页岩界面一带,对该断层的现今活动性因子取 F_1 和 F_2 两种状态,为组合13和组合14,高桥断裂穿过碎屑岩和灰岩区,活动性取 F_1、F_2 两种状态,断裂通过碎屑岩区分为组合15、16,灰岩远库段,按活动性分为组合20、21。

根据各库段出露的变质岩、岩浆岩、碎屑岩和碳酸盐岩等不同类型,分别划归 G_1、G_2、G_3 3种类型。考虑到现场地质条件的复杂性和不确定性,在某些地段地层分布比较复杂,不能确定其优势岩性,G 取两种状态,即 G_2 层状岩体和 G_3 碳酸盐岩体,分别构成组合5和组合6。

水文地质结构面发育情况,本区内基本无深水文地质结构面,从最不利条件考虑,九畹溪断层、仙女山断层、水田坝断层按 FD_1 计算,巴东断层、天子崖断层按 FD_2 考虑,其余库段均为 FD_3。

库水与断裂有可能沟通的有九畹溪断层、巴东断层、高桥断层和天子崖断层等,按 FC_1 处理;有岩溶导水通道的巫峡段、瞿塘峡段、大宁河东段也按 FC_1 计算。香溪河东段灰岩区、巴东—官渡口砂页岩区,高桥断裂灰岩区远库段,石段和大宁河西岸与库水有沟通,属 FC_2,其余库段均为 FC_3。

这样,31个预测单元共确定了35种组合方案,列于工程地质分区预测单元及组合的影响因子状态表中(表4-3)。

按照世界范围内水库诱发地震震例资料统计所得的先验概率,求得它们分属于5个发震震级的概率,取其中概率值最大者,即认为预测的可能发震强度。考虑到原始资料的不确定性,当求得概率最大的两个状态比较接近时(概率差别不大于0.10),将它们同时列入预测结果中,概率大者在前。计算结果见表4-4。

表 4-4　　　　　　　　　　　　　　　统计模型预测结果

	组合	统计模型预测结果					可能发震强度
		M_1	M_2	M_3	M_4	M_0	
块状、层状岩库段	组合 1	0.00	0.04	0.00	0.01	0.95	M_0
	组合 2	0.00	0.04	0.00	0.01	0.95	M_0
	组合 3	0.00	0.04	0.01	0.03	0.92	M_0
	组合 5	0.00	0.58	0.15	0.13	0.13	M_3
	组合 9	0.00	0.01	0.00	0.03	0.96	M_0
	组合 10	0.00	0.37	0.08	0.22	0.33	M_0、M_3
	组合 11	0.00	0.01	0.00	0.09	0.90	M_0
	组合 12	0.00	0.18	0.05	0.34	0.43	M_0、M_1
	组合 15	0.00	0.06	0.00	0.06	0.87	M_0
	组合 16	0.03	0.55	0.00	0.06	0.35	M_3
	组合 17	0.00	0.01	0.00	0.01	0.97	M_0
	组合 24	0.00	0.01	0.00	0.01	0.97	M_0
	组合 26	0.00	0.06	0.00	0.06	0.87	M_0
	组合 33	0.00	0.01	0.00	0.01	0.97	M_0
碳酸盐岩库段	组合 4	0.00	0.36	0.02	0.12	0.49	M_0
	组合 6	0.00	0.82	0.13	0.03	0.02	M_3
	组合 7	0.00	0.09	0.02	0.11	0.78	M_0
	组合 8	0.00	0.66	0.15	0.08	0.11	M_3
	组合 13	0.00	0.58	0.10	0.18	0.15	M_3
	组合 14	0.00	0.92	0.04	0.03	0.01	M_3
	组合 18	0.12	0.84	0.01	0.01	0.01	M_3
	组合 19	0.03	0.67	0.04	0.10	0.18	M_3
	组合 20	0.00	0.09	0.00	0.06	0.85	M_0
	组合 21	0.07	0.61	0.01	0.04	0.27	M_3
	组合 22	0.00	0.09	0.00	0.06	0.85	M_0
	组合 23	0.01	0.38	0.01	0.06	0.54	M_0
	组合 25	0.01	0.38	0.01	0.06	0.54	M_0
	组合 27	0.00	0.02	0.00	0.01	0.97	M_0
	组合 28	0.01	0.38	0.01	0.06	0.54	M_0
	组合 29	0.00	0.02	0.00	0.01	0.97	M_0
	组合 30	0.01	0.38	0.01	0.06	0.54	M_0

续表

	组合	统计模型预测结果					可能发震强度
		M_1	M_2	M_3	M_4	M_0	
碳酸盐岩库段	组合 31	0.00	0.09	0.00	0.06	0.85	M_0
	组合 32	0.01	0.38	0.01	0.06	0.54	M_0
	组合 34	0.00	0.09	0.00	0.02	0.88	M_0
	组合 35	0.00	0.09	0.00	0.06	0.85	M_0

4.5.1.5 预测结果

从表 4-4 计算结果可以看到,三峡水库库首区各库段单元诱发微震和不发地震的概率值较大,为 0.5~0.97,说明这些单元相当稳定。但也有些库段单元具备诱发 M_2 的可能性,说明这些单元有可能诱发频繁小震,甚至破坏性中强震。九畹溪—路口子断层沿线、秭归盆地高桥断裂近库段、香溪河西岸砂页岩区、秭归盆地高桥断裂远库段、官渡口—冷水溪、高桥断裂灰岩区远库段、金盔银甲峡库段、横石溪库段、巫山—大溪库段诱发地震为 4.5~6.0 级,其余库段无震。

九畹溪—路口子断层沿线和仙女山断层库段可能诱发中强震,因为九畹溪断层在此库段穿过长江,除新滩附近有少量碎屑岩外,其余均为灰岩,岩溶发育,岸坡陡立。香溪到巴东库段主要为碎屑岩。据国内外震例条件的分析认为,水库诱发地震主要发生在碳酸盐岩和火成岩中,且发震部位多在岩溶发育地段,而碎屑岩库段发震的可能性很小。水田坝断层沿线虽然为碎屑岩库段但有可能诱发中强震,与龙会观 5.1 级地震距此不远有关,这也就提高了这一库段的地震活动性。

高桥断裂位于秭归盆地西北缘,断裂成带多条断裂面平行展布,为切穿基底的断裂。早期为压性,晚期为张性,并主要发育于岩溶化碳酸盐岩地层中,构成较有利的渗透条件,是水库诱发地震重点监测的断裂。

4.5.2 灰色聚类预测法

4.5.2.1 灰色聚类法原理

水库诱发地震预测的参数信息并非将所有影响因素都考虑到了,还可能包含其他信息,而且信息的分散性大,并涉及许多人为因素。按灰色系统理论认为信息不明确的量是灰色量。

灰色聚类法是将收集到的样本按统计方法取其权,再将被预测对象按实际指标的值在白化权函数上找出所对应的权,再根据权的大小判断所属类别。将水库诱发地震震级作为聚类的类别,记作 M_L 表示第 L 种地震类别 ($L=1,2,3,\cdots$);将诱震因子作为聚类指标,记 X_i 为第 i 种预测指标 ($i=1,2,3,\cdots,n$);将要预测的库段作为聚类对象,记为 Y_K,为第 K 个被预测对象 ($K=1,2,3,\cdots,s$)。

设 $Z_k(d_{ij})$ 为第 K 个被预测水库对 X_{ij} 样本,则 $f_{Li}(Z_k(d_{ij}))$ 为 $Z_k(d_{ij})$ 对第 L 种水库诱发地震的白化函数的权,有

$$f_{Li}(Z_k(d_{ij})) = \begin{cases} Y_L(X_{ij} \mid X_i) & (Z_k(d_{ij}) = Y_L(X_{ij} \mid X_i)) \\ 0 & (Z_k(d_{ij}) \in \Psi) \\ 0 & (Z_k(d_{ij}) \neq Y_L(X_{ij} \mid X_i)) \end{cases} \quad (4.5\text{-}5)$$

式中:$Y_L(X_i)$——第 L 种水库诱发地震类别第 i 个指标的统计数;

$Y_L(X_{ij})$——第 L 种水库诱发地震类别第 i 个指标中第 j 个分指标的统计数。

预测向量:

$$Z_K(Y_L) = \{Z_K(Y_1), Z_K(Y_2), \cdots, Z_K(Y_s)\} = \sum\sum f_{Li}(Z_k(d_{ij})) \quad (4.5\text{-}6)$$

若被预测水库诱发地震类别记为 L^*,则

$$Z_K(Y_L^*) = \max(Z_K(Y_L)) = Z_K(Y_m) \quad (L^* = m)$$

当 $L^* = m$ 时,那么被预测水库诱发地震就属于第 m 种水库诱发地震类别。

4.5.2.2 库段各个单元诱发地震的灰色聚类分析

根据国内外 46 座发震的大型水库及 205 座未发震的大型水库资料统计的发震概率(表 4-2),将水库诱发地震分为 5 类。M_4 是发生 6.0 级以上地震,M_3 是发生 $4.5 \leqslant M_S <$ 6.0 级地震,M_2 是发生 $3.0 \leqslant M_S < 4.5$ 级地震,M_1 是发生 $M_S \leqslant 3.0$ 级地震,M_0 是不发震。

水库诱发地震的预测指标见表 4-3,根据库段各个单元状态可求出各单元的灰色聚类的白化函数权,将其代入式(4.5-6),分类求出各个单元的预测向量。各单元预测向量见表 4-5。

表 4-5　　　　　　　　　灰色聚类分析计算结果

单元组合	预测向量值	预测诱震震级
1	{2.05,2.34,2.15,2.42,3.32}	M_0
2	{2.05,2.34,2.15,2.42,3.32}	M_0
3	{2.05,2.34,2.30,2.61,3.32}	M_0
4	{2.30,3.06,2.94,2.88,2.91}	M_3
5	{3.40,3.48,3.2,3.05,2.70}	M_3
6	{3.60,3.88,3.69,2.74,2.34}	M_3
7	{1.60,2.36,2.48,2.56,2.84}	M_0
8	{2.50,2.79,2.44,2.21,1.92}	M_3
9	{1.40,1.96,1.84,2.68,3.20}	M_0
10	{2.80,3.16,2.97,3.31,2.97}	M_3
11	{1.40,1.96,1.99,2.87,3.20}	M_0
12	{2.25,2.86,2.78,3.50,3.04}	M_1

续表

单元组合	预测向量值	预测诱震震级
13	{2.45,3.18,3.02,3.35,2.84}	M_1
14	{3.25,3.58,2.78,2.77,2.04}	M_3
15	{3.10,3.14,2.45,3.37,3.69}	M_0
16	{3.90,3.54,2.21,2.79,2.89}	M_3
17	{2.40,2.44,1.84,2.86,3.62}	M_0
18	{4.25,4.14,3.03,2.79,2.3}	M_4
19	{4.45,3.83,3.47,3.70,2.92}	M_4
20	{3.60,2.93,2.68,3.07,3.08}	M_1
21	{4.40,3.33,2.44,2.49,2.28}	M_4
22	{3.60,2.93,2.68,3.07,3.08}	M_4
23	{3.30,3.54,2.94,3.06,3.33}	M_3
24	{2.40,2.44,1.84,2.86,3.62}	M_0
25	{3.30,3.54,2.94,3.06,3.33}	M_3
26	{3.10,3.14,2.45,3.37,3.69}	M_0
27	{3.10,3.14,2.45,3.37,3.69}	M_0
28	{4.30,3.63,3.14,3.39,3.15}	M_4
29	{2.40,2.76,2.8,2.87,3.79}	M_0
30	{4.30,3.63,3.14,3.39,3.15}	M_4
31	{2.60,2.84,2.48,2.74,3.26}	M_0
32	{4.30,3.63,3.14,3.39,3.15}	M_4
33	{2.40,2.44,1.84,2.86,3.62}	M_1
34	{3.60,2.93,2.53,2.88,3.08}	M_4
35	{2.60,2.84,2.48,2.74,3.26}	M_0

4.5.2.3 预测结论

从灰色聚类法的计算结果来看,库首区诱发地震的最大震级为 $M_S>6.0$ 级,主要集中在岩性以灰岩(碳酸盐岩)为主、岩溶发育强烈的高桥断裂远库段和瞿塘峡,大宁河水文地质结构面和库水直接接触的岩溶强烈发育地段。九畹溪—路口子断层沿线,仙女山断层沿线由于断层具有活动性,岩溶发育中等,可能诱发 $4.5 \leqslant M_S < 6.0$ 级地震。在巴东库段等一些岩溶不太发育但水文地质结构面和库水直接接触地段,可能诱发 $M_S \leqslant 3.0$ 级的小地震。

4.5.3 人工神经网络预测法

目前,天然地震的预测预报方法尚在研究探究之中,与其相比,水库诱发地震的预测就更加困难得多,因为可供剖析认识的水库诱发地震事件比一般构造地震少得多,致使对水库诱发地震的本质的认识和预报研究都受到限制。就一般意义而言，各种水库诱发地震预测方法实质上都是类比法，即根据已知的已发生诱发地震和没有诱发地震的水库的情况，推测即将修建的水库诱发地震的可能性。统计预测是将水库诱发地震有关的因素视为随机量，选取一定数量的发震水库和未发震水库组成样本，分别求出每一因素不同状态的先验概率，然后按选定的统计预测模型来预测所研究的水库诱发地震的可能性。灰色聚类预测则是根据权值大小来判定水库诱发地震所属的类别。水库诱发地震因素之间本身就存在着复杂的非线性关系，将这种复杂关系简单地用一数学模型（一个或一组方程）来描述，往往与实际偏离较大。因此，需要借鉴其他方法来预测水库诱发地震的可能性，进行比较和综合分析，才能获得较为可靠的结论。

引发地震的相关性因素很多，且产生机理的复杂性、孕育过程的非线性和认识问题的困难性使人们很难建立比较完善的物理理论模型。对有关物理参数加以精确描述，只能借助一些观测到的相关现象进行分析、总结和推理。许多事实已经证明，自然界中很多变量间的复杂非线性关系远非简单的代数方程所能表达。而近年来发展起来的神经网络理论恰好在处理复杂变量间的复杂关系时有其独到的优点。神经网络是由大量神经元有机组合而成的一个非线性系统，可以表达复杂的非线性关系，而且它不要求分析对象满足一定的规律，因此将神经网络方法用于地震预测是十分有效的。考虑到已发震水库的地质背景、影响和控制因素以及各个诱震因素状态和不同因素组合的差异影响着水库诱发地震强度，因此，采用模式识别的方法进行三峡水库库首区水库诱发地震类别的判定。本书引入人工神经网络方法，尝试对三峡水库库首区水库诱发地震类别进行判定。

4.5.3.1 原理和方法

人工神经网络（Artificial Neural Network，ANN）是数理科学和认知科学相结合的产物，是20世纪科技进步的主要成就之一。它作为一种新的方法体系，具有分布并行处理、非线性映射、自适应学习等特性。神经网络是一种高度自适应的非线性动力学系统，它可以通过大量样本的学习抽取隐含在样本中的因果关系。

神经网络由多个神经元构成，神经元之间通过权值连接，这些权值可以根据经验或学习来改变。神经元的结构见图4-2。

误差逆传播神经网络模型（Back-propagation，BP）是一种多层（三层以上）结构的非线性映射网络，误差逆传播迭代算法实现模式识别和分类，是目前应用最广泛、研究较深入的一种人工神经网络。一个典型的BP神经网络由三层构成，即输入层、隐含层（中间层）和输出层，各层之间实行交互式方式（图4-3）。

逆误差传播是指神经网络的期望输出值和实际输出值之间的误差信号，由输出层经过中间层向输入层逐层修正连接权的过程。首先就要计算实际输出值和期望输出值之间的误差，依据设定的目标误差自动调节各层之间的连接权值大小，使误差达到最小。

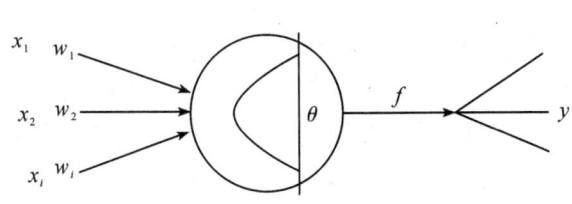
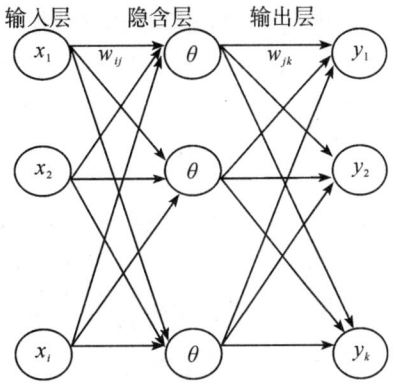

图 4-2 神经元结构

x_i 为输入数,w_i 为输入层节点与隐含层节点之间的连接权值,θ 为输出域值,f 为非线性函数,y 为节点的输出

图 4-3 三层 BP 神经网络模型示意图

x_i 为输入向量;y_k 为输出向量;θ 隐含层的阈值;w_{ij} 为输入层到隐含层的连接权;w_{jk} 隐含层到输出层的连接权;j 为隐含层神经元个数

(1)BP 算法的一般步骤

①用任意小([-1,+1])的随机数设置各层节点之间的初始连接权和各节点的初始阈值。

②给定输入及期望输出。

③通过网络间前向传播计算各层节点的激活值,激活函数 $f(x)$ 一般取 Sig-moid 函数,即 $f(x)=(1+e^{-s})^{-1}$。

④比较输出层各节点激活值与期望输出值之间的差别,将误差反向传播给输出层以下各层节点,即按下式用迭代法进行权值修正:

$$X_{ji}^{s}(t+1)=W_{ji}^{(s)}(t)+\eta \delta_j^{(s)} X_i^{s-1} \qquad (4.5\text{-}7)$$

⑤重复迭代计算,直至实际输出与期望输出的均方差小于某一给定值 ε 为止,网络训练完毕。

⑥用学习好的网络,输入预测数据,便可直接得到相应的预测输出。

(2)神经网络与一般多因子判别法相比具有的优点

①神经网络以其高度的并行性和非线性表达能力,对处理多因子、多类型和非线性的问题显示其长处,它将知识和推理结合起来并具有学习能力。

②相对于传统的预报方法,人工神经网络在处理这方面的问题中有着独特的优势,主要体现在:

a. 容错能力强。由于网络的知识信息采用分布式存储,个别单元的损坏不会引起输出错误。这就使得预测或识别过程中容错能力强,可靠性高。

b. 预测或识别速度快。训练好的网络在对未知样本进行预测或识别时仅需少量的加法和乘法,使得其运算速度明显快于其他方法。

c. 避开了特征因素与判别目标的复杂关系描述,特别是公式的表述。BP神经网络可以自己学习和记忆各个输入量和输出量之间的关系。

4.5.3.2 用神经网络法预测水库诱发地震的震级类别

通过对国内外百余个水库诱震资料的统计分析,选取8个影响因素作为预测水库诱发地震的控制参数:库深、构造应力环境、岩性、地震活动背景值、断层活动性、水文地质结构面发育规模和透水深度、水文地质结构面与库水沟通关系、岩溶发育程度等。确定参数的原则是能完全定量的尽量用定量数据表示,不能定量的用二值模式表示。各变量的定义见表4-6,对于一般模式的识别问题,用三层网络可以很好地解决。最后得到学习样本表(表4-7)。根据表4-7,建立BP算法网络,其中输入层节点19个,各节点取值与表4-7对应,输出层节点设定为4个,分别对应控制最大震级的四个参数,中间层取10个节点。隐含层神经元的传递函数采用S型正切函数tansig,输出层神经元传递函数采用对数函数logsig,这是由于输出模式为0—1,可以满足网络输出要求。经过对网络设定进行5000次的学习训练,误差达到精度要求(10^{-5})。

表4-6 定义变量

变量名称	取值		变量名称	取值	
构造应力环境（S）	逆断层	001	岩溶发育程度（SK）	强	001
	正断层	010		弱	010
	走滑断层	100		不发育	100
岩性（G）	块状岩体	001	地震活动背景（E）	强	001
	层状岩体	010		中等	010
	碳酸岩体	100		微弱	100
水文地质结构面发育规模和透水深度（FD）	深	001	断层活动性（F）	活动	1
	中等深度	010		不活动	0
	浅	100	诱发震级	($M \geq 6.0$)	0001
水文地质结构面与库水沟通关系（FC）	直接接触	001		[4.5,6.0)	0010
	不直接有沟通	010		[3.0,4.5)	0100
	不沟通	100		($M < 3.0$)	1000

表4-7 学习样本

序号	库名	所在地	D	S	F	G	E	FD	FC	SK	最大震级
1	新丰江	中国	80	010	1	001	001	001	001	100	0001
2	参窝	中国	43.5	100	0	001	010	001	001	100	0010
3	康脱拉	瑞士	190	010	0	001	010	010	001	100	0100
4	乌溪江	中国	108	100	0	001	100	010	010	010	1000

续表

序号	库名	所在地	D	S	F	G	E	FD	FC	SK	最大震级
5	Kremasta	希腊	120	010	1	010	010	001	001	010	0001
6	丹江口	中国	90	100	1	100	010	001	001	010	0010
7	东风	中国	47	010	0	100	100	001	010	001	0100
8	乌江渡	中国	150	001	0	100	100	010	100	100	1000
9	Koyna	印度	100	100	0	001	100	010	001	010	0001
10	Aswan	埃及	100	100	1	010	100	010	001	100	0010
11	Talbingo	澳大利亚	150	010	0	010	010	010	010	100	0100
12	南水	中国	74	100	0	001	100	001	010	001	1000
13	Kariba	赞比亚—津巴布韦	120	010	0	100	010	001	001	010	0001
14	佛子岭	中国	70	100	1	010	001	001	001	010	0010
15	Manicouagan 3	加拿大	96	100	0	100	010	001	100	010	0100
16	LaGrande 2	加拿大	145	010	0	100	100	010	100	010	1000

表 4-8 为训练好的网络对学习样本进行回判的结果,表明网络经过学习训练后,已充分掌握了数据间复杂的非线性关系,回判精度较高,可用训练好的网络进行预测。

表 4-8 学习样本的回判结果一览表

序号	实际震级	预测震级	误差	序号	实际震级	预测震级	误差
1	0	0.0005	0.0005	5	0	0.0012	0.0012
1	0	0.0001	0.0001	5	0	0.0000	0.0000
1	0	0.0005	0.0005	5	0	0.0003	0.0003
1	1	0.9994	−0.0006	5	1	0.9994	−0.0006
2	0	0.0004	0.0004	6	0	0.0004	0.0004
2	0	0.0003	0.0003	6	0	0.0002	0.0002
2	1	0.9989	−0.0011	6	1	0.9990	−0.0010
2	0	0.0007	0.0007	6	0	0.0008	0.0008
3	0	0.0037	0.0037	7	0	0.0013	0.0013
3	1	0.9966	−0.0034	7	1	0.9985	−0.0015
3	0	0.0000	0.0000	7	0	0.0003	0.0003
3	0	0.0009	0.0009	7	0	0.0001	0.0001
4	1	0.9959	−0.0041	8	1	1.0000	0.0000
4	0	0.0025	0.0025	8	0	0.0002	0.0002
4	0	0.0007	0.0007	8	0	0.0000	0.0000
4	0	0.0002	0.0002	8	0	0.0001	0.0001

续表

序号	实际震级	预测震级	误差	序号	实际震级	预测震级	误差
9	0	0.0019	0.0019	13	0	0.0002	0.0002
	0	0.0001	0.0001		0	0.0003	0.0003
	0	0.0003	0.0003		0	0.0003	0.0003
	1	0.9977	−0.0023		1	0.9987	−0.0013
10	0	0.0000	0.0000	14	0	0.0013	0.0013
	0	0.0005	0.0005		0	0.0001	0.0001
	1	0.9982	−0.0018		1	0.9999	−0.0001
	0	0.0005	0.0005		0	0.0000	0.0000
11	0	0.0025	0.0025	15	0	0.0014	0.0014
	1	0.9957	−0.0043		1	0.9982	−0.0018
	0	0.0002	0.0002		0	0.0006	0.0006
	0	0.0000	0.0000		0	0.0001	0.0001
12	1	0.9993	−0.0007	16	1	0.9997	−0.0003
	0	0.0000	0.0000		0	0.0003	0.0003
	0	0.0002	0.0002		0	0.0000	0.0000
	0	0.0002	0.0002		0	0.0002	0.0002

表4-9为选取的国内外8座水库诱发地震的资料，表4-10为利用上述网络对这些震例的预测结果。从表4-10可以看出，以4个节点值最大者作为水库诱发地震震级类别的判断标准，其预测精度达到约88%，可见预测精度较高。这样，可以用训练好的网络来预测三峡库首区35个库段的可能诱发地震震级。

表4-9　　　　　　　　　　　预测样本一览表

序号	库名	所在地	D	S	F	G	E	FD	FC	SK	最大震级
1	Idukki	印度	164	100	0	001	100	100	100	010	0001
2	拓林	中国	60	010	0	100	010	010	010	100	0010
3	Emosson	瑞士	160	100	0	100	100	100	100	100	0100
4	Koyna	印度	100	100	0	001	100	010	001	010	0001
5	南水	中国	74	100	0	001	100	001	010	001	1000
6	佛子岭	中国	70	100	1	010	001	001	001	010	0010
7	Manicouagan 3	加拿大	96	100	0	010	100	010	001	100	0100
8	乌江渡	中国	150	010	0	100	010	100	100	100	1000

表 4-10　　　　　　　　　　　　　　　预测结果一览表

序号	期望输出	实际输出	误差	序号	期望输出	实际输出	误差
1	0	0.0000	0.0000	5	1	0.9981	−0.0019
1	1	0.7134	−0.2866	5	0	0.5871	0.5871
1	0	0.9429	0.9429	5	0	0.0000	0.0000
1	0	0.0000	0.0000	5	0	0.0000	0.0000
2	0	0.0000	0.0000	6	0	0.0015	0.0015
2	1	1.0000	0.0000	6	0	0.0000	0.0000
2	0	0.0026	0.0026	6	1	0.9937	−0.0063
2	0	0.0037	0.0037	6	0	0.0000	0.0000
3	1	0.9985	0.0015	7	0	0.0004	0.0004
3	0	0.0000	0.0000	7	1	0.9990	−0.0010
3	0	0.0000	0.0000	7	0	0.0008	0.0008
3	0	0.0130	0.0130	7	0	0.0002	0.0002
4	0	0.0041	0.0041	8	1	0.9999	−0.0001
4	0	0.0000	0.0000	8	0	0.0002	0.0002
4	0	0.0007	0.0007	8	0	0.0000	0.0000
4	1	0.9946	−0.0054	8	0	0.0002	0.0002

表 4-11 为三峡库首区各单元各诱发地震因素的取值表,表 4-12 为利用训练好的神经网络来预测各库段的水库诱发地震震级类别。

表 4-11　　　　　　　　　　　　　　　三峡库首区预测单元

序号	库段单元名称	D	S	F	G	E	FD	FC	SK
1	坝区三斗坪—太平溪	165	100	0	001	100	100	100	100
2	太平溪—庙河口	164	100	0	001	100	100	100	100
3	庙河口不整合面	163	100	0	001	100	100	010	100
4	庙河口—九畹溪	162	100	0	100	100	100	001	010
5	九畹溪—路口子断层沿线	160	010	1	010	100	001	001	010
6	九畹溪—路口子断层沿线	159	010	1	100	100	001	001	010
7	香溪河东岸灰岩区	158	100	0	100	100	100	010	010
8	仙女山断层沿线	157	001	1	100	100	001	100	100
9	香溪河西岸砂页岩区	156	100	0	010	100	100	100	100
10	水田坝断层沿线	154	100	0	100	100	100	001	100
11	秭归盆地主体	153	100	0	010	100	100	010	100

续表

序号	库段单元名称	D	S	F	G	E	FD	FC	SK
12	巴东—官渡口砂页岩区	152	100	0	010	100	010	001	100
13	巴东以南灰岩区	150	100	0	100	100	010	001	100
14	巴东以南灰岩区	149	100	1	100	100	010	001	100
15	秭归盆地高桥断裂近库段	148	100	0	010	100	100	001	100
16	秭归盆地高桥断裂近库段	147	100	1	010	100	100	001	100
17	秭归盆地高桥断裂远库段	146	100	0	010	100	100	100	100
18	官渡口—冷水溪	145	100	1	100	100	010	001	010
19	龙船河灰岩近库段	143	100	0	100	100	100	100	001
20	高桥断裂灰岩区远库段	142	100	0	100	100	100	010	001
21	高桥断裂灰岩区远库段	141	100	1	100	100	100	010	001
22	培石段冷水溪—红河岩	135	100	0	100	100	100	100	001
23	金盔银甲峡库段	134	100	0	100	100	100	001	010
24	横石溪库段	133	100	0	010	100	100	100	100
25	巫峡上段	132	100	0	100	100	100	001	010
26	巫山—大溪	131	100	0	010	100	100	001	100
27	瞿塘峡南岸库段	130	100	0	010	100	100	100	100
28	瞿塘峡北岸库段	129	100	0	100	100	100	001	001
29	瞿塘峡北岸灰岩远库段	128	100	0	100	100	100	100	010
30	大宁河西岸近库段	127	100	0	100	100	100	001	001
31	大宁河西岸远库段	126	100	0	100	100	100	010	010
32	大宁河东岸库段	125	100	0	100	100	100	001	001
33	大昌街—长溪河	124	100	0	010	100	100	100	100
34	长溪河—巫峡县	122	100	0	100	100	100	100	001
35	大昌街北脚步典河灰岩段	120	100	0	100	100	100	010	010

表4-12　　　　　　　　　　三峡库首区各单元预测结果

序号	实际输出	震级类别	误差	预测震级	序号	实际输出	震级类别	误差	预测震级
1	0.9996	1	−0.0004	$M<3.0$	2	0.9995	1	−0.0005	$M<3.0$
	0.0000	0	0.0000			0.0000	0	0.0000	
	0.0006	0	0.0006			0.0007	0	0.0007	
	0.0000	0	0.0000			0.0000	0	0.0000	

续表

序号	实际输出	震级类别	误差	预测震级	序号	实际输出	震级类别	误差	预测震级
3	0.9995	1	−0.0005	$M<3.0$	11	0.6402	1	−0.3598	$M<3.0$
	0.0066	0	0.0066			0.5806	0	0.5806	
	0.0004	0	0.0004			0.5527	0	0.5527	
	0.0000	0	0.0000			0.0000	0	0.0000	
4	0.3503	0	0.3503	$4.5<M<6.0$	12	0.1595	0	0.1595	$3.0<M<4.5$
	0.0001	0	0.0001			0.9102	1	−0.0898	
	0.0000	0	0.0000			0.0000	0	0.0000	
	0.9773	1	−0.0227			0.0009	0	0.0009	
5	0.0102	0	0.0102	$4.5<M<6.0$	13	0.1765	0	0.1765	$3.0<M<4.5$
	0.0000	0	0.0000			0.9430	1	−0.0570	
	0.0004	0	0.0004			0.0000	0	0.0000	
	0.9995	1	−0.0005			0.0001	0	0.0001	
6	0.0155	0	0.0155	$4.5<M<6.0$	14	0.0000	0	0.0000	$4.5<M<6.0$
	0.0000	0	0.0000			0.0019	0	0.0019	
	0.0000	0	0.0000			0.9847	1	−0.0153	
	1.0000	1	0.0000			0.0024	0	0.0024	
7	0.9783	1	0.0217	$M<3.0$	15	0.7661	1	−0.2339	$M<3.0$
	0.0659	0	0.0659			0.0630	0	0.0630	
	0.0101	0	0.0101			0.0005	0	0.0005	
	0.0000	0	0.0000			0.0018	0	0.0018	
8	0.0396	0	0.0396	$4.5<M<6.0$	16	0.0021	0	0.0021	$M>6.0$
	0.0000	0	0.0000			0.0000	0	0.0000	
	0.9973	1	−0.0027			0.9972	1	−0.0028	
	0.0003	0	0.0003			0.0039	0	0.0039	
9	0.9997	1	−0.0003	$M<3.0$	17	0.9990	1	−0.0001	$M<3.0$
	0.0005	0	0.0005			0.0008	0	0.0008	
	0.0001	0	0.0001			0.0005	0	0.0005	
	0.0000	0	0.0000			0.0000	0	0.0000	
10	0.9564	1	−0.0436	$M<3.0$	18	0.0019	0	0.0019	$4.5<M<6.0$
	0.0273	0	0.0273			0.0000	0	0.0000	
	0.0040	0	0.0040			0.2339	0	0.2339	
	0.0008	0	0.0008			0.4281	1	0.4281	

续表

序号	实际输出	震级类别	误差	预测震级	序号	实际输出	震级类别	误差	预测震级
19	0.9617	1	−0.0383	$M<3.0$	27	0.9929	1	−0.0071	$M<3.0$
	0.5201	0	0.5201			0.0000	0	0.0000	
	0.0000	0	0.0000			0.0000	0	0.0000	
	0.0000	0	0.0000			0.0982	0	0.0982	
20	0.9960	1	−0.0040	$M<3.0$	28	0.9991	1	−0.0009	$M<3.0$
	0.0232	0	0.0232			0.0066	0	0.0066	
	0.0118	0	0.0118			0.0000	0	0.0000	
	0.0000	0	0.0000			0.0000	0	0.0000	
21	0.4379	0	0.4379	$4.5<M<6.0$	29	0.9913	1	−0.0087	$M<3.0$
	0.1057	0	0.1057			0.0000	0	0.0000	
	0.8897	1	−0.1103			0.0001	0	0.0001	
	0.0000	0	0.0000			0.0905	0	0.0905	
22	0.9933	1	−0.0067	$M<3.0$	30	0.9989	1	−0.0011	$M<3.0$
	0.0312	0	0.0312			0.0077	0	0.0077	
	0.0220	0	0.0220			0.0000	0	0.0000	
	0.0000	0	0.0000			0.0000	0	0.0000	
23	0.0468	0	0.0468	$4.5<M<6.0$	31	0.8488	1	−0.0512	$M<3.0$
	0.0001	0	0.0001			0.1226	0	0.1226	
	0.0001	0	0.0001			0.1542	0	0.1542	
	0.9854	1	−0.0146			0.0000	0	0.0000	
24	0.9955	1	−0.0045	$M<3.0$	32	0.9987	1	−0.0013	$M<3.0$
	0.0012	0	0.0012			0.0090	0	0.0090	
	0.0034	0	0.0034			0.0000	0	0.0000	
	0.0000	0	0.0000			0.0000	0	0.0000	
25	0.0394	0	0.0394	$4.5<M<6.0$	33	0.9810	1	−0.0190	$M<3.0$
	0.0001	0	0.0001			0.0000	0	0.0000	
	0.0001	0	0.0001			0.0000	0	0.0000	
	0.9856	1	−0.0144			0.8420	0	0.8420	
26	0.5658	1	−0.4342	$M<3.0$	34	1.0000	1	0.0000	$M<3.0$
	0.0815	0	0.0815			0.0003	0	0.0003	
	0.0018	0	0.0018			0.0000	0	0.0000	
	0.0009	0	0.0009			0.0000	0	0.0000	

续表

序号	实际输出	震级类别	误差	预测震级	序号	实际输出	震级类别	误差	预测震级
35	0.7857	1	−0.2143	$M<3.0$					
	0.1359	0	0.1359						
	0.2455	0	0.2455						
	0.0000	0	0.0000						

4.5.3.3 结论

从神经网络预测的结果来看,诱发 $M>6.0$ 级地震的库段只有秭归盆地高桥断裂近库段,可能诱发 $4.5<M<6.0$ 级地震的库段有庙河口—九畹溪、九畹溪—路口子断层沿线、瞿塘峡北岸库段、大宁河西岸近库段;仙女山断层沿线、高桥断裂灰岩区远库段、巴东以南灰岩区等;可能诱发 $3.0<M<4.5$ 级地震的库段有巴东—官渡口砂页岩区、巴东以南灰岩区,其他库段均为 $M<3.0$ 级。

4.6 数学模型预测结论与讨论

4.6.1 预测主要结论

①总体上,用原理各不相同且分别进行独立计算的数学模型和人工神经网络进行预测,其结果的符合程度较高。在35个预测单元中,3种预测方法结果差别不是很大,特别是数理统计模型和人工神经网络模型的差别很小且与前期宏观类比预测符合度高,说明应用比较广泛且得到广泛承认的统计预测和预报精度较高的神经网络来预测三峡库首区的地震趋势是有一定意义的。在预测条件比较苛刻的情况下能得到这样的结果,说明诱发地震因素的选择是合适的,在一定程度上也反映了诱发地震机理的基本特征。据此可对三峡水库库首区水库诱发地震进行综合预测,其综合预测结果见表4-13。

②在确定不发震和发生微震($M<3.0$级)两种诱发地震类别的预测单元中,统计预测和人工神经网络占了近70%,绝大部分基本相同。这表明在预测单元划分详细的情况下,能较满意地判定不可能发生水库诱发地震的库段。

③判定最大震级为强烈水库诱发地震和中等强度水库诱发地震的预测单元,主要在一些透水性好的断层活动带和碳酸盐岩地区。如巴东断裂规模较大,由数条主断面组成,特别是破碎带宽度大,张性角砾岩厚度也大,透水性较好,南盘岩溶发育强烈。该断裂在内外动力作用下有明显的蠕变现象。高桥断裂位于秭归盆地西北缘,断裂成带、多条断裂面平行展布,为切穿基底的断裂,并主要发育于岩溶较为发育的碳酸盐岩地层中,构成较有利的渗透条件,是水库诱发地震重点监测的断裂。

表 4-13 三峡库首区水库诱发地震危险性综合预测总表

库段编号	预测单元编号及分布范围	教学模型组合方案偏号	宏观类比 极限震级	宏观类比 常遇震级	数学模型预测 统计检验	数学模型预测 灰色聚类	数学模型预测 人工神经网络	水库诱发地震综合预测 极限地震 震级	水库诱发地震综合预测 极限地震 烈度	水库诱发地震综合预测 常遇地震 震级	水库诱发地震综合预测 常遇地震 烈度
I	1 坝区三斗坪—太平溪	组合1	3.0	<2	M_0	M_0	$M<3$	3.0	Ⅳ~Ⅴ	<2	<Ⅳ
I	2 太平溪—庙河口	组合2	3.0	<2	M_0	M_0	$M<3$	3.0	Ⅳ~Ⅴ	<2	<Ⅳ
I	3 庙河口不整合面	组合3	/	/	M_0	M_0	$M<3$	/	/	/	/
II	4 庙河口—九畹溪	组合4	<3	<2	M_0	M_3	$4.5<M<6.0$	<3	<Ⅴ	<2	<Ⅳ
II	5 九畹溪—路口子断层沿线	组合5	4.8	3.5	M_3	M_3	$4.5<M<6.0$	5.0	Ⅶ	3.5	Ⅳ~Ⅴ
II	5 九畹溪—路口子断层沿线	组合6	4.8	3.5	M_3	M_3	$4.5<M<6.0$	5.0	Ⅶ	3.5	Ⅳ~Ⅴ
II	6 香溪河东岸灰岩区	组合7	3.0	<2	M_0	M_0	<3	3.0	Ⅴ~Ⅵ	<2	<Ⅳ
II	7 仙女山断层沿线	组合8	/	/	M_3	M_3	$4.5<M<6.0$	5.0	Ⅶ	3.5	Ⅳ~Ⅴ
III	8 香溪河西岸砂页岩区	组合9	3.0	<2	M_0	M_0	$M<3$	/	/	/	/
III	9 水田坝断层沿线	组合10	3.0	<2	M_3	M_3	$M<3$	3.0	4~5	<2	<4
III	10 秭归盆地主体	组合11	/	/	M_0	M_0	$M<3$	/	/	/	/
III	11-1 巴东—官渡口砂页岩区	组合12	/	/	M_0、M_1	M_1	$3.0<M<4.5$				
III	12 秭归盆地高桥断裂近库段	组合15	5.0	<3	M_0	M_0	$M<3$	5.5	Ⅶ	$M<3.5$	<Ⅴ
III	12 秭归盆地高桥断裂近库段	组合16	5.0	<3	M_3	M_3	$M>6.0$	5.5	Ⅶ	$M<3.5$	<Ⅴ
III	13 秭归盆地高桥断裂远库段	组合17	/	/	M_0	M_0	$M<3$	/	/	/	/
IV	11-2 巴东以南灰岩区	组合13	<3	<2	M_3	M_1	$3.0<M<4.5$	3.0	Ⅴ~Ⅵ	<2	<Ⅳ
IV	11-2 巴东以南灰岩区	组合14	<3	<2	M_3	M_3	$4.5<M<6.0$	3.0	Ⅴ~Ⅵ	<2	<Ⅳ
IV	14 官渡口—冷水溪	组合18	3.0	<2	M_3	M_4	$4.5<M<6.0$	3.0	Ⅴ~Ⅵ	<2	<Ⅳ

第4章 三峡水库诱发地震评价

续表

库段编号	预测单元编号及分布范围	教学模型组合方案偏号	宏观类比		数学模型预测			水库诱发地震综合预测			
								极限地震		常遇地震	
			极限震级	常遇震级	统计检验	灰色聚类	人工神经网络	震级	烈度	震级	烈度
IV	15 龙船河灰岩近库段	组合19	3.0	<2	M_3	M_4	$M<3.0$	3.0	V~VI	$M<2$	<IV
	16 高桥断裂灰岩区远库段	组合20 组合21	3.0	<2	M_0 M_3	M_1 M_4	$M<3.0$ $4.5<M<6.0$	3.0	V~VI	$M<2$	<IV
	17 培石段冷水溪—红岩河	组合22	3.0	<2	M_0	M_4	$M<3.0$	3.0	V~VI	<2	<IV
	18 金盔银甲峡库段	组合23	3.0	<2	M_0	M_3	$4.5<M<6.0$	3.0	V~VI	<2	<IV
	19 横石溪库段	组合24	/	/	M_0	M_0	$M<3.0$	/	/	/	/
	20 巫峡上段	组合25	3.0	<2	M_0	M_3	$4.5<M<6.0$	3.0	V~VI	<2	<IV
V	21 巫山—大溪	组合26	/	/	M_0	M_0	M_0	/	/	/	/
IV	22 瞿塘峡南岸库段	组合27	3.0	<2	M_0	M_0	$M<3.0$	3.0	V~VI	<2	<IV
	23 瞿塘峡北岸库段	组合28	4.0	<2	M_0	M_4	$M<3.0$	4.0	VI	<2	<IV
	24 瞿唐峡北岸灰岩远库段	组合29	/	/	M_0	M_0	$M<3.0$	/	/	/	/
	25 大宁河西岸近库段	组合30	4.0	<2	M_0	M_0	$M<3.0$	4.0	VI	<2	<IV
	26 大宁河西岸远库段	组合31	3.0	<2	M_0	M_0	$M<3.0$	3.0	V~VI	<2	<IV
	27 大宁河东岸库段	组合32	4.0	<2	M_0	M_4	$M<3.0$	4.0	VI	<2	<IV
	28 大昌街—长溪河	组合33	/	/	M_0	M_1	$M<3.0$	/	/	/	/
	29-1 长溪河—巫溪县	组合34	<3	<2	M_0	M_4	$M<3.0$	<3	<V	<2	<IV
	29-2 大昌街北脚步典河灰岩段	组合35	<3	<2	M_0	M_0	$M<3.0$	<3	<V	<2	<IV

注：宏观类比预测资料参见《长江三峡水库三斗坪—奉节段地震本地与水库诱发地震预测研究报告》。

4.6.2 讨论

从图 4-4 中可以发现一些不合理之处，它反映了建模过程中存在某些缺陷，也与发震机理需要进一步研究探索有关，在以后的研究中要探究其原因并不断改进。

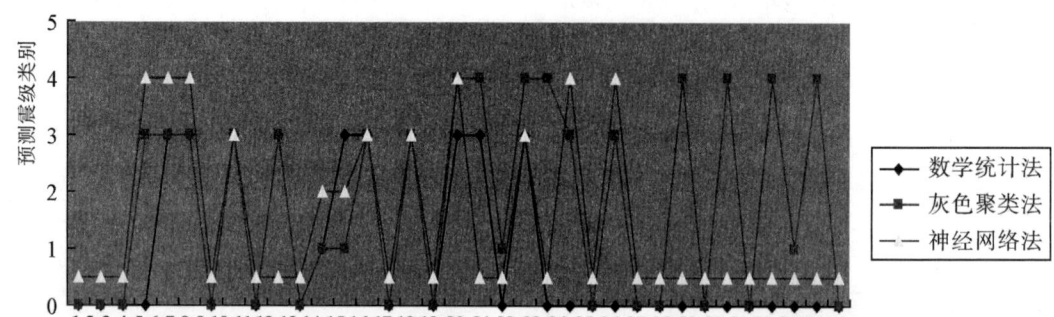

图 4-4　3 种不同数学预测模型所预测的水库诱发地震对比示意图

①在构造地震的预测中，断层活动状态的选择对诱发地震可能性具有至关重要的影响。凡是活动性因素确定为活动状态时，其所在的库段一般诱发中强震。这说明断层活动性是比较灵敏的预测因子。

用神经网络方法通过对一些典型震例样本的学习，也把握了断层活动性这一因子在地震预测中的重要性。但这一情况与用灰色聚类法所得的结果在瞿塘峡、大宁河库段存在差异。因此，应该加强对待测单元中断层活动性判别的准确性，还有必要重新核查统计震例中前人对"活动断层"判定的可靠性，对各因子的概率分布作出合理的改进。

②通过几种方法的对比，可以看出统计方法和人工神经网络法的预测结果很接近，灰色聚类法在靠近坝址区和它们很接近，但在瞿塘峡、大宁河库段存在差异。这说明用神经网络预测地震是很有效的，但在应用中也存在一定问题。如学习样本不够多，主要是因为有些震例的资料不完善，如大部分震例的构造应力环境，结构面发育规模和透水深度，水文地质结构面与库水沟通关系这些诱震因素没有完全弄清。随着资料的完善，学习样本越多，网络越能学习到各震例之间复杂的非线性关系，预测准确度也就越高。

③用神经网络预测地震时，诱发震级只分为 4 个类别，没有不发震的类别。考虑到微震的危险性比较小，对三峡库首区及其临近地区没有破坏性的影响。而且现在未发震的水库并不意味着以后就一定不会发震，因此把不发震和微震放在一起考虑。以后随着地震发震机制的深入研究，可以把震级划分得更为详细。

④预测单元的划分目前主要是由专家进行，人为因素影响较大。在野外踏勘划分过程中，有些库段的影响因子描述受条件限制，难免会出现偏差，这就需要在以后的工作中逐渐完善修正。也可以采用其他一些方法来实现预测单元划分的自动化、每个单元影响因子的自动判别组合，从而更大程度上减少专家的人为干预。

4.7 与前期预测结果的比较

4.7.1 前期水库诱发地震研究的基本结论

长江三峡工程水库诱发地震研究始于20世纪70年代,特别是在1986年三峡工程重新论证和"七五""八五"国家重点科技攻关中都列为重点论证和研究。在1987年由国家组织的三峡工程前期论证中,地震地质专家组作过明确的正式结论(表4-14)。

表4-14　三峡工程水库诱发地震预测研究成果表(工程开工前)

完成单位、成果名称及时间 \ 可能最大震级(M_S) \ 可能发震地段	坝址—庙河结晶岩库段	九畹溪—仙女山断层展布段	秭归—巴东高桥断层展布段	一般石灰岩分布库段
三峡水利枢纽初步设计工程地质报告(长江流域规划办公室,1985)		$5.5<M_S<5.8$		
长江三峡库首区地震地质环境与水库诱发地震问题(国家地震局地质研究所,李安然,1981)	一般小于3.0级,单个最大地震最高5.0级左右,不会超过5.5级			
关于长江三峡水利枢纽工程水库诱发地震的初步看法和今后工作意见(水利水电科学研究院,1985)		$5.5<M_S<6.0$	5.5	4.0
长江三峡水利枢纽区域地壳稳定性及水库诱发地震问题的探讨(中国地质科学院地质力学研究所,1987)	可能超过天然地震最大强度,但一般不会超过6.0级			
长江三峡水利枢纽工程水库诱发地震危险性的初步评价报告(中国水利水电科学研究院,长江流域规划办公室)	<3.0	$5.5<M_S<6.0$	5.5	4.0
长江三峡工程水库诱发地震危险性评价报告(三峡工程论证地质地震专题专家组,1987)	<3.0	$5.5<M_S<6.0$	5.5~6.0	3.0~4.0
三峡库坝区构造应力场、水压场与水库诱发地震(国家地震局地震研究所,1987)	<4.0	$5.0<M_S<5.5$	4.7~6.0	
长江三峡工程水库诱发地震研究(国家地震局地质研究所,1990)	≤4.0	$M_S≤5.0$		≤4.0

续表

可能发震地段 可能最大震级(M_S) 完成单位、成果名称及时间	坝址—庙河结晶岩库段	九畹溪—仙女山断层展布段	秭归—巴东高桥断层展布段	一般石灰岩分布库段
长江三峡工程地壳稳定性与水库诱发地震问题的深化研究（国家地震局地质研究所，1996）	$4.0 \geqslant M_S \geqslant 3.0$	$5.0 > M_S > 4.0$	$5.0 > M_S > 4.0$	

从表 4-14 可以看出，经过多个部门和单位长期平行的研究，对三峡工程水库诱发地震的可能性、地点、强度等认识基本一致，其主要结论如下：

根据库区地形地貌、地质构造和岩性条件，可将库区诱震环境分为 3 个库段（图 4-5）：

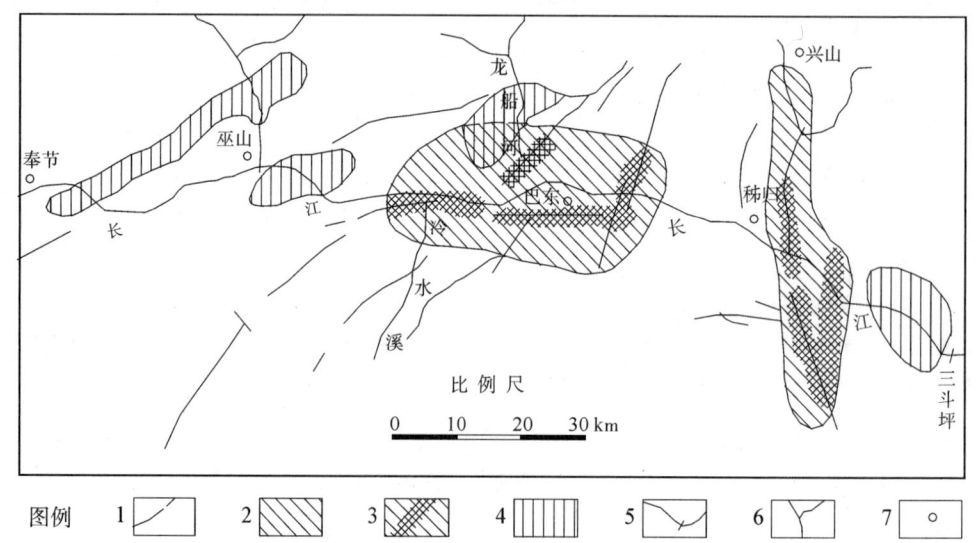

图 4-5 三峡工程坝址至奉节库段地震潜在震源区分布简图

1.断层；2.主要潜在震源区；3.最有可能诱发地震的部位；4.次要潜在震源区；5.长江和三峡坝址；6.支流；7.主要城镇

（据长江水利委员会，长江三峡水利枢纽初步设计报告（枢纽工程））

第一库段从坝址至庙河，属结晶岩低山丘陵宽谷库段。库段长约 16km，由黄陵背斜核部前震旦纪结晶岩体组成，两岸地形低缓，河谷开阔，岩体坚硬，透水性弱，段内无区域性断裂分布，历史和现今地震活动十分微弱。多种分析方法表明，本库段不会产生构造型和岩溶型水库诱发地震，但由于岩体坚硬性脆，裂隙发育，不排除产生浅表微破裂型小震，最大震级（极限地震）不超过 4.0 级，常遇地震不大于 2.0 级。

第二库段从庙河至白帝城。属碳酸盐岩夹碎屑岩中山峡谷库段。该库段长约 141.5km。地层由震旦系至侏罗系灰岩、白云岩和砂页岩组成。本库段内有九畹溪、水田坝、高桥等几条地区性断层及一组近EW向的巴东断裂及一系列小断层与库水接触。仙女山断裂虽与库水不直接接触，但离库岸仅5km，也属库水影响范围内。九畹溪、仙女山、高桥断裂都属弱活动性断裂，并且仙女山和高桥断裂附近都曾发生过中等强度水库诱发地震（$M_S4.9$和$M_S5.1$级）。因此预测水库蓄水后，仙女山断裂—九畹溪断裂展布区的九畹溪至香溪河段、高桥断裂与巴东等近EW向断裂分布的秭归牛口至巫山碚石库段，有可能诱发中等强度的构造型水库诱发地震，其极限诱震强度早期预测为6.0级，后期（1990年以后的研究结果）调整为5.0级。并且预测在这两个中等强度水库诱发地震潜在震源区内，常遇水库诱发地震强度为3.5级。此外，本库段岩溶发育的灰岩段可能诱发岩溶型水库诱发地震，其极限震级为4.0级，常遇地震为2.0级。

第三库段从白帝城至库尾猫儿峡。该库段长约492.5km，构造上属四川台坳的川东褶皱带，地层由侏罗系、三叠系砂页岩、泥岩组成，透水性弱。库段内地质构造简单，断层少，规模小，地震活动弱。分析预测，本库段除几段碳酸盐岩峡谷和支流乌江、嘉陵江碳酸盐岩分布区的库段，可能诱发4.0级以下的岩溶型地震外，其他地段不具备引发较强水库诱发地震的条件。

4.7.2 综合预测的基本结论

作者在充分掌握库区地震地质背景资料的基础上，对影响三峡水库诱发地震的主要因素进行了认真分析，采用数学模型预测的方法并结合前期宏观类比预测的结果，对三峡水库诱发地震进行了综合预测，其主要结论见表4-15。

表4-15　　　　　　本项研究水库诱发地震综合预测主要结论

预测库段	水库诱发地震综合预测			
	极限地震		常遇地震	
	震级	烈度	震级	烈度
坝址—庙河	3.0	Ⅳ～Ⅴ	<2.0	<Ⅳ
九畹溪断层沿线	5.0	Ⅶ	3.5	Ⅳ～Ⅴ
仙女山断层沿线	5.0	Ⅶ	3.5	Ⅳ～Ⅴ
秭归盆地高桥断裂附近	5.5	Ⅶ	<3.5	<Ⅴ
广大石灰岩分布区	3.0～4.0	Ⅴ～Ⅵ	<2.0	<Ⅳ

4.7.3 结果比较

①作者所得出的预测结论与前人预测成果基本一致，没有出现大的偏差，相互之间得到了较好的印证。

②坝址—庙河段，处于结晶岩区，没有深大区域性断裂发育，也没有其他大的水文地质结构面存在，历史上无中等强度地震记录，三峡水库前期蓄水后，此段库水增加约69m，但诱发的地震不仅数量很少，且震级也相当小。该库段所处的地质背景使该段可能发生的水库

诱发地震类型主要为浅表裂隙错动型,预测其最大(极限)地震震级不会超过3.0级,比前人预测的4.0级减小了1.0级。

③庙河以上九畹溪断裂至秭归盆地高桥断裂库段,诱发构造型水库诱发地震的可能较大。地质研究表明,九畹溪断裂、仙女山断裂、高桥断裂有一定的活动性,1979年龙会观5.1级地震可能与高桥断裂的活动有关,水库蓄水初期,在该断裂附近诱发的最大水库诱发地震为3.3级。随着水库蓄水至设计高程,该断裂带近库段有诱发更大地震的可能。综合地震地质条件、蓄水初期地震活动表现以及数学模型预测结论,判断该断裂诱发最大(极限)地震的震级为5.5级,比前人预测的5.0级增加了0.5级,常遇地震震级小于3.5级。

4.8 三峡水库诱发地震活动趋势分析

根据三峡库首区地震地质条件、前期水库诱发地震预测成果以及本次蓄水至135m高程时所触发地震的基本特征,对水库蓄水至175m过程中地震活动趋势有如下基本认识:

①应用数学模型法所预测的三峡库首区各库段诱发地震的最大震级,应能基本反映水库蓄水至设计高程后的地震活动水平。三峡水库蓄水将促使库岸边坡应力调整,而触发边坡岩体卸荷松动型水库诱发地震,这种类型的地震一般震级很低,不会超过2.0级,且分布的随机性大,范围很广,很难预测。但可以肯定,随着三峡库区地质灾害治理和库岸整治等项目的实施,这类地震的频次和强度将会有较大幅度的降低。对煤矿采空区、崩塌、滑坡和边坡蠕变变形以及一些特殊地段的浅表应力调整诱震还须进一步加强分析和研究。

②2003年5月25日开始蓄水至初期水位135m,到8月31日的3个多月以来,在巴东至巫山碚石库段发生频次较高的微震至极微震2869个,最大震级$M_L 2.1$级。微震高峰期6月9—19日,随后渐趋减弱。预测蓄水初期水位迅速抬高,库水强渗入地下孔、穴、洞、裂隙、断层带,导致地震地质条件改变,诱发一批浅表应力调整型、矿区坍陷型和岩溶气爆型微震,目前已达到新的平衡状态。但断层带和岩溶地区的深部循环还在进行,并处于不断积累能量的阶段。

③2003年10月底库水位增蓄至139m水位时,没有出现新的诱发地震高潮。但库区地震活动虽在初期高峰的基础上呈时起时伏的衰减特征,但至今每月仍有数十次地震发生。

④2006年9月下旬,水库蓄水至156m水位时,水库淹没范围将进一步扩大,库容大大增加,库深还将增加十几米,诱发新的地震高潮的可能性较大,估计诱震范围会进一步加大,震级也可能增强,但不会超过本成果预测水平。特别是以下地段有可能诱发新的地震:

a. 新淹没的大型溶洞暗河地段,如巴东火焰石链子溪的樟树沟洞,洞口(底)高程137m、洞深数公里(据访问),形状怪异、封闭条件好、易于聚能,有一定的可能诱发岩溶塌陷型和气爆型微震。巫峡中135~160m高程的溶洞分布较多,也具备同样诱发地震的条件。

b. 库水位为156m时,淹没和部分淹没的大型滑坡、崩塌体在库水的长期浸泡软化作用下,加上暴雨季节地表水的叠加作用,可能造成滑坡、崩塌体的整体或局部滑移而诱发微震。

c. 库水位在156m以下时,水库周边还有一些煤矿采空区,如盐关、香溪、耿家河等煤矿,库水位抬高后会淹没这些煤矿的采空区,有可能引发新一轮的地震高潮。

d. 与水库水相连通的区域性断层应是水库诱发地震监测的重点。

九畹溪断层在水库两岸充水,巴东断层三处与库水相通,高桥断层是活动性发震断层,也与库水相通,天子崖断层东端部分与库水相通等。目前库水已渗入断层破碎带且不断地发生物理化学作用软化断层带物质,当库水位不断增高,逐渐积累能量时,在特定的条件下有可能诱发 $M_S3.0\sim5.5$ 级地震。

EW向巴东断裂和NNE向高桥断裂应予足够重视,两断层几处与库水相通,在断层活动历史上,后期显张性,巴东断裂县城南面的亩田湾处,断层角砾岩带宽百余米,在库水的长期浸泡软化下,力学强度降低,较大可能产生诱发地震,应注意监测其活动性。此外,对九畹溪断层、仙女山断层、高桥断层也应坚持长期监测。

⑤水库蓄水至设计高程(175m)时,除了诱发内成成因的断层破裂型水库诱发地震外(综合预测结论见表4-13、表4-15),还可能在以下地段诱发外成成因水库诱发地震。

a. 牛肝马肺峡(含九畹溪)、巫峡(含大宁河小三峡和小小三峡)、瞿塘峡的岩溶发育地段。初期蓄水已淹没两层溶洞,库水渗入进入深循环阶段,在库水不断增高时,有一定可能诱发 $M_L3.0$ 级左右的岩溶型地震。重点仍应放在巫峡(含大宁河地段),因之前阶段在该地区已记录有数十个地震,虽据初步分析判断,这些地震大部分由采石放炮引起,但也不能完全排除岩溶型诱发地震的可能性,急需现场调查核实。由于岩溶地区人口稀少、地理位置偏僻,应在政府部门的统一组织和地震业务部门的具体指导下建立以村站为单元的群测群防系统。

b. 三峡水库周边分布较多的煤矿(含废弃矿),库水位不断抬高将逐渐淹没这些煤矿采空区,有可能诱发 $M_L3.0$ 级左右的塌陷型地震,特别是对目前仍在开采的矿区,三峡地震中心台网应与采矿单位或其主管部门建立紧密监测网络,并疏导和合理安排采矿。

c. 库水位分别增高至正常蓄水位175m时将淹没或部分淹没滑坡和崩塌体,特别是目前处于不稳定或较不稳定的12处滑坡,在库水波动带冲刷和长期浸泡软化作用下,加上暴雨季节地表水的叠加作用,可能造成滑坡、崩塌体的整体和局部滑移,在位移没有发生前的应力调整过程中,岩体微破裂、局部岩体剪断都可能诱发微震。震级一般应在 $M_L2.0$ 级左右,如新滩滑坡和千将坪滑坡地震达到 $M_L2.0\sim3.0$ 级。

第5章 三峡水库蓄水前后地震活动特征

5.1 库首区天然地震活动本底参数

三峡工程库首区的地震监测工作始于1958年9月,至今已积累了60多年的地震观测资料,这在世界水电工程建设史上是罕见的。随着三峡工程技术研究工作的深入开展和工程的动工兴建,三峡工程地震监测台网经过多次改建和扩建,监测仪器设备经过了两次较大的更新换代,并且在三峡工程动工兴建后,于1997年在库首区增设了由15个人工值守台站组成的强化地震监测台网,2000年底又兴建了一个由24个台站组成的

图5-1 三峡数字遥测地震台网中心机房

无线数字遥测地震台网。目前,三峡数字地震台网中心由24个固定遥测子台、3个中继站、1个数字遥测台网中心(图5-1)、2个数字强震子台、8个流动数字台(含两个流动地震数据记录中心)组成,这些台站主要分布于库首区奉节以下库段(图5-2,表5-1)。

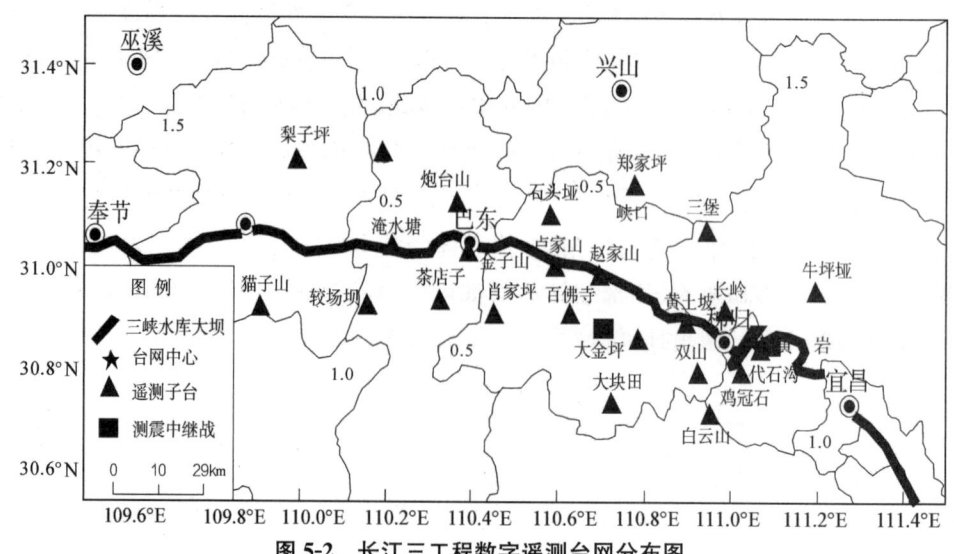

图5-2 长江三工程数字遥测台网分布图

表 5-1 三峡工程数字遥测地震台网各台站基本情况表

编号	台站名称	行政位置			地理坐标			岩性	台站附近交通情况	备注
		县	乡、镇	村(组)	经度	纬度	高程(m)			
1	猫子山	巫山	坪南乡	万梁村	109°54′52″	30°54′44″	1700	灰岩	机耕路	新建子台
2	梨子坪	巫山	骡坪镇	梨子坪林场	110°00′07″	31°12′13″	1920	灰岩	机耕路	新建子台
3	较场坝	巴东	税家乡	较场坝村	110°10′02″	30°55′00″	1340	灰岩	机耕路	新建子台
4	淹水塘	巴东	官渡口镇	沙坪村	110°13′41″	31°02′08″	742	泥质灰岩	机耕路	新建子台
5	茅山岭	巴东	沿渡河镇	樟树村	110°12′10″	31°13′21″	975	粉砂岩	差,机耕路	新建子台
6	梅花山	巴东	茶店子镇	店子坪村	110°19′53″	30°55′43″	920	灰岩	简易公路	新建子台
7	炮台山	巴东	溪丘湾乡	麦丰湾1组	110°22′45″	31°07′39″	1050	粉砂岩	差,机耕路	新建子台
8	肖家坪	秭归	梅家河乡	水田垭3组	110°27′50″	30°53′42″	1000	粉砂岩	差,机耕路	新建子台
9	百佛寺	秭归	文化乡	红岭村4组	110°38′06″	30°53′54″	690	砂岩	差,机耕路	新建子台
10	卢家坪	秭归	沙镇溪镇	卢家坪村	110°36′06″	30°59′17″	750	粉砂岩	差,机耕路	新建子台
11	赵家山	秭归	香溪镇	周家弯村	110°44′32″	30°58′36″	480	砂岩	差,便道	新建子台
12	黄土坡	秭归	茅坪镇	兰陵8队	110°54′15″	30°51′57″	400	石英闪长岩	差,机耕路	新建子台
13	鸡冠石	宜昌	三斗坪镇	梅花村	111°01′45″	30°45′55″	680	灰岩	简易公路	新建子台
14	三堡	宜昌	邓村乡	大老岭林场	110°57′00″	31°03′41″	1420	花岗岩	简易公路	新建子台
15	白云山	宜昌	土城乡	白云山茶场	110°57′41″	30°41′27″	1140	砾岩	机耕路	新建子台
16	牛坪垭	宜昌	晓峰乡	牛坪村	111°12′07″	30°55′48″	880	页岩	简易公路	新建子台
17	石头垭	秭归	水田坝镇	石垭村	110°35′34″	31°05′24″	1340	砂岩	差,机耕路	新建子台
18	金子山	巴东	信陵镇	巴东微波站	110°24′03″	31°01′21″	980	灰岩	机耕路	已建子台,租房
19	大块田	秭归	杨林镇	水槽口村	110°44′11″	30°42′42″	1350	灰岩	机耕路	新建子台

续表

编号	台站名称	行政位置			地理坐标			岩性	台站附近交通情况	备注
		县	乡、镇	村(组)	经度	纬度	高程(m)			
20	周坪	秭归	周坪乡	叶山村	110°47′43″	30°50′52″	750	砂岩	差,机耕路	新建子台
21	双山	秭归	茅坪镇	双山茶场	110°56′01″	30°46′45″	600	砂岩	差,机耕路	新建子台
22	郑家坪	兴山	峡口镇	郑家坪	110°46′55″	31°09′20″	540	砂岩	差,机耕路	新建子台
23	长岭	宜昌	太平溪镇	长岭村	110°59′44″	30°53′53″	543	花岗岩	机耕路	新建子台
24	蔡家包	宜昌	三斗坪镇	泡桐树垭村	111°05′10″	30°49′39″	1047	灰岩	简易公路	新建子台
25	大金坪	秭归	文化乡	秭归微波站	110°42′49″	30°51′29″	1851	灰岩	简易公路	新建中继站
26	黄牛岩	宜昌	三斗坪镇	泡桐树垭村	111°05′19″	30°49′31″	1029	灰岩	简易公路	新建中继站,借房
27	坝河口	宜昌	三斗坪镇	三峡工地	111°03′47″	30°50′45″	80	花岗岩	交通条件好	台网中心,租房

使用的仪器为：

地震计——JVC-104 短周期速度型；数据采集器——EDAS-3B；传输设备——CCDM-1A；数据采集字长 16 位；采样率 100 次/s。

各波形采样间隔为 0.02s。

三峡地震台网在三峡工程库首及邻区的地震监测能力得到了较大的提高，地震监测下限由 1997 年以前的 $M_L1.5\sim2.0$ 级降至 0.5 级。

三峡地震台网自 1958 年建立以来，较完整地收集到了三峡地区天然地震活动本底信息，为三峡工程的区域稳定性研究和水库诱发地震预测收集到了宝贵的第一手资料。1959 年至 2002 年底，三峡地震台网在三峡坝址周围约 300km 范围内共记录到地震事件 5443 次。

根据三峡地震台网不同时期的地震监测能力情况，利用 1959—2002 年 $M_L \geqslant 1.5$ 级和 1997—2002 年 $M_L \geqslant 0.5$ 级地震资料，结合库首区地震地质构造环境，分析研究得出三峡工程库首及邻区（30°40′～31°20′N，109°30′～111°15′E）天然地震活动本底参数如表 5-2 所示。该表参数可作为三峡工程水库诱发地震判别的主要依据。

表 5-2   三峡库首区天然地震本底参数表

	历史最大地震 M_S		<4.7	
	1959 年以来最大地震 M_L		5.5		
年频次（次/年）	$M_L \geqslant$	0.5	1.5	2.0
	多年平均值	25	5	2.2
	最大值	42	21	13
	最小值	11	0	0
年释放应变能 $\sqrt{E}$ ($J^{\frac{1}{2}}$)	多年平均		1.075×10^6	
	最大值		1.478×10^6	
	最小值		1.453×10^3	
主要发震部位		地震活动在零散分布的基础上，有沿断裂构造或地质块体接壤线上成带分布的特点，尤其是黄陵背斜与秭归盆地接壤处		

5.2　水库蓄水后库区地震活动

根据水库诱发地震规律和长江干流及支流的分布情况，取奉节至三斗坪库段两岸约 25km（30°40′～31°20′N、109°30′～111°15′E）的范围来研究三峡库区在水库蓄水后的地震活动情况。

5.2.1 地震活动与水库蓄水位的关系

三峡工程自 2002 年 11 月 6 日第二次截流至 2003 年 4 月 9 日,坝前水位控制为 69～70m,2003 年 4 月 10 日开始,水位缓慢上升,至 5 月 24 日达到 80m,日均升幅为 22cm。5 月 25 日水库开始正式蓄水,至 6 月 10 日 22 时水位蓄到 135.00m,日均升幅为 3.24m。2003 年 6 月 11 日至 10 月 25 日,水位在 135m 上下波动。2003 年 10 月 26 日至 11 月 5 日,水位由 135.5m 上升至 138.7m,之后水位在 138～139m 波动。在整个蓄水过程中,坝前水深增加约 69m(图 5-3)。

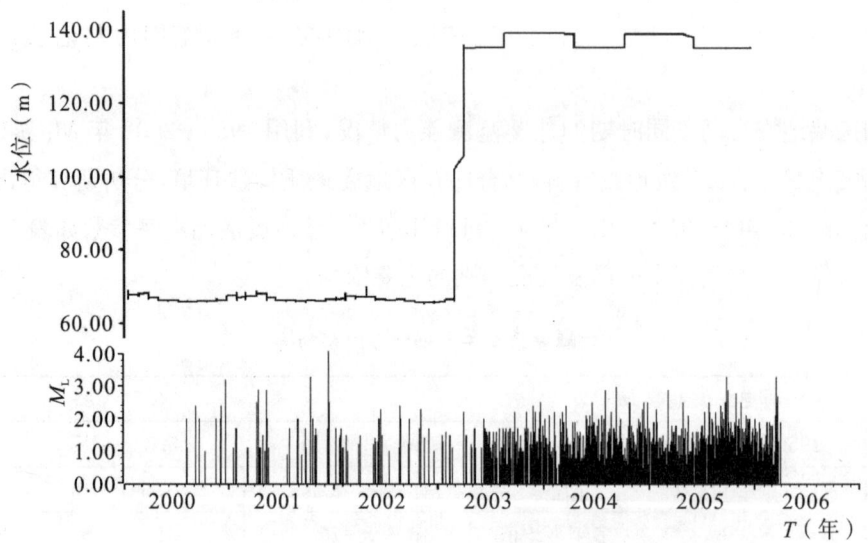

图 5-3　三峡水库蓄水前后 $M_L \geqslant 0.5$ 级地震 M-T 图及水位示意图

从图 5-3 和前面天然地震活动本底分析结果看出,在水库蓄水前,库首及邻区地震活动微弱,强度不大,频次较低,0.5 级和 1.5 级以上地震活动年频次分别仅为 25 次和 5 次。但是,随着库水位的上升,地震活动频次也急剧上升,具体表现形式为:2003 年 5 月 25 日至 6 月 7 日,库水位由 80m 上升至 124m,长江两岸 10km 以内无地震活动。6 月 7 日 15 时在距长江库岸约 1km 的巴东火焰石发生一次 $M_L2.1$ 级地震。8 日 20 时水位上升至 128.8m,当日无震,至 6 月 9 日 5 时,巴东长江北岸的东瀼口一带突发密集性小震群,当天共记录到能定位的微震 15 次,同时巴东地震台记录到 M_L0 级左右的极微震高达 562 次。之后,在库区水位上升到 135m 或在 135m(初期 4 个月)和 139m 上下波动的过程中,库区地震活动频次也出现了起伏变化(图 5-4)。由此可见,水库蓄水后库区出现的高频次地震活动异常是由于库水位抬升所造成的,属于典型的水库诱发地震现象。

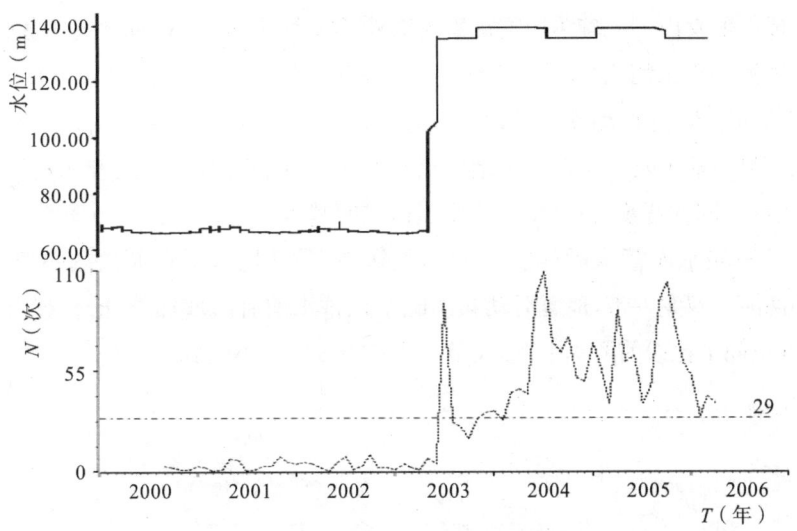

图 5-4 三峡水库蓄水前后 $M_L \geqslant 0.5$ 级地震 $N\text{-}T$ 图及水位示意图

5.2.2 地震活动频次分析

表 5-2 是水库蓄水前 3 年和蓄水后 3 年库区地震活动频次统计。图 5-4 是月频次 $N\text{-}T$ 图。从表 5-2 和图 5-3 可以看出,三峡水库蓄水后,库区地震活动频次有明显提高,0.5 级以上地震年发生率是蓄水前 3 年的 16.5 倍;1.5 级以上地震的年发生率是蓄水前 3 年的 4.9 倍,是蓄水前 44 年天然地震年均发生率的 17.9 倍;2.0 级以上地震年发生率是蓄水前 3 年的 2.4 倍,是蓄水前 44 年天然地震年均发生率的 9.4 倍。但是 3.0 级以上地震的频次与蓄水前相同,没有增加。由此说明三峡水库诱发的地震活动均为 3.0 级以下的微小地震。

表 5-2　　　　　　　　水库蓄水前后三年地震频次统计

$M_L \geqslant$	0.5	1.0	1.5	2.0	2.5	3.0
蓄水前(总数/年均值)	110/36.7	100/33.3	55/18.3	26/8.7	7/2.3	3/1
蓄水后(总数/年均值)	1821/607	816/272	269/89.7	62/20.7	21/7	3/1
蓄水后/蓄水前	16.5	8.2	4.9	2.4	3.0	1

5.2.3 地震活动空间分析

图 5-5 和图 5-6 分别是研究区水库蓄水前 3 年和蓄水后 3 年的震中分布图。从图 5-4 可以看出,蓄水前地震主要分布在 3 个地区。一是黄陵背斜与秭归盆地接壤的香溪河两岸(三闾—香溪一带),虽然该区只有 4 次地震,但强度最大(2001 年 12 月 13 日秭归贾家店 $M_L4.0$ 级);二是秭归的肖家坪至野花坪一带;三是巫山的两河至双龙一带。从图 5-6 中可以看出,水库蓄水后,地震活动除了保持在蓄水前的 3 个分布范围外,还增加了仙女山—九畹溪断裂展布区、长江沿岸的巴东宝塔河—巫山培石库段和兴山黄粮坪地区等 3 个新的地震活动区。其主要特点有如下几点:①黄陵背斜与秭归盆地接壤的三闾—香溪一带,地震活动频次比蓄水前有显著提

高,并与新形成的仙女山—九畹溪地震密集区构成了一个明显的 NW 向地震密集条带;②在蓄水前,巴东宝塔河—巫山培石库段地震活动稀少,但在水库蓄水位由 80m 上升至 128.8m 以后,该区地震活动频发,并在约 6 个月内,在该库段形成了宝塔河—麂子岩、东瀼口雷家坪、信陵镇火焰石、官渡口楠木园—培石 4 个地震活动密集区(图 5-7),后来随着地震活动的频次不断增加和各震区空间的逐步扩展,至今 4 个震区空间基本相连,形成了一个较大的地震活动密集库段,构成了三峡水库蓄水后地震活动的主体空间,其地震活动频次约占整个研究区的 50%;③巫山两河—双龙一带,地震活动频次除了比蓄水前有所增加外,比较突出的一个特点是地震活动在空间上比以前要集中,形成了一个密集成团的小区域。

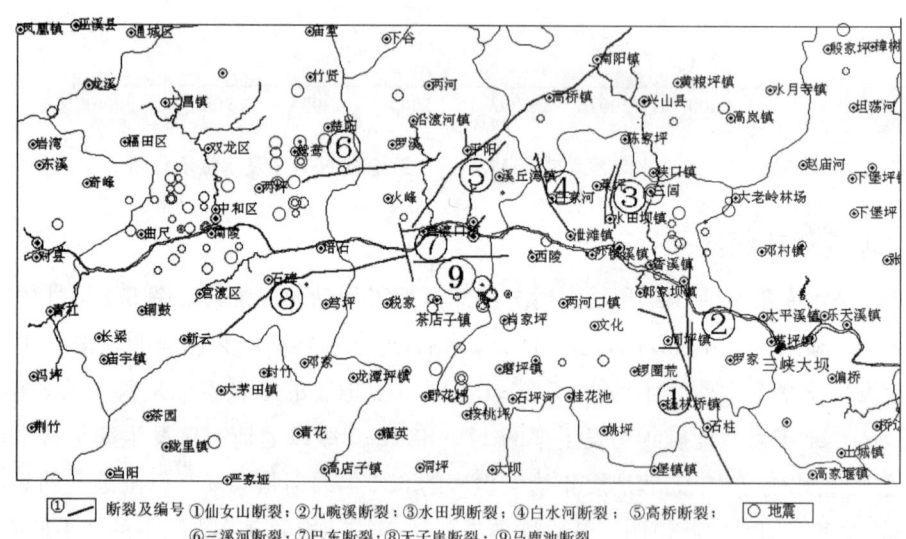

图 5-5　三峡工程库首区蓄水前地震震中分布图

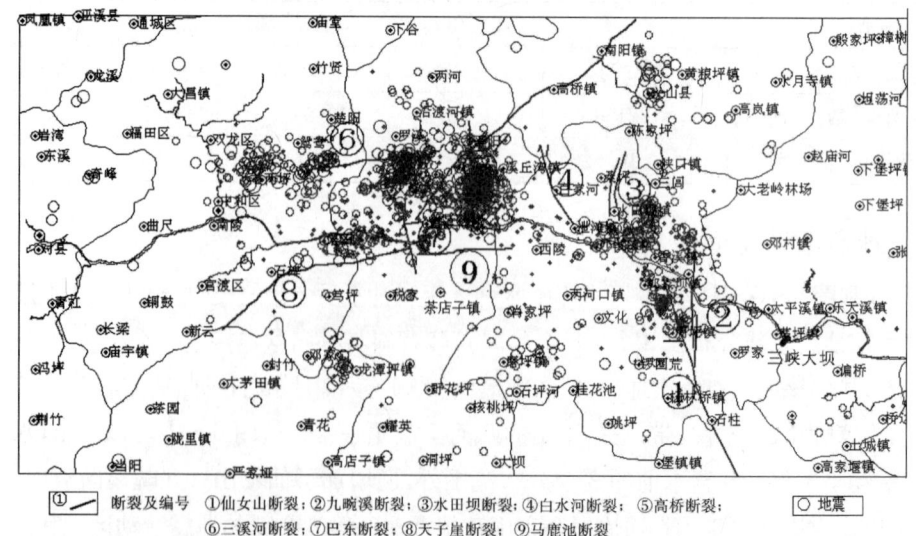

图 5-6　三峡工程库首区蓄水后地震震中分布图(截至 2006 年 3 月 31 日)

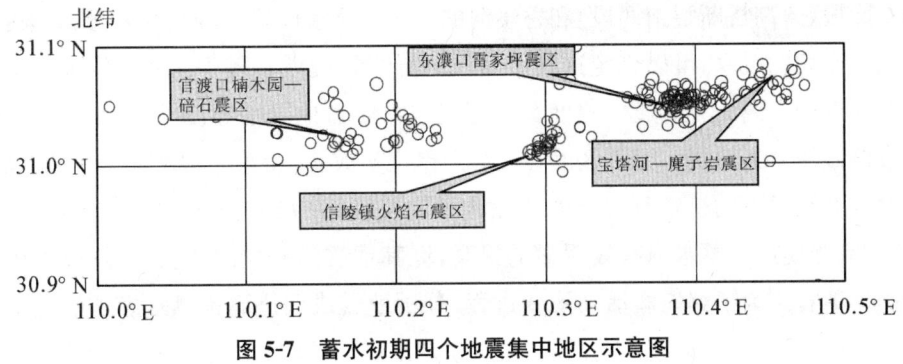

图 5-7 蓄水初期四个地震集中地区示意图

根据上述地震区地震活动与水库蓄水过程的对应关系和各地区的地震活动特点分析,三峡水库蓄水后,引起地震活动有明显异常变化的地区是巴东宝塔河—巫山碚石库段(含高桥断裂南西段)和香溪河的三闾—香溪库段两处。因此,可以判定这两个地区的异常地震活动,属于水库诱发地震活动。其他几个地震密集区还不能判定为水库诱发的地震活动,其原因是:仙女山—九畹溪断裂带附近在水库蓄水前,就是三峡库区天然微震活动相对较多的地区,虽然在水库蓄水后出现过几次小震群,并在断裂带附近形成震中密集现象,但是其震中均在蓄水前(20世纪八九十年代)已发生过矿震的矿区范围内,而且这些矿区不在库水影响范围内。因此,可以认为仙女山—九畹溪断裂附近出现的几次小震群可能属于天然矿山塌陷地震,不能判定是水库诱发的异常地震活动;巫山两河—双龙一带和兴山黄粮坪震区不在三峡水库影响范围内,因此,这两个地区出现的地震活动属正常的天然地震。

5.2.4 地震活动强度分析

从图 5-3 和表 5-2 可以看出,三峡水库蓄水后,地震活动绝大多数为 $M_L1.5$ 级以下的微弱地震,自三峡水库蓄水至 2006 年 3 月 31 日,在库首及邻区,共记录到能确定震中位置的地震事件有 2223 次,其中 1.5 级以下的地震就有 1954 次,占总数的 87.9%,3.0 级以上地震仅 3 次,最大震级为 2005 年 9 月 22 日巴东东瀼口镇北的 $M_L3.3$ 级地震,没有超过蓄水前库区天然地震本底强度($M_L5.5$ 级)。

另外,从地震活动应变能看,蓄水后 3 年共释放应变能 $9.0999×10^5 J^{\frac{1}{2}}$,年均释放率 $3.033×10^5 J^{\frac{1}{2}}$,与蓄水前天然地震本底平均年释放率 $1.075×10^6 J^{\frac{1}{2}}$ 相比偏小一点。由此可见,三峡水库蓄水后,虽然在库区诱发了大量的地震活动,但是这些地震绝大多数为 $M_L1.5$ 级以下的微震,地震活动的强度和年平均应变能释放率均未突破原来库区天然地震活动本底水平。

5.3 蓄水初期几个地震活动密集区的活动特点

前已述及,三峡水库蓄水后,引起地震活动有明显异常变化的地区主要是巴东宝塔河—

巫山培石库段(含高桥断裂南西段)和香溪河的三间—香溪库段两处。这两处的地震活动与水库蓄水有密切的关系,可以判定这两个地区的异常地震活动属于水库诱发地震活动。而秭归香溪河畔的三间—香溪震区地处黄陵背斜与秭归盆地接壤处,地层为三叠系至侏罗系下统香溪群砂泥岩夹煤层。该震区沿香溪河两岸煤矿较多,在水库蓄水前3年间,该区记录到近万次0.5级以下的矿震活动。水库蓄水后,绝大多矿坑被淹没,地震活动仍然相当频繁,地震活动强度虽比蓄水前有较明显的提高,但其地震活动成因比较明显,属于矿坑塌陷型水库诱发地震。为了解地震活动演变过程,分析地震成因进而预测水库诱发地震趋势和强度,本章重点对蓄水前地震活动微弱、蓄水初期地震活动明显增加的巴东宝塔河—巫山培石库段(含高桥断裂南西段)进行详细的解剖和分析。

5.3.1 地震空间分布

2003年6月1日至8月31日三峡水库蓄水初期,通过三峡数字遥测地震台网(站)测定,共记录地震2869个,其中可定位地震215个,占总数的7.5%;巴东信陵镇金子山单台记录有2654个,占总数的92.5%(表5-3)。

表5-3　　三峡水库蓄水初期地震活动情况总表(2003年6月1日至8月31日)

地震总数		可定位地震		4个主震区地震		零星分布	最大地震	
全区(个)	金子山单台(个)	个	%	个	占可定位地震数(%)	个	震级(M_L)	发震日期(年-月-日)
2869	2654	215	7.5	154	72.0	30	2.1	2003-06-07

地震活动主要集中在巴东县的4个地段:宝塔河—麂子岩震区、东瀼口雷家坪震区、信陵镇火焰石震区、楠木园—培石震区(图5-7)。6月1日至8月31日,在上述4个片区共记录到定位地震154个,占记录到的全部可定位地震(215个)的72%。其中,6月1日至7月21日,4个片区就记录到可定位地震141个,占当期记录到的全部可定位地震总数(166个)的85%。

5.3.1.1 宝塔河—麂子岩震区

位于长江左岸、东瀼溪以东巴东老县城对岸,自水库蓄水至7月31日,共记录到可定位小震36次(图5-8),震中比较分散,几乎都分布在海拔800~1000m的台面上,但与地表宏观破坏现象吻合较好。

据现场调查,该地区有宝塔河(主巷道130°~310°方向)、麂子岩(主巷道110°~290°方向)、金盆沟(主巷道60°~240°方向)、冯家湾(主巷道70°~250°方向)等大中型煤矿,采煤已有几十年历史,并且开采的是同一煤层,从不同方向朝下垢坪村方向开采,其中麂子岩煤矿3条主井均已采至下垢坪村地下,致使该村地表裂缝和沉降,村民房屋大量损坏,水库和水田中的水均渗漏严重,对村民日常生产生活带来了很大影响。

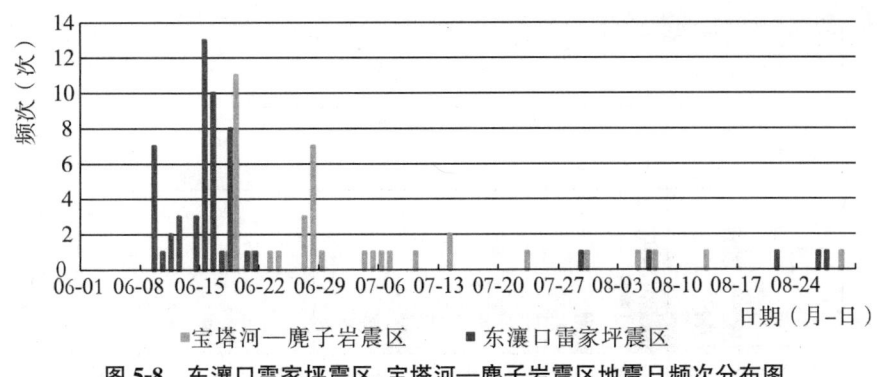

图 5-8　东瀼口雷家坪震区、宝塔河—麂子岩震区地震日频次分布图

该震区南面即三峡水库左岸,由三叠系巴东组地层组成,此段岸坡从上至下分布有黄腊石、谭家湾、大坪等滑坡群,其中黄腊石滑坡正在进行治理,治理方案为清方减载、排水(包括地下和地表),在 7 月中旬该滑坡体地表变形严重,发现有多条裂缝,最长的裂缝达到了上百米,单条裂缝宽 10 余厘米,陡坎高 10～20cm,前期所做的混凝土排水沟也被阻断。但蓄水至今,在高程 800m 以下的范围内没记录到地震,是地震定位误差还是确实在此没有地震反映还值得进一步研究。

5.3.1.2　东瀼口雷家坪震区

东瀼口雷家坪震区位于东瀼溪与长江交汇的西侧,巴东新县城黄土坡的对岸(长江左岸),是另一个小震比较集中的地段。震群的主体由河口向西,沿长江北岸分布,长约 4km,距库边多在 1km 以内。蓄水以来至 7 月 31 日共记录到可定位小震 51 个,最大震级为 $M_L1.7$ 级,主要发生在 6 月上旬,6 月 22 以后有 37 天未记录到地震,直至 7 月 29 日才在长江右岸的黄土坡记录到 1 次 0.4 级极微震。

从震中空间分布的图像及其动态变化看,地震应与该地区特有的库岸地质结构有关。

据现场走访和调查了解,当地居民没有震感的反映,此地为巴东组第三、四段地层,没有煤矿,但在巴东组第二段中发育有溶洞,但溶洞的规模都不大。

在雷家坪江边正在进行滑坡治理抗滑桩施工,经收集施工单位施工放炮记录,证实是按规定时间放炮,并且只是松动爆破,药量很小。

本地有几个采石场,经实地调查查阅采石放炮记录,与地震发生的时间没有相关性。

5.3.1.3　信陵镇火焰石震区

隶属于巴东县信陵镇火焰石村,位于长江右岸、小支流链子溪与长江汇口的东岸,下游距新县城(西瀼坡)直线距离约 4km。自 6 月 7 日记录到一个 $M_L2.1$ 级地震后,至 7 月 31 日共记录到可定位地震 23 个,8—9 月在该区又零星记录到几个可定位地震。从日频次曲线图上看不到单日地震数很多的情况,最多的仅有 3 次(图 5-9),但小震持续不断,而且当地村民反映有震感的事件更为频繁,也就是说,实际发生的地震数比地震目录中反映得更多。

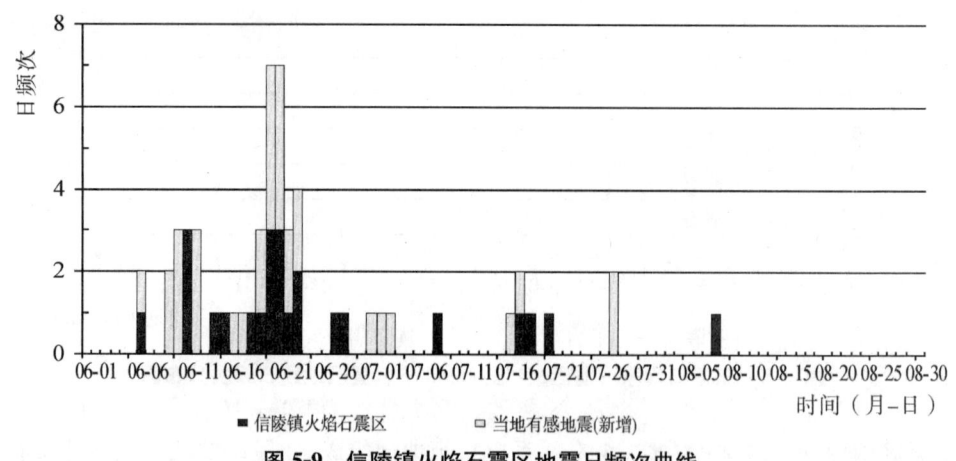

图 5-9　信陵镇火焰石震区地震日频次曲线

从震中分布图上看,在该村沿江一带约 2km² 的范围内相对集中,仪器记录震中与宏观震中和村民的感受也比较吻合。

从震源深度来看,地震发震部位都很浅。三峡数字地震台网测定出本区可定位地震深度在几千米以内。但是,虽然三峡地震监测台网密度已经很大,但对于确定震源深度的定位精度误差仍在 5km 范围内。

在 20 世纪 80 年代三峡论证期间,通过在震中区上直接设台观察,发现许多地震分布同外围地震台网交会有很大差别,实际震源深度要浅很多。如 1988 年 5 月 14 日的盐关 $M_L2.5$ 级地震,当选用三峡数字地震台网资料交会时,其深度为 5km,而用小孔径台网测量资料进行交会时,结果表明震源深度仅 1km 左右。

5.3.1.4　楠木园—培石震区

位于巴东新县城的上游 10km 的长江右岸。该库段由三叠系和二叠系的碳酸盐岩组成,岩溶发育强烈,且有多层岩溶高台面存在,更上游为巫峡的上游段,形成金盔银甲峡等深切峡谷。

6 月 19 日下午一两点,在楠木园—小溪河库段两岸共发生 11 次小震,最大为 1.3 级,但空间分布相对离散。27—29 日中的一天半内又发生 11 次小震,最大 1.1 级(图 5-10)。而培石库段以零星发生单个地震为特点,位置相距较远,多分布于高岩溶台面的边缘。

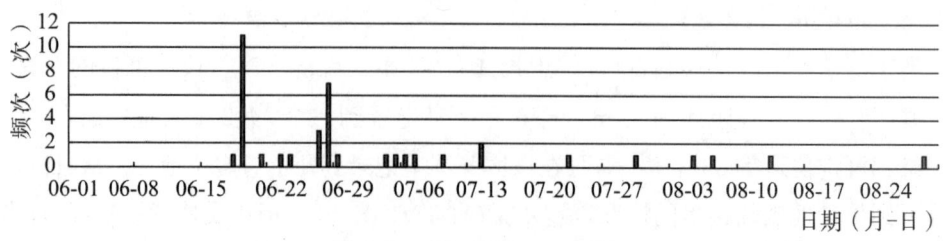

图 5-10　楠木园—培石震区地震日频次分布图

5.3.2 地震时间序列

三峡水库自 2003 年 5 月 25 日开始蓄水,至 6 月 10 日按计划蓄至 135m 高程,此后库水位保持在 135m 附近运行(135.04～135.33m)。直到 11 月 4 日,水位才又继续上升到 139m。6 月 7 日以前库首区及邻区地震活动表现微弱。6 月 7 日 15 时 36 分在巴东县信陵镇的火焰石村发生一次 $M_L2.1$ 级的地震;8 日较为平静,未记录到地震;6 月 9 日凌晨突发密集的小震群,当天记录到的能定位的微震 15 次,其中 14 次发生在巴东长江北岸的东瀼口雷家坪、鹿子岩一带。同时,巴东老城后山的金子山地震台还记录到大量 M_L0 级上下的极微震,是长江三峡水库蓄水后首次出现震情异常(图 5-11)。

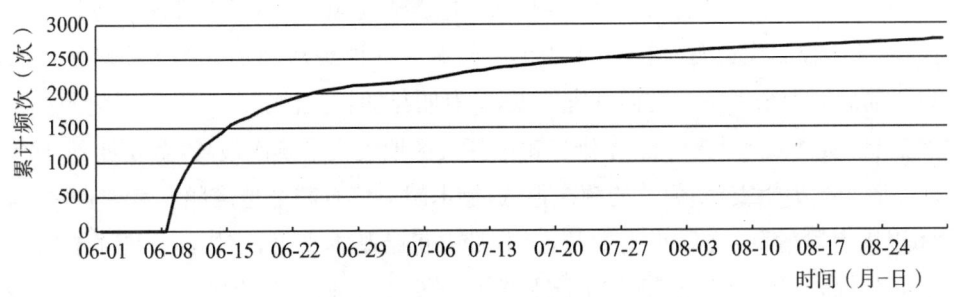

图 5-11 全部地震频次累计曲线

6 月 12—19 日,巴东一带的小震活动达到高潮,8 天内记录到可定位地震 74 次,6 月 20 日以后地震活动逐渐减弱,截至 7 月 31 日,共记录到可定位的地震 175 次,最大震级为 $M_L2.1$ 级。8 月仅记录到可定位地震 40 次,其中有一半发生在巴东地区或其附近,其余较为分散。在记录到的 40 次地震中,有将近一半为疑炮。定位于巴东地区的地震有 19 个(图 5-12,图 5-13)。

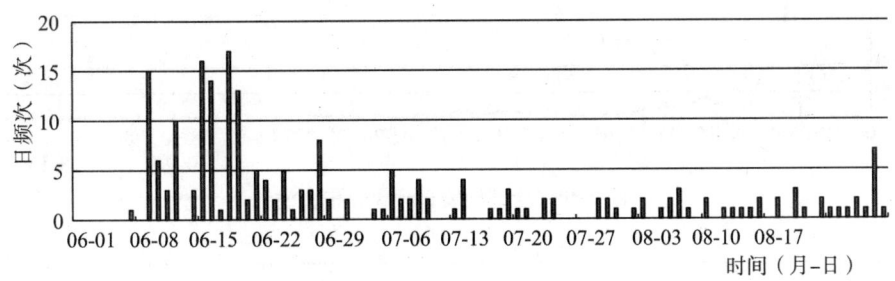

图 5-12 能定位地震日频次曲线

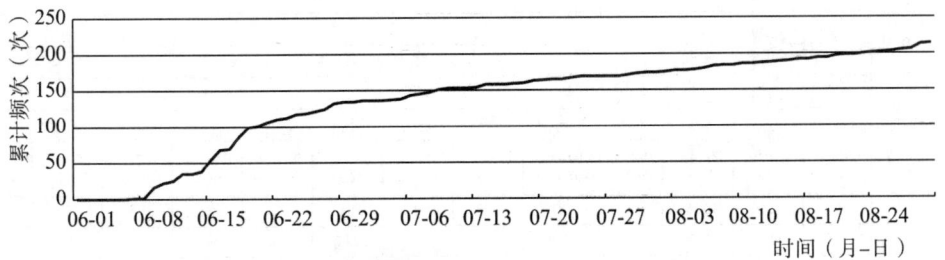

图 5-13 三峡水库蓄水以来可定位地震频次累计曲线

金子山单台记录到的极微震,6月9日为562次,10日为270次,11日为219次,一周后降至每天百次以下,并迅速衰减。进入7月,日频次在4~24次波动。至7月31日,共记录到极微震累计2413次,8月1—31日又记录到455次,其中金子山单台记录到地震241次,因此,水库蓄水触发地震至8月31日,金子山单台共记录到微震、极微震2654次。由于这些信号仅一个台记录到,故无法确定震中位置。

8—9月记录到的地震已经很少。此后地震呈现时起时伏的衰减特征,但至今每月仍有数十次地震发生。从6—8月全部地震的日频次分布曲线和全部地震周频次分布图可以看出(图5-14,图5-15),水库诱发地震的最高峰在6月7—20日的两周,即在水库蓄水至135m高程前后半个月内,之后快速减弱,7月初以后,地震活动频次维持在较低的水平。

地震累计比较曲线表明(图5-16),4个主要震区的地震活动都开始于三峡水库蓄水至135m高程前后的十余天中。它们各有特点,又有明显的相关性。

4个震区中,诱发地震初期以东瀼口雷家坪震区地震发生频次最高,至6月21日平息,7月26日之后又有小幅震荡,但总的频次很低;楠木园—培石震区地震频次呈现台阶式,只是7月中旬以前台阶较陡,之后小幅攀升,至8月中旬已基本平息;宝塔河—麂子岩震区6月18日以前是其高发阶段,6月19—30日平静了一段时间,此后又有零星地震发生。而火焰石地区总的频次较低,最高频次发生在蓄水后不久的6月底之前。

总体来看,4个主要震区地震活动均集中发生在水库蓄水初期至6月底的这一段时间内,进入7月,各区地震活动都有所减弱,特别是到7月15日以后地震分布比较零散。

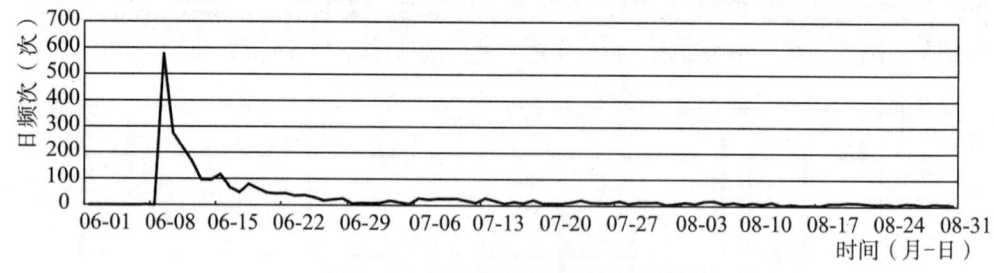

图5-14 全部地震日频次分布曲线

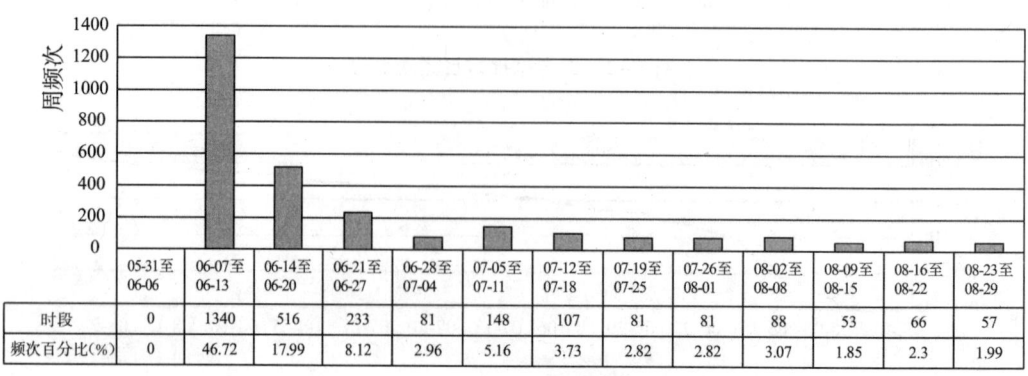

图5-15 6—8月全部地震周频次分布图

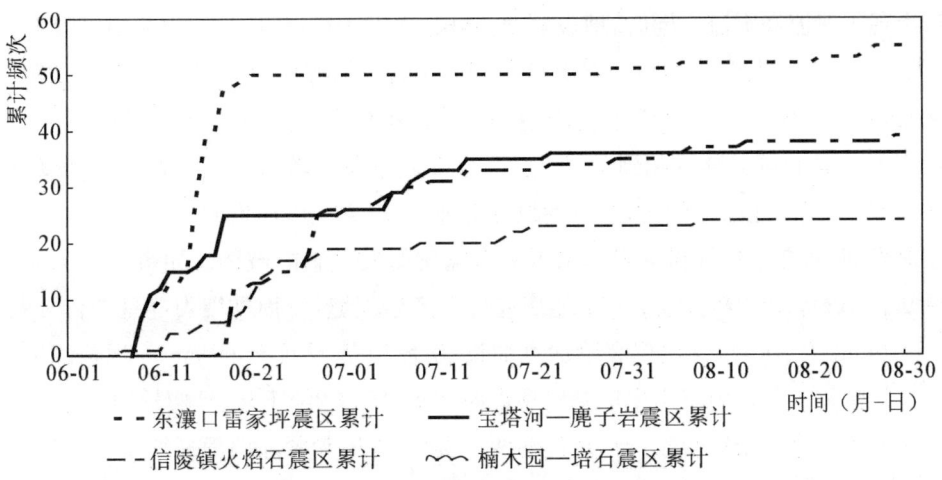

图 5-16　各主要震区地震累计比较曲线

5.3.3 地震震级与宏观特征

5.3.3.1 震级特点

本次地震以极微震及微震为主,截至 2003 年 8 月 31 日,上述 4 个震区所发生的地震震级 $M_L \leq 0.4$ 级的占了 83.86%,$M_L \leq 1.0$ 级的地震占了 98.12%,其中 $-0.5 < M_L \leq 0.4$ 级的地震占了 73.99%;最大震级为巴东火焰石的 $M_L 2.1$ 级,发生于 6 月 7 日下午 3 点 36 分(表 5-4)。

表 5-4　不同震级档次的地震频次分布表

震级档次	小于−0.5	−0.5～−0.1	0.0～0.4	0.5～0.9	1.0～1.4	1.5～1.9	大于 2.0	合计
地震次数	283	933	1189	409	35	18	1	2868
所占百分比(%)	9.87	32.53	41.46	14.26	1.22	0.63	0.03	100

5.3.3.2 地震宏观特征

三峡水库蓄水初期所发生的地震具有频次高、震级低、震源浅、空间分布集中等特点,因此地震的宏观表现有其本身的特点。

(1)宝塔河—麂子岩地区

地震期间也有较明显的表现,6 月 9—12 日记录到 15 次地震,在宝塔河煤矿现场调查了解到,该矿 12、13 日因矿压增高导致西支主巷道标桩 600~800m 段共 200 余米主巷道发生冒顶、地鼓、片帮等,致使原来 2.2m×2.2m 标准尺寸的巷道变窄为 1.5m×1.8m 左右,巷道断面面积缩小约 44%,给运矿车的通行带来困难,用直径 15~20cm 的圆木支撑加固巷道后又被折断,巷道两侧浆砌石护壁也被挤垮。地震期间,坑道中地下水水量显著加大,特别是在一些裂隙密集带,原来干燥无水的现在有浸水;在某些断层破碎带,原来只有少量浸水,地震后出现了股流和射流。同时,地表堰塘、稻田、水库干枯,村民生产生活用水困难。

6月18日又记录到7次地震,当天即收到麂子岩下垢坪村报告,有4户村民的房屋出现开裂现象,并新发现一"无底洞"。经实地调查,与震中分布范围相关较好(图5-17)。

7月以来,该震区又陆续测到11个地震,全都分布在宝塔河煤矿区附近及其以东地区,经实地勘察,发现在此段时间内,井下巷道变形加剧,塌方比以往更为严重。

在地震期间,在下垢坪村苏家窝附近有多家房屋发生新的破坏。如余红宝家泥砖瓦结构房屋(图5-18),1985年建房,2001年房屋变形产生裂缝,正面外墙裂缝呈左行雁列排列,缝宽8~10cm。7—8月,又出现裂缝加宽加长、房屋地基下沉5~10cm等现象。位于余红宝家后与其紧邻的苏宗山家堂屋地基出现走向NW315°、宽约1cm、延伸长约3m的裂缝,房屋墙上有多条裂缝。余红明家砖瓦结构的两层楼房,外墙和餐厅墙面裂缝已有5年,后用水泥填补缝隙,本次地震又造成新的裂缝,房屋门关不严。离苏家窝有一定距离(隔一条冲沟)的税世矩家,85年建房,墙体产生裂缝,其中墙体右侧裂缝为2002年6月形成,左侧裂缝上端为2003年6月雨季时形成,8月形成左下侧裂缝,自从7月以来,其堂屋正面承重墙体附近地基发生沉降,裂缝延伸长约8m,下陷深约8cm。

另据实地调查,下垢坪村南侧山坡上新出现多条裂缝,下陷深度30~40cm。

冯家湾煤矿离库区(东瀼溪)直线距离2km左右,洞口高程580m,只有一条主巷,长800余米,1995年开采,每天采煤20多t,最多时达30~40t,洞体干燥、滴水少。自5月三峡水库蓄水以来,洞体未出现破坏,但地应力调整的周期由原来的一个月左右缩短为半个月至20天,主要表现为矿井底板起鼓,采煤工作面上30cm左右的间隙合拢。

(2)东瀼口雷家坪地区

地震最为密集,在发震时间上也相对较为集中。但经实地调查和走访,当地居民无明显震感。

(3)信陵镇火焰石地区

本区域地震比较集中,该村位于长江河谷第一岸坡上,地表物质由第四系崩坡残积物组成,第四系上部为土夹块石、下部为块石夹土,比较松散,地震时震感较强。

全村共有3口水井,均位于第四系松散堆积层中,常年流量稳定,供全村50余户人家生产生活用水,自6月7日地震发生后,除西侧的一号泉水水量变化不大之外,其余二号、三号泉水至6月18日水量减少过半,此后,水量没有再减少,但至今水量也没有恢复(图5-19)。有少数村民房屋轻微受损,如村民田祖海家房屋,其堂屋横梁架在混凝土立柱上,两侧为土墙,地震期间沿立柱两侧形成小裂缝、墙皮脱落。房屋正面泥砖墙体老干缩缝缝隙进一步加大,屋顶瓦片掉落(图5-20)。地震时,全村村民普遍听到闷炮声,少数人感到摇动,村民曾多次从屋中跑至屋外,同时牲畜不宁。

图5-17　下垢坪村煤矿采掘地表塌陷区全景

图5-18　下垢坪村村民余红宝家房屋新旧裂缝

图5-19　火焰石村上坪沱二号水井地震后水量减少

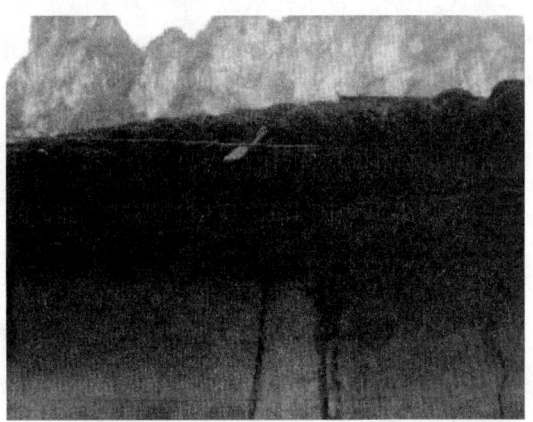
图5-20　火焰石村村民田祖喜家房屋掉瓦与墙面裂缝

同时,有感地震多,当地村民察觉到的次数比台网定位的记录多一倍,有些0级甚至负级的极微震当地仍有感。经核实,这些有感事件在金子山单台记录中能查到很多,且对应甚好。

本区域还有一个特点为震中烈度明显偏高,如6月19日凌晨2时9分的0.6级地震,许多村民从梦中惊醒,跑出户外,震中烈度可达到Ⅳ度,但有感范围小,不超过$5km^2$,长江以北、链子溪以西和村东西瀼坡一带均无震感。

从火焰石地区地震震级小、地震影响范围局限、村民感受强烈、有少量房屋轻度破坏等宏观地震现象明显的特点来分析,可以肯定,地震的震源深度比仪器记录的还要浅得多。

(4) 楠木园—培石地区

本震区地震震中比较分散,经走访调查,楠木园一带老乡没有震感,更无任何地表房屋等的破坏现象。但2003年末至2004年初发生于上游马鬃山地区的地震震感较为明显。

马鬃山位于长江巫峡东段铁棺峡南侧,距长江700～800m,海拔高度500～600m,山势陡峻,垂直高差大。全村13个村民小组,共505户,村民多分散居住在山间洼地及其周缘,如长梁子(2组)、杏子坪(3组)、水坪(5组)等是村内的主要居民点。据村民反映,马鬃山村自 2003 年 7 月三峡水库蓄水后不久就有震感和听到地声,特别是 12 月 18 日 20 时 30 分和 19 日 20 时 35 分两次事件,村民感到房屋晃动,悬挂物摇摆,同时听到如同岩石垮落、放闷炮或重物抛入水中的响声,部分民房出现掉瓦、墙壁裂缝等破坏现象。2004 年初以来,马鬃山村附近地振动、地下响声持续不断,并且在水坪一带水沟和田中有成群的癞蛤蟆、蛇等冬眠动物爬出洞外。调查中发现马鬃山村出现的震(振)害主要有:

①村中小学、卫生所和近 50 户民房产生裂缝,或原有裂缝增大等。民房裂缝大体分布在该村以水坪为中心,东西长约 2km、南北宽 0.5km 的范围内,其中尤以 5 组(水坪)、2 组(长梁子)、1 组和 3 组(杏子坪)等处最多。

②在水坪附近常年积水的低洼水田里的水在不到 2 天内基本渗干,田中补给水的泉眼断流,村中有一口水井水位下降,另一口水井干涸。

③3 月 6 日 9 时许,长梁子附近一块菜地突现多条地裂缝。现场调查发现,在 4.5m×4m 范围内共有 7 条裂隙,裂缝走向近 NS 或 NEE,总体呈 NE 向排布,显张性特征。值得提及的是:马鬃山村杏子坪、水坪等居民点"天坑"很多,小学附近一"天坑"直径达 10 余米。长江边上可见到很多水平洞穴,其中最大的是麻雀洞,人行数小时不见尽头,并且下雨时有水从洞中流出,推测与长江相通。另外,地振动及其伴生现象基本上都出现在"天坑"分布范围内。

5.3.4 几个地震集中区地震震源机制解

6 月 7 日至 9 月 30 日,在 4 个地震集中区共记录到 $M_L \geqslant 1.0$ 级地震 24 次,其中信陵镇火焰石震区 3 次,宝塔河—麂子岩震区 5 次,东瀼口雷家坪震区 10 次,楠木园—培石震区 6 次。虽然这 24 次地震都在 $M_L 1.0 \sim 2.1$ 级,属微小地震,但是由于三峡库首区地震监测台网监控能力较强,每个地震都有 6 个以上台站能清楚地记录到 P 波初动,除个别地震无法求出地震震源机制解外,其他均能作出震源机制解。考虑到单个地震 P 波初动记录台站有限,震源机制解误差可能较大,本章还利用每个区内所有地震 P 波初动资料求出多台综合震源机制解(表 5-5、图 5-21)。

表 5-5　　　　　蓄水初期 4 个地震集中区地震震源机制解

地震区	发震时间 (月-日-时)	震级 M_L	节面 A 走向 (°)	节面 A 倾向	节面 A 倾角 (°)	节面 B 走向 (°)	节面 B 倾向	节面 B 倾角 (°)	P 轴 方位 (°)	P 轴 仰角 (°)	T 轴 方位 (°)	T 轴 仰角 (°)	Z 轴 方位 (°)	Z 轴 仰角 (°)
信陵镇火焰石震区	06-07-15	2.1	278	SSW	74	38	NW	30	349	25	220	54	91	25
	06-12-08	1.7	81	NNW	77	347	SWW	74	305	21	214	2	118	69
	06-16-11	1.0	339	SWW	18	86	NNW	84	191	37	339	48	88	17
	综合解		2	E	86	92	S	86	137	6	227	0	318	84

续表

地震区	发震时间(月-日-时)	震级M_L	节面A 走向(°)	节面A 倾向	节面A 倾角(°)	节面B 走向(°)	节面B 倾向	节面B 倾角(°)	P轴 方位(°)	P轴 仰角(°)	T轴 方位(°)	T轴 仰角(°)	Z轴 方位(°)	Z轴 仰角(°)
宝塔河—麂子岩震区	06-09-05	1.2	166	NE	19	61	NW	85	135	38	350	47	240	18
	06-10-19	1.5	265	SSE	60	50	NW	35	214	68	341	13	75	17
	06-10-19	1.5	258	SE	86	145	NEE	9	159	48	356	41	259	9
	07-06-12	1.2	28	NW	37	221	SE	53	163	80	305	8	36	6
	07-14-08	1.4	9	NWW	63	186	SEE	27	282	72	98	18	188	1
	综合解		81	SSE	67	76	NNW	23	175	68	350	22	80	2
东瀼口雷家坪震区	06-12-08	1.7	259	SSE	42	95	NNE	50	62	81	177	4	268	8
	06-12-09	1.0	269	S	37	127	NE	59	82	68	202	11	296	19
	06-15-07	1.6	241	SE	55	108	NNE	45	94	64	352	5	260	25
	06-15-07	1.2	92	N	64	354	W	74	311	30	45	7	146	59
	06-15-08	1.5	297	SW	50	56	NW	61	273	53	174	6	80	36
	06-15-14	1.1	237	SE	51	103	NNE	50	81	64	350	1	259	26
	06-16-05	1.0	241	SE	69	147	NE	80	102	22	196	8	303	67
	06-16-05	1.0	234	SE	47	99	NNE	53	70	65	167	4	259	24
	06-16-06	1.5	8	NWW	80	235	SE	14	266	54	107	34	10	10
	综合解		97	SSW	43	82	NNW	48	285	82	179	2	89	8
楠木园—培石震区	06-19-13	1.0	352	SWW	85	244	SSE	16	96	38	246	48	354	15
	06-19-13	1.3	330	SW	66	159	NE	24	63	21	234	68	332	3
	06-19-14	1.3	5	W	41	119	NE	71	235	18	347	50	132	35
	06-19-14	1.0	261	SSE	51	107	NNE	42	3	5	114	76	272	13
	06-27-14	1.1	213	SE	34	311	SW	84	190	41	69	31	315	34
	07-14-18	1.2	251	SE	49	138	NE	65	198	10	96	50	296	39
	综合解		93	S	31	116	NE	61	197	15	53	72	290	10

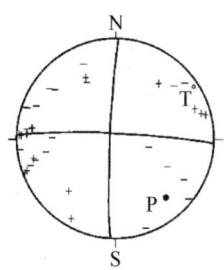 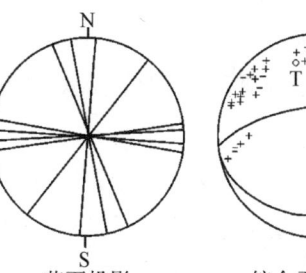 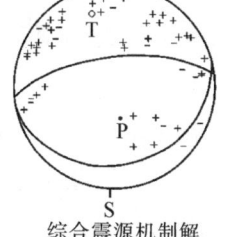 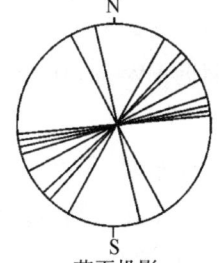

综合震源机制解　　　　节面投影　　　　综合震源机制解　　　　节面投影

(a) 信陵镇火焰石震区　　　　　　　(b) 宝塔河—麂子岩震区

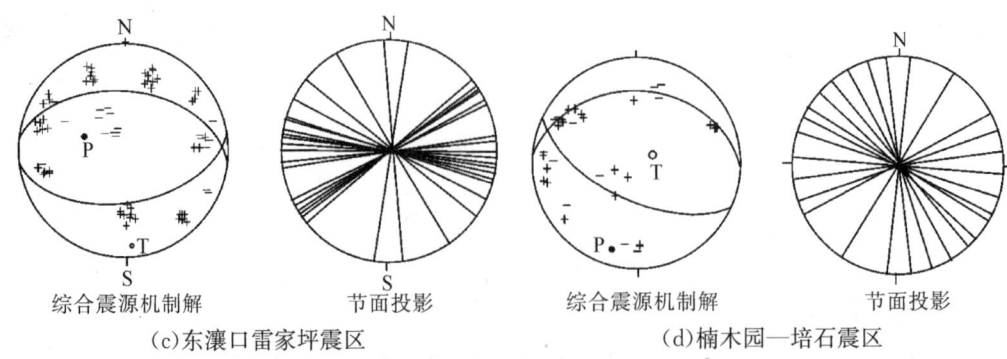

(c) 东瀼口雷家坪震区　　　　　　(d) 楠木园—培石震区

图 5-21　4 个地震集中区 $M_L \geqslant 1.0$ 地震综合震源机制解集各次地震节面投影

信陵镇火焰石震区能作出震源机制的地震有 3 个，其中 6 月 7 日 2.1 级地震和 6 月 12 日 1.7 级地震求出的主压应力方向为 NW 向，主张应力方向为 NE 向，6 月 16 日 1.0 级地震求出的主压应力方向为 NNE 向，主张应力方向为 NW 向。综合解结果表明，主压应力为 NW 向，主张应力为 NE 向，并且主压应力和主张应力倾角近水平，中间应力轴较陡(84°)。从该区地震震源机制解节面投影来看(图 5-21(a))，节面的优势方向有两组：一组是近 EW 向，另一组是近 NS 向。从图 5-21(a) 还可以看出，该区综合震源机制为走滑正断层机制。

宝塔河—麂子岩震区能作出震源机制的地震有 5 个，发震主压应力轴走向除 6 月 10 日 19 时 1.4 级地震为 NE 方向外，其余 4 个都为 NW 向。从单个地震震源机制解来看，该区地震除 7 月 14 日 8 时 $M_L 1.4$ 级地震 P 波初动符号正负四象限分布较好，震源机制解结果较好外，其他 4 个地震 P 波初动绝大多数为正，特别是 6 月 9 日 1.2 级地震 P 波初动全为正，属外爆炸型震源机制。从综合震源机制解可以看出，虽然能求解出两个节面，但矛盾符号比较大，并且绝大多数为正，为正断层震源机制，与外爆炸型机制吻合较好。从该区震源机制解节面投影看，节面走向绝大多数为 NE 向至近 EW 向。

东瀼口雷家坪震区能作出震源机制的地震有 9 个。该区震源机制解效果较好，P 波初动四象限分布清楚，矛盾符号比较小。从单个地震震源机制解来看，有 6 个地震的发震主压应力轴为近 EW 向，有 2 个为 NE 向，有 1 个为 NNW 向。9 个地震的发震断层都为正断层。从震源机制解节面投影看，节面的优势方向为近 EW 向和 NE 向，其中近 EW 向节面与长江在该区的走向基本一致。从综合震源机制解看，该区主压应力轴方向为 NWW，主张应力轴方向为近 NS 向，主压应力轴陡(82°)，主张应力轴较缓(2°)，中间应力轴也较缓(8°)。两组节面近 EW 向，倾角为 40°~50°。综合震源机制解显示，该区为水平分量较小的正断层机制。

楠木园—培石震区能作出震源机制的地震有 6 个。除 6 月 19 日 13 时 31 分 1.0 级地震的发震主压应轴方向为近 EW 向外，其余 5 个地震的发震主压应力轴均为 NNE 向或 NE 向，并且综合震源机制解的主压力轴方向也为 NNE 向，表明本区地震是在 NNE 向主压应力作用下产生的。从震源机制解节面投影可以看出，该区地震断层面无明显的优势方向，而是均匀地分布在 64°～185°方位内。除 7 月 14 日 18 时 1.2 级地震为正断层机制外，其他 5 个地震和综合震源机制解均为逆断层机制。

以上分析表明，在三峡水库蓄水初期，4 个地震集中区的地震震源机制有差异，可能反映出它们在发震成因和局部应力场上的差别。信陵镇火焰石震区地震是在 NW 向主压应力作用下产生的近 EW 向或近 NS 向断层或节理走滑正断层；宝塔河—麂子岩震区地震是在近 NS 向主压应力作用下，因 NE 向断层或节理逆断而产生的，并且该区地震多为外爆炸型机制；东瀼口雷家坪震区地震是在 NWW（或近 EW）向主压力场作用下，近 EW 向或 NE 向断层或节理以水平分量较小的正断产生的；楠木园—培石震区地震是在 NNE 向主压应力场作用下，因不同方向断层或节理做逆断运动而产生的。

第6章 三峡水库初期蓄水几个主要震群区地质条件

6.1 概述

三峡水库蓄水至135m水位时,水库诱发地震主要发生在西起巴东县培石、东至秭归县牛口,总长约42km的库岸段。在大地构造上,本段库区处于扬子准地台川东坳陷褶皱束的东端,其褶皱构造及主要断层多呈近EW走向,全区发育二叠系碳酸盐岩夹碎屑岩含煤系地层,三叠系下统大冶组、嘉陵江组碳酸盐岩强岩溶地层,三叠系中统巴东组粉砂岩、泥页岩、泥灰岩软弱地层,及上三叠—中侏罗统砂岩、粉砂岩含煤系地层。区内官渡口镇以东主要为巴东组粉砂岩、泥岩组成的纵向—斜向宽谷河段,两岸山体高程800~1200m,库岸地带发育官渡口、赵树岭、黄土坡、黄腊石、大坪、范家坪等大型崩滑体。左岸西瀼口(新官渡口镇)、雷家坪(新东瀼口镇)位处EW向官渡口向斜的轴部偏北翼之构造部位,长江岸坡主要呈缓倾顺向坡或斜向坡,由于移民新建城镇大量的顺坡向梯坎状开挖和前缘临空,对原本稳定的自然坡体也增加了不稳定的因素。

东瀼溪至宝塔河发育数套煤系层组,自20世纪60年代以来有麂子岩、宝塔河、冯家湾3个前国有煤矿(现已改制),在海拔200~600m一带的不同高程部位开采煤层,造成采空区地下水位下降、地表形变及巷道矿震等环境地质问题。官渡口以西进入长江巫峡河道,两岸主要分布二叠系—三叠系下统灰岩、白云岩,岩质坚硬性脆,地质构造部位位于楠木园背斜部位,岩溶较为发育,在高程600m以下的长江第一岸坡地带,多见陡崖峭壁及位于陡崖上的岩溶洞穴,两岸高程1600~1700m及高程1000~1100m分别发育云台荒期和周家堖期夷平面。在楠木园以南高程1600m左右的分水岭剥蚀夷平面上,岩溶漏斗、溶蚀洼地及落水洞密集发育,经管道岩溶系统沟通与长江的水力联系,其出口部位多在库区135m水位线以下或附近,早在三峡水库蓄水前,《长江三峡水库三斗坪—奉节库段地震本底与水库诱发地震预测研究报告》中指出,本段具备诱发3.0级岩溶型水库诱发地震的可能。本峡谷段出口附近的李子坪和火焰石两地发育二叠系梁山组与龙潭组的煤层,形成多个局部的地下采空区,且部分采煤巷道位于135m蓄水位以下,为蓄水后的巷道塌陷型地震创造了环境条件。

6.2 宝塔河—麂子岩地区

本区位于巴东老县城的斜对岸,自20世纪60年代起,有麂子岩、宝塔河、冯家湾等煤矿

第6章 三峡水库初期蓄水几个主要震群区地质条件

在此从事煤炭采掘,已造成较大范围的地下采空区,该区东侧为长江支沟宝塔河,西侧为支流东瀼溪,南侧长江库岸有著名的黄腊石滑坡分布,是库区巴东段山体斜坡问题较为突出的一个地区(图6-1)。

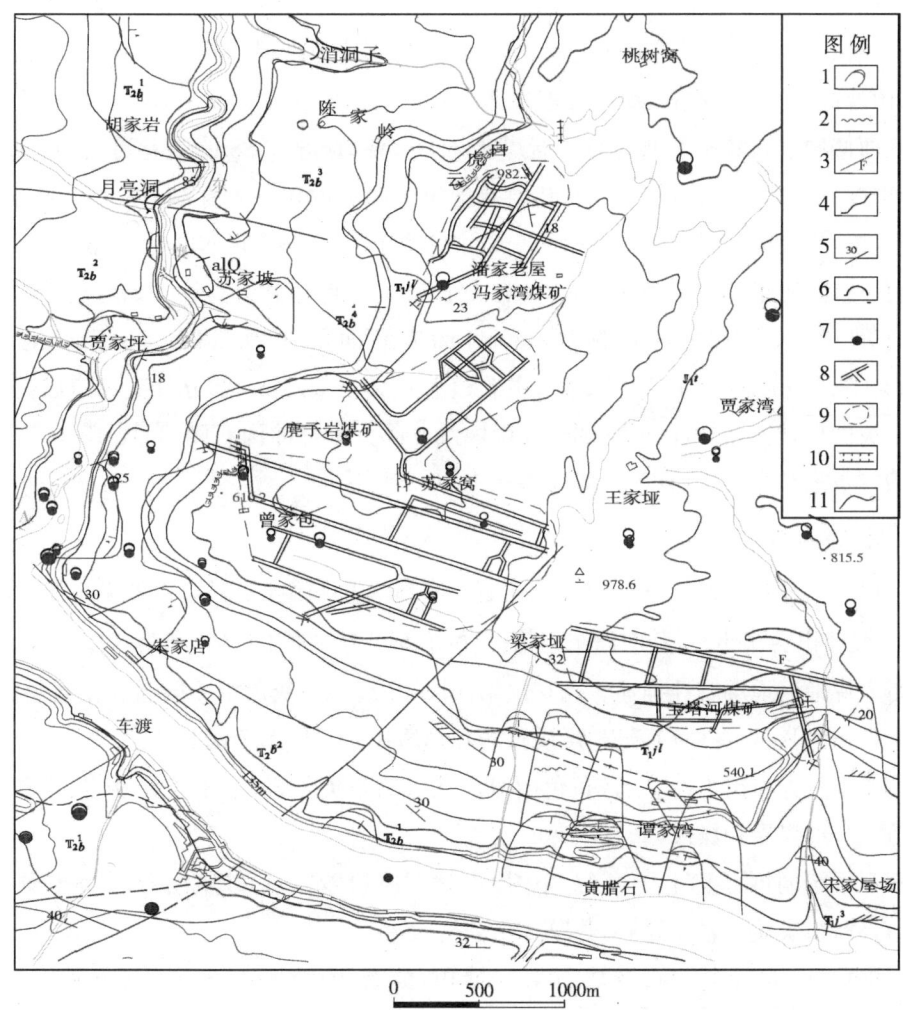

图6-1 巴东县麂子岩—宝塔河煤矿区地震地质图

1.滑坡体;2.滑坡拉裂缝;3.断层;4.地层界线;5.地层产状;6.溶洞;7.地震震中;
8.采煤巷道;9.地下采空区;10.地表塌陷;11.135m回水线

6.2.1 地形地貌

本段长江河道位于巫峡与西陵峡之间的相对宽阔部位,三峡水库蓄水前,该河段内长江平水位高程72m左右。该区的南部为长江北岸第一岸坡,高程135~700m,坡度一般在32°~40°,无明显的陡崖峭壁或缓坡台地分布,顺坡向有多条季节性冲沟发育,冲沟切割深3~10m,延伸长500~1200m,密度达3~5条/km;本区的西侧为支流东瀼溪库岸,地形较

105

陡,平均坡度35°～45°,多见坡度大于45°的陡峭斜坡,位于高程450～600m一带,为NS向的麂子岩石英砂岩陡崖,崖高80～120m,延伸长750m,北端苏家窝发育一深切冲沟,延伸长约2500m,呈季节性水流排入东瀼溪;该区的东部是NS向的宝塔河,该山洪冲沟型河流发育于高程850m的王家垭山峰,延伸长3800余米,沿途深切斜坡地形,位于沟口段最大切割深250m。经长江干支流深切后的三面临空地块,其北部为高程700m左右的向斜山剥夷台面,局部山峰高程900m左右,坡度一般在15°～25°。

该区西侧麂子岩陡崖下部为麂子岩煤矿1#井,井口标高358m,主巷道走向110°,2000余米,标准断面尺寸为2.2m×2.2m,巷道从曾家包滑坡的正下方穿越;往北苏家窝冲沟左侧分布有麂子岩煤矿2#井,井口高程275m,主巷道走向SE145°转NE50°,总长2000m,同为标准断面。该区的东部为宝塔河煤矿,共有2个井口,老巷道井口高程483m,巷道长700m,已停产作回风井,新巷道井口标高340m,标准断面尺寸为2.2m×2.2m,主巷走向NNW345°,深880m后转为NWW280°,主巷道总长大于2000m,部分分支巷道已挖至南部黄腊石滑坡的深处。此外,区内南部长江岸坡及北部苏家窝冲沟右侧,高程400m左右分布有冯家湾等数家私企煤矿,其主巷井深多在1000m上下。

6.2.2 地层岩性

区内出露三叠系中统巴东组(T_2b)、三叠系上统九里岗组(T_3j^1)、侏罗系下统桐竹园组(J_1t)及滑坡堆积层(delQ),其中巴东组第一段(T_2b^1)、第二段(T_2b^2)和第三段(T_2b^3),岩性特征见雷家坪地区地层岩性描述。巴东组第四段(T_2b^4):浅灰色中厚层弱硅化微晶白云岩、深灰色生物屑泥灰岩、泥质白云岩、炭质页岩和钙质泥岩,厚21.7m。

三叠系上统九里岗组(T_{jl}):灰黄色中厚层状岩屑石英砂岩、黏土质粉砂岩、粉砂质黏土岩、炭质页岩,夹煤层和煤线,共厚70.0m。

侏罗系下统桐竹园组(J_{1t}):灰绿色中厚层状泥质粉砂岩、粉砂质泥岩,夹细粒岩屑石英砂岩、长石砂岩、炭质页岩及煤层,共厚379.7m。

滑坡堆积(delQ):土碎石及块石架空堆积,分布于曾家包、朱家店、黄腊石等地,厚5～100m。

6.2.3 地质构造

本区位于秭归向斜与官渡口向斜的衔接部位,构造上属秭归向斜西翼边缘的西南封闭端,为向斜内发育的次级不对称小向斜(称麂子岩—宝塔河向斜),轴向60°左右,构成秭归向斜的三角形形态,显示秭归向斜西翼受NS向挤压后的强烈褶皱现象,与西部官渡口向斜呈相似的构造特征。

麂子岩—宝塔河向斜的南翼(本区长江库岸)地层倾北或NNE,倾角一般为25°左右,偏东部宝塔河沟口倾角变陡,局部倾角达40°;向斜NW翼地层倾向SE120°～150°,倾角20°左右;两翼转折端在麂子岩煤矿1#井附近,倾东,倾角10°～15°,整个向斜形态呈SW端狭窄封闭,往 NE 方向展宽的喇叭形。受总的构造应力影响,麂子岩、宝塔河矿区小褶曲和揉皱比较发育,夹于硬质砂岩之间的软质煤层受层间挤压的滑脱增厚与尖灭多变,空间展布呈波状起伏,使同一矿井中的可开采煤层上下标高最大高差达百余米,如麂子岩煤矿 $2^{\#}$ 井井口标高 275m,据该矿负责人介绍,现已最低采掘至 145m 的高程部位。区内以近 EW 向陡倾正断层较发育,规模较小,垂直断距一般 5～30m,呈平行排列的阶梯状分布。断层的发育不仅影响正常的煤层采掘,而且给安全生产带来不可预见的隐患和采空区矿震问题,如宝塔河矿区 340m 标高矿井,主巷往西转弯后的 600～800m 巷道段(距井口 1480～1680m),该段巷道沿一 EW 向断层破碎带延伸,井下地鼓、两侧帮压下的洞壁鼓裂及顶板坍塌多处发生,2.2m×2.2m 开挖的标准掌子面,经不断的挤压变形,仅剩宽 1.3m、高 1.65m 的小断面,在主巷道往西转弯后的 650m 处(距井口 1530m),于 2003 年 6 月 5 日发生特大坍塌事故,正在井下工作的 30 余名矿工被困其中,经 4 个昼夜抢救才得以脱险。可见地下采空,特别是断裂破碎后的地下采空,在构造应力与山体岩层重力的双重作用下是具备岩体错位形变与诱发矿震的条件的。

本区构造裂隙较发育,但优势方向不明显,相对以 NNE 向裂隙组延伸较长,一般 15～25m,密度 2～4 条/m,主要发育于石英砂岩等硬质脆性岩层,呈张性或张扭性质,区内麂子岩陡崖受该裂隙组控制发育而成。此外,近 EW 向陡倾的隐蔽劈理较发育。

6.2.4 岩溶与水文地质

本区巴东组第二段(T_2b^2)及第四段(T_2b^4)为硅化灰岩、泥灰岩与白云岩,具岩溶发育的条件,但强度较弱,一般表现为沿层间或裂隙破碎带的溶蚀沟槽发育,因岩溶层组连续厚度不大,中间有多个隔水岩层阻隔,地下管道型岩溶不发育,仅在本区的北侧东瀼溪支沟旁分布一干溶洞(地方称肖洞子)。区内冲沟水系很发育,且坡降大,地表排水条件良好,使得向斜的地下汇水盆地因缺少充足的水源补给而呈相对的地下贫水区。

区内地下水露头稀少,少数的泉水点集中分布于石英砂岩层位,呈间歇性的下降泉出露,流量很小,为基岩层间裂隙水。由于矿区 30 多年的煤炭采掘,已累计有数十千米的采空主支巷道,对上部山体的地下水疏干问题逐渐显现,据宝塔河煤矿的井田水文地质预算结果,其矿井正常涌水量为 20～30m^3/h,最大涌水量达 150m^3/h。麂子岩煤矿 $1^{\#}$、$2^{\#}$ 矿井的地下水疏干,造成上部苏家窝、下垢坪一带 15 处民用井泉流量减小,9 处泉口基本干枯;下垢坪村余红宝屋前晒谷场地基沉降,主要为地下水位下降而引发的干裂塌陷问题。

6.2.5 不良地质

麂子岩—宝塔河煤矿区南部长江岸坡分布黄腊石滑坡体和朱家店滑坡体,西侧苏家窝冲沟左侧有曾家包古滑体。黄腊石滑坡体为三峡库区库首段的巨型滑坡体,其松散土石堆积层厚达 50～100m,滑坡前缘位于 135m 淹没水位线以下,滑坡体由多个次级滑坡组成,各个滑坡稳定性各不相同,以西侧的大石板滑坡稳定性较差,三峡水库蓄水前,对滑坡作了人工地表排水系统等工程治理措施,较好地保持了滑坡的稳定性,水库蓄水的初期,前缘柳树湾滑体正在进行削坡减载土石方工程,自2003年6月下旬以来,上方盘山公路两侧(为黄腊石滑坡的中部偏西部位)持续出现3条张裂缝,裂缝平行坡面,EW走向,长25～40m,宽15～25cm,纵向呈上宽下窄的楔形,估计影响最深在2m以上,反映滑坡浅层土石体的局部变形迹象。区内下垢坪村南部曾家包古滑体稳定性较好,滑坡无变形特征,当地村民反映的雨后滑坡细小裂缝,可能为地下水水位下降造成的表土层干裂。

本区煤层地下采空直接造成的地表变形,或采空区地下水疏干而间接引发的山体变形,形成以下垢坪村组为重点的矿山地质灾害现象,主要反映在3个方面:①地裂缝,位于梅子湾基岩裂缝1处,裂缝走向20°,倾SE、倾角84°,裂缝长63m、宽5～10cm,裂缝切割外层5～15m高的危崖,危石厚4～10m,形成约5200m³的危岩体;第四系土石层地裂缝13处,构成4个裂缝密集带,裂缝带一般长30～190m、宽5～30m,裂隙面与斜坡坡面倾向相反,倾角45°～84°,裂缝处于局部的位移发展之中,雨后往往呈加剧变形之势。②不均匀沉降,下沉变形表现为村民住房内外陷坑、耕地田埂下陷及房屋门槛扭曲等迹象;村民刘莫华家中扁圆形陷坑洞径尺寸为1.4m×1.2m,中心下陷最深0.5m;刘美万屋前晒场有3个陷坑,洞径均为1.0m左右,陷坑充填初期仍有扩展现象;刘美堂房屋正门门栏下沉0.18m,变形持续较长时间,据下垢坪村灾害统计资料,该村先后有62户民房存在不同程度的沉陷迹象。③房屋墙体裂缝,由于村民建房均采用土墙结构,旧房墙体开裂相当普遍,部分属土体收缩后的干裂,但据本次现场调查,村民余红宝房屋的正堂土墙最宽开裂达5～7cm,裂缝两侧墙体呈不同方向倾斜之态,显示为地基沉陷的结果;该村另有多户民房也表现为地基不均衡沉陷后的危墙、危房势态。

6.3 雷家坪地区

雷家坪位于巴东老县城黄土坡的对岸,南邻长江,东靠东瀼溪,西侧为季节性冲沟——洞子沟,全区总体以缓坡地形为主,水陆交通便利,现为移民后的东瀼口镇政府所在地。

6.3.1 地形地貌

三峡水库蓄水前,本段长江的平水位高程在72m左右,顺坡而上,北部天池岭等山峰高程800～1000m,全区属构造侵蚀剥蚀低山地貌,总体上呈现为向南(长江岸坡)与向东(支流东瀼溪岸坡)两侧倾斜的斜坡,高程182m以下的岸坡地形较陡,坡度35°～45°,高程182m以上坡度明显变缓,一般为10°～20°,有易家坡(高程190～220m)、莲花池(高程190～230m)、张家包(高程250～300m)、旧县坪(高程330～380m)、李家坡(高程460～500m)等侵蚀剥蚀缓坡,坡度一般在10°以下。位于莲花池至草梁溪一带,在东瀼溪与长江交汇部位,高程200～250m的SE向缓坡岸段,因东瀼口新镇土建开挖的结果,原自然斜坡改造为梯坎状人工边坡,对天然斜坡的微地貌特征改造较大。

顺斜坡坡向有较多的季节性流水冲沟分布，冲沟发育长 500~3000m，切割深一般为 15~100m，纵比降在 1∶3.5~1∶5.6，线密度 1~2 条/km，东侧冲沟顺 SEE 向汇入东瀼溪，西侧冲沟往南汇入长江。最西侧的洞子沟发育在水井包—天池岭高程约 850m 的溶蚀台面上，往南横切 T_2b^2 灰岩、泥质灰岩岩层，切割深 50~150m，两侧多见陡峭斜坡，该冲沟延伸长 3200 余米，在枣树坪以东汇入长江。

6.3.2 地层岩性

按三峡库区三叠系中统巴东组(T_2b)的四分段划分，雷家坪地区出露巴东组地层的第一段、第二段和第三段。此外，有少量的第四系松散堆积层在区内零星分布(图 6-2)。

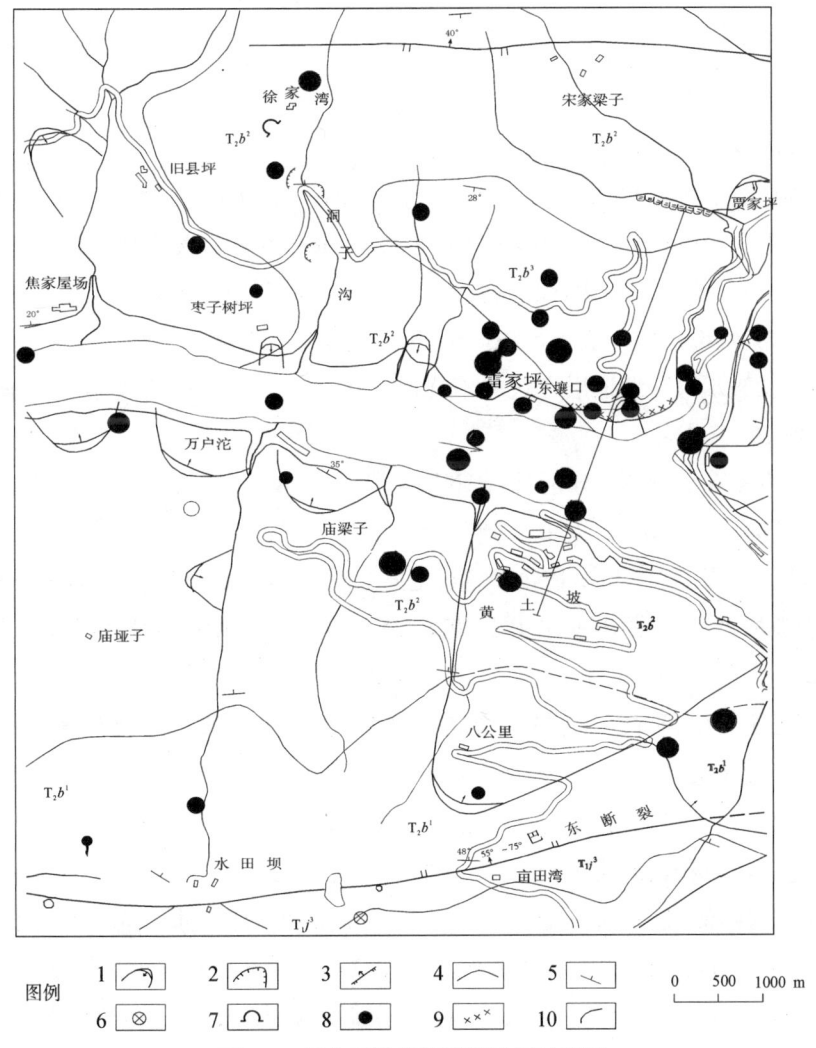

图 6-2 巴东县雷家坪地区地震地质图

1. 滑坡；2. 采石场；3. 断层；4. 地层界线；5. 地层产状；6. 落水洞；
7. 溶洞；8. 地震震中；9. 抗滑护坡；10.135m 回水线

第一段(T_2b^1)：底部灰黄色钙质页岩间夹薄层泥灰岩、粉砂质黏土岩；中上部紫红色黏土岩、粉砂质黏土岩、黏土质粉砂岩、粉砂岩及钙质细砂岩，厚281.9m。

第二段(T_2b^2)：下部灰色中厚层状硅化含灰泥质生物屑灰岩、泥灰岩；中部浅灰色薄—中厚层状砂屑灰岩；上部白云岩、黏土岩夹钙质页岩和泥灰岩，表层溶蚀风化较严重，共厚254.0m。

第三段(T_2b^3)：下部紫红色厚层块状黏土岩夹蓝灰色钙质粉砂岩、含钙质泥砾黏土质粉砂岩；中上部紫红色含钙质结核黏土岩、细砂岩与细粒长石石英砂岩，厚377.6m。

崩坡积(col-dlQ)：大块石夹碎石土，分布于雷家坪中学一带的斜坡段，厚5.0~8.0m。

残坡积(el-dlQ)：黏土夹碎石，分布于易家坡、鱼塘等斜坡段，厚0.5~10.0m。

滑坡堆积(delQ)：块石夹碎石土，发育在东瀼口政府大楼下方的岸坡地段，厚8.0~15.0m。

6.3.3 地质构造

雷家坪地区位于官渡口向斜的东延端，受NS向挤压应力场的作用，伴随有一系列近EW走向的小褶曲和小断层发育。因出露的巴东组地层主要为软质黏土岩，区内岩层揉皱相当发育，其中以EW走向占优，同为官渡口向斜形成过程中的SN向压应力结果，此类小褶皱规模很小，其轴部延伸一般不足400m，主要分布在区内高程200~400m一带，岩层中诸多的小褶曲揉皱现象导致地层产状的不规律变化，在迎长江面及迎东瀼溪方向均出现了局部性顺向坡。

区内主要发育4组裂隙，分别是：①NEE组，走向8°~60°，倾SE或NW，倾角不等；②NWW组，走向280°~300°，以中高倾角倾NE为主；③NE组，走向30°~60°，倾SE或NW，倾角70°~85°及30°~45°；④NNW组，走向320°~350°，倾NE，倾角70°~85°。全区以②、③两组裂隙最发育，主要出现在T_2b^2灰岩、泥质灰岩中，切割缓倾岩层面，以高倾角发育为主。

在T_2b^1黏土岩中，裂隙一般呈闭合状态，部分裂面见泥膜。岸剪裂隙主要见于高程200m以下的长江岸坡及易家坡前缘的东瀼河岸坡段，主要在NE、NW两组裂隙的基础上卸荷拉张，沿裂面溶蚀多充填黏土或岩屑，岸剪裂隙的发育长度一般在15~20m。

在易家坡T_2b^2灰岩、泥质灰岩中，夹有少量的黄色泥灰岩、钙质页岩，形成由硬夹软的岩层组合，因岩层缓倾，且倾向与坡向一致，在前缘临空和上覆岩体的重力作用下，其软岩夹层出现了严重的挤压扭曲、揉皱变形，构成与岸坡稳态较为不利的层间剪切带。

雷家坪地区断层不太发育，主要发育有数条陡倾小断层，断层倾角54°~85°，带宽1.5m以下，断距为5~20m，区内未见影响岸坡稳定等明显不利的断层穿越。但在本区北东部约6km处发育NE走向、倾向SE的高桥断裂；在其南部发育EW走向、倾N的巴东断裂，距区内最近2km，这两条断裂均具备与三峡库水的水力联系。

6.3.4 岩溶与水文地质

本区 T_2b^2 灰岩、泥质灰岩以表层的岩溶、风化为主,一般沿裂隙面或层面溶蚀充泥,呈明显的方向性和不均一性,在裂隙密集带或交汇带,岩体风化破碎,地表岩溶较强发育,而往往形成大的溶蚀沟槽。区内 T_2b^2 灰岩受硅化的影响,或多含泥质及砂屑结构,地下岩溶发育相对较弱,主要出露月亮洞和洞子沟洞两个较大的溶洞,月亮洞位于东瀼溪右岸新建大桥的桥下,洞底高程 138m,洞口高 2.5m,宽 1.5m,洞口部位 T_2b^2 岩层产状 88°∠13°,溶洞沿层面的 EW 向构造裂隙发育,据访问,该洞较深。洞子沟溶洞位于其冲沟的右侧,邹开树采石场的上方,高程 450m 处,溶洞的洞口宽 20m、高约 8m,洞轴向近 EW,洞深 35m,洞口 T_2b^2 岩层产状 170°∠30°,该溶洞沿层面顺层延伸,沿层面洞壁有小溶洞发育,洞顶见钟乳石及滴水现象。

区内地表水及地下水不太发育,主要冲沟均为季节性的山洪冲沟,大片分布的 T_2b^2 灰岩地层也未见有岩溶大泉出露,此外,T_2b^1 和 T_2b^3 黏土岩地层属相对隔水层,其层间裂隙水也较为贫乏。

6.3.5 不良地质

雷家坪地区南临长江,东靠东瀼河,干支流库岸总长 5.6km,高程 182m 以下的岸坡多为倾角 35°以上的陡坡,在岩层顺坡缓倾的组合条件下,其库岸面临较大的稳定性问题。在支流东瀼溪库岸,有两段缓倾顺向坡,分别是:①库岸走向 45°,长 120m,该岸段的岩层产状 130°∠27°,顺向坡库岸坡脚有临空,是一变形体库岸段,在左岸溪口段,分布有 2 个较大的滑坡体,具潜在库岸再造问题;②库岸走向 350°,长 260m,岩层产状 133°∠30°,为缓倾角顺向—斜向坡的变形体岸段,局部库水位附近有临空,为潜在的基岩—第四系不稳定库段。长江干流库岸主要为反倾向坡或高倾角顺向坡与斜向坡,岩层组合有利,边坡整体稳定性较好,仅存在局部的顺层临空问题,如在长江与东瀼溪汇口处有一小型滑坡(正在进行锚固处理,图 6-3、图 6-4)。顺江部分坡段因新镇土建开挖,一定程度改变了斜坡的自然结构,降低了局部坡段的稳定性。

本区西侧洞子沟盘山公路旁有三处采石场,两处位于高程 380m 附近的冲沟两侧,一处位于高程 300m 左右的冲沟右侧,采石造成山体斜坡较大程度的临空改造,采石场放炮促使岩体松动和浅表层地震动发生。

图 6-3　雷家坪村边坡形态与 B 标段抗滑桩施工　　图 6-4　雷家坪村边坡治理 B 标段抗滑桩竖井中滑带土

6.4　火焰石地区

信陵镇火焰石村位于长江巫峡出口段的南岸,分上坪沱和下坪沱两个自然村组,直至20世纪 80 年代,下坪沱一带分别由私有、国有及乡镇企业长期从事煤炭采掘,已造成较大范围的地下采空区,三峡水库移民后,下坪沱村组外迁,现火焰石行政村集中于上坪沱一带,该村的西侧是长江支流链子溪。

6.4.1　地形地貌

本区位于巫峡的出口部位,三峡水库蓄水前,本段长江平水位高程 82～85m,其长江岸坡主要为陡崖或陡坡,崖高 30～80m。区内上坪沱和下坪沱为两块崩坡积层的缓坡台地,下坪沱一带台地高程 110～200m,平均坡度 6°～10°,上坪沱台地高程 350～440m,平均坡度 8°～12°,两台地之间为一近 NS 向的陡崖,崖高 80～120m,延伸长 850m,在沿长江岸坡地段的陡崖下部,高程约 110m、130m 及 155m 的崖脚附近分布有 9 处已废弃的采煤巷道井口,水库蓄水后仅在高程 155m 处见一洞口,该洞口为 20 世纪 70 年代原国有煤矿 1# 井,废弃的井口已被崩落的大块石封堵,仅剩直径不足 0.5m 的洞口,现已不能进人。据上坪村向导田祖海村民介绍,9 个矿井往下坪村方向(SE 向)呈弧形挖掘,中部有分支巷道往 S 向及 SW 向延伸,主井长 1500m 左右。

火焰石的东部为一 NNW 向的冲沟,切割深 30～50m,冲沟东侧多见近 NS 向陡崖分布;西部是深切支流链子溪,其两岸多呈陡崖峭壁,行人不可穿越;火焰石村的 SE 方向为一陡坡,坡度在 30°～45°,远处山峰最高达 1000m 以上,全区总体呈侵蚀、剥蚀中低山地貌(图 6-5)。

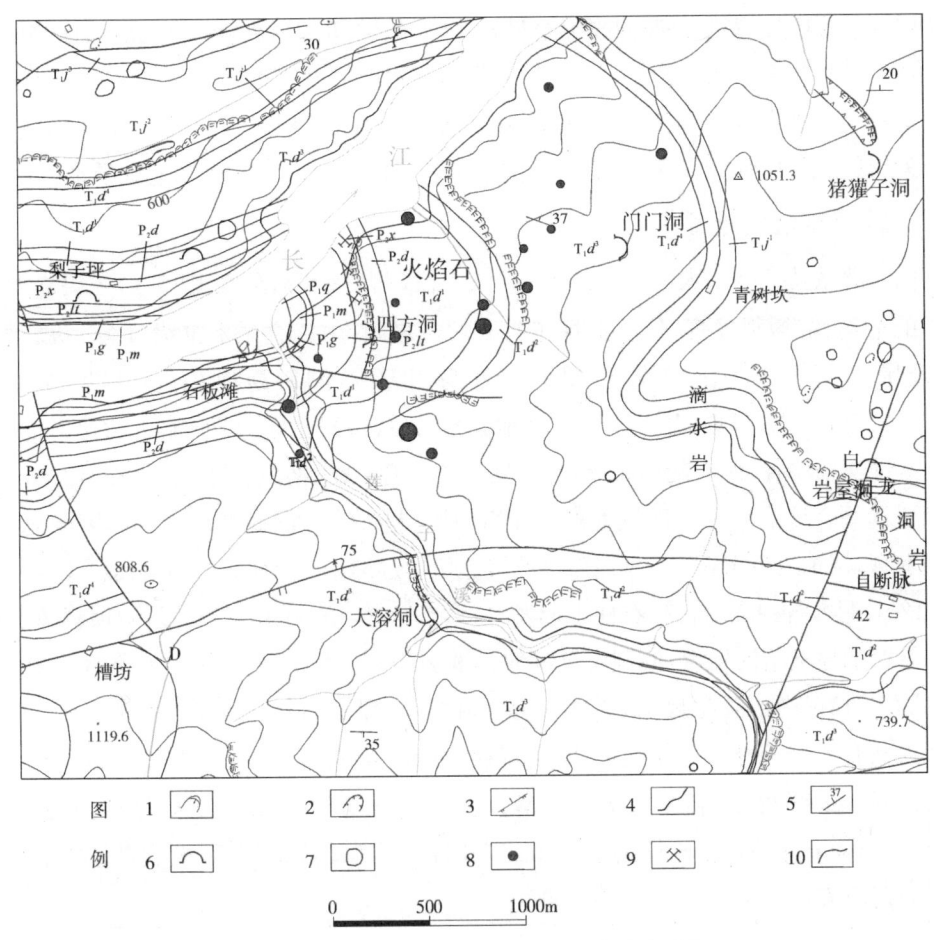

图6-5 巴东县信陵镇火焰石地区地震地质图

1. 滑坡；2. 崩塌；3. 断层；4. 地层界线；5. 地层产状；6. 溶洞；7. 岩溶漏斗；
8. 地震震中；9. 采煤洞口；10. 135m回水线

6.4.2 地层岩性

火焰石村地处楠木园背斜的东部倾伏端，区内楠木园背斜南翼地层产状 182°∠35°、180°∠78°、350°∠81°（倒转）、180°∠36°，倾伏端的 SE 侧地层产状 130°∠10°，转至北翼的地层产状 20°∠12°、352°∠40° 和 357°∠36°，全区受背斜倾伏的弧形地层展布特征非常明显，出露的地层分别为二叠系栖霞组（P_1q）、茅口组（P_1m）、孤峰组（P_1g）、龙潭组（P_2lt）、下窑组（P_2x）、大隆组（P_2d）和三叠系大冶组（T_1d），三叠系嘉陵江组（T_1j）灰岩在本区周缘出露（以上岩性特征见楠木园地区地层岩性部分），主要区别是火焰石地带的龙潭组（P_2lt）煤系地层发育较厚，共有上、中、下3个不等厚煤层分布，具备工业开采价值。

6.4.3 地质构造

火焰石村处于楠木园背斜的东部倾伏端，背斜倾伏端偏南部位，有一走向95°的张性断层发育，断距不大，未造成倾伏端背斜形态的较大改变。区内主要有 SN 向、NEE 向及

NWW向3组裂隙发育,以SN向裂隙组最发育,岸坡剪切及高大陡崖均沿该构造裂隙发育而成。区内断裂构造不太发育,外围地带,NE向高桥断裂在其北侧5km处尖灭;NEE向楠木园—苇家荒断裂在其西侧2km处尖灭;南部地带距其约1km、2km及3km处有3条EW向断层发育,断面倾N,倾角70°~75°,外围断裂有可能给区内水库诱发地震带来影响。

6.4.4 岩溶与水文地质

区内二叠系及三叠系大冶组一段(T_1d^1)、二段(T_1d^2)和嘉陵江组(T_1j)地层岩溶较强,其表层的溶沟、溶槽很发育,位于上坪沱与下坪沱之间,由二叠系下窑组(P_2x)灰岩组成的NS向陡崖上,可见多处溶洞发育,最大一处为四方洞,洞口高程220m,呈四方形,高约2.2m,宽2.5m左右,可见洞深15m,区域地壳抬升后,该洞已成为干溶洞。火焰石以西的链子溪呈溶蚀深切峡谷,两岸陡崖峭立,有数层溶洞发育,最大溶洞位于其左岸的樟树沟沟口,称为樟树沟洞。该溶洞洞口部位为嘉陵江组中厚层状灰岩,洞底高程137m,溶洞总体顺地层走向发育,洞轴线近EW向,纵剖面呈波浪起伏而逐渐抬升(图6-6),溶洞最大断面尺寸达15m×12m,洞内石钟乳、石笋、石柱十分发育,形态怪异,溶洞的侧壁潮湿,洞顶有滴水,但未见岩溶管道的地下暗河发育,溶洞可见延伸长度200m以上,往里分上、中、下3个分支溶洞层,未见底。樟树沟溶洞北侧6m处为一分支洞口,高程135m,洞口大部被淹没。

区内共有3个泉水点,分别为W_1(高程195m、流量0.1L/s)、W_2(高程250m、流量0.8L/s)、W_3(高程225m、流量0.1L/s),W_2位于T_1d^1与T_1d^2的交界处,属岩溶裂隙水,水量大而稳定,为上坪沱村生活饮用水,2003年6月7日2.1级地震后,水量明显减小,此后一直未能恢复原流量大小。

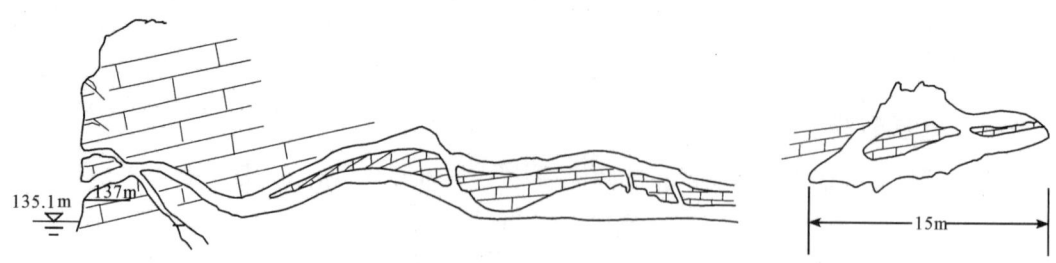

图6-6 链子溪左岸大溶洞断面示意图

6.4.5 不良地质

火焰石地区由上坪沱、下坪沱的缓坡台地,以及上、下坪沱之间或周边的陡坡陡崖地形组成,其上坪沱缓坡台地部位主要由崩坡积及残坡积土石堆积覆盖,未见滑坡变形体分布。在上坪村NS向陡崖临近长江的一端,受NNE向构造裂隙的风化卸荷作用,发育一小型危岩体,方量3万m³左右,陡崖上方NNE向卸荷裂隙长30~50m,宽约25cm,呈上宽下窄的楔形。位于下坪沱一带的陡崖坡脚部位,为大片分布的崩塌巨块石夹碎石土堆积,重力崩坡积作用活跃,20世纪80年代废弃的煤矿巷井的洞口已大部被崩塌巨块石夹碎石土封堵。

官渡口镇沿江库岸分布有较多的滑坡,其中柳树湾滑坡已变形,老官渡口镇石榴树包滑坡正在进行治理。

2003年6月7日火焰石2.1级地震,上坪沱村田祖海农户的新房土墙产生裂缝部位有十余片粉刷的白灰掉落(估计粉刷的石灰原先已风化起泡开裂),田祖海村民的旧房另有两块瓦片跌落,地震时村民有猛然一沉的失重感,但无水平摇晃的感觉。此次地震未见地表裂缝等变形现象。

6.5 楠木园—培石地区

楠木园—培石一带位于巫峡中,距巴东县城最近约15km。水库蓄水后,诱发地震主要集中在长江右岸楠木园—小溪河一带和左岸库边的库岸段。

6.5.1 地形地貌

三峡水库蓄水前,巫峡段平水位高程85m左右,两岸为崇山峻岭,临江山体最高高程约1700m,相对高差达1000m以上,属构造侵蚀、剥蚀中山地貌,全段库岸多为悬崖峭壁,平均坡度呈40°～50°的陡崖、陡坡。楠木园集镇处在峡谷南岸少有的一块缓坡地上,坡角大多为15°～25°,分布高程在90～200m,低处为长江河谷阶地,高处为岸坡崩坡、残积物堆积,其阶地部分现已被库水淹没。

楠木园—培石一带地区地形起伏强烈,以溶蚀侵蚀为主的层状地貌特征也较为明显,为高程550m以下的长江第一岸坡,多呈坡度45°以上的陡崖、陡坎,近江面高程200m以下的崖坎地带溶洞相当发育。位于陈家湾、凉水井、苇家荒等地高程550～650m处,为本区最低一级的溶蚀台面,其台面上的山体顶部呈浑圆状,地形较为平坦,坡度一般在15°以下,台面上多为封闭或半封闭的岩溶洼地,不同规模的岩溶漏斗与落水洞也很发育,但多被后期的溶滤残积红壤层充填、覆盖。经缓坡台地的短暂过渡后,往南高程在700～1600m为一巨大的陡坡地形,主要为大于50°的陡峭坡体,偶见马家坪、徐家湾等零星重力堆积的缓坡地。高程1600m以上,位于区内最南端的和尚包、楠荒岭、黄柏树一带,为三峡库区云台荒期剥蚀夷平面,台面地形平缓、连绵成片,高程一般在1600～1700m,部分高程大于1700m的山峰多呈溶蚀浑圆状;位于台地面上,溶蚀漏斗与落水洞等垂向岩溶系统密集发育。

区内长江呈EW流向,与区域构造走向一致,为纵向峡谷河段,南岸有小溪河、响水沟、黄沟等支流冲沟,其中小溪河属长江一级支流,呈典型的深切横向"V"形峡谷,沿途多见陡立岸坡,斜坡平均坡度达55°左右,较巫峡干流库岸尤为陡峭。

6.5.2 地层岩性

区内出露有二叠系及三叠系下统大冶组(T_1d)、嘉陵江组(T_1j)岩溶地层,二叠系灰岩

(未见底部梁山组 P_1)少量出露在楠木园和支流小溪河两处的背斜核部,第四系冲积、崩坡积和滑坡堆积物仅在楠木园集镇等地零星分布(图 6-7),现分述如下:

二叠系下统栖霞组(P_1q):深灰色中厚层状炭质灰岩,燧石结核生物屑灰岩,生物屑泥灰岩与泥灰岩,区内未出露其底部。

二叠系下统茅口组(P_1m):灰色厚层含泥质生物屑灰岩,燧石条带泥灰岩与泥灰岩,厚 77.8m。

二叠系下统孤峰组(P_1g):灰褐色薄层状含黏土质生物屑硅质岩,灰黑色炭质页岩,厚 4.4m。

二叠系上统龙潭组(P_2lt):灰色粉砂质黏土岩,炭质灰岩、炭质页岩夹煤层或煤线,厚 10.5m。

二叠系上统下窑组(P_2x):灰黄色中厚层状含泥质生物屑灰岩,泥灰岩,含燧石结核白云质生物灰岩,厚 67.5m。

二叠系上统大隆组(P_2d):深灰色薄层硅质岩,泥页岩、炭质页岩,厚 8.6m。

三叠系下统大冶组(T_1d):总厚度 718.6m,共分为 4 段。

大冶组第一段(T_1d^1):灰黄色薄层状泥灰岩,含砂屑白云质灰岩,夹黄色页岩,厚 63.1m。

大冶组第二段(T_1d^2):深灰色中厚层状泥灰岩,灰色页岩与薄层泥灰岩,厚 40.7m。

大冶组第三段(T_1d^3):浅灰色薄—中层状泥灰岩,夹生物灰岩,厚 463.1m。

大冶组第四段(T_1d^4):浅灰色厚层状鲕粒灰岩,砂屑灰岩,泥灰岩及白云岩化砂屑泥灰岩,厚 151.7m。

三叠系下统嘉陵江组(T_1j):总厚度 730.4m,共分为 3 段。

嘉陵江组第一段(T_1j^1):灰黄色中层状微晶白云岩,砂屑黏土质白云岩,及白云质角砾岩,厚 16.8m。

嘉陵江组第二段(T_1j^2):下部浅灰色薄层状灰岩,上部深灰色中厚层状生物屑灰岩、砂屑泥灰岩及白云岩,共厚 394.3m。

嘉陵江组第三段(T_1j^3):浅灰色厚层状泥质白云岩,砂屑白云岩与白云岩角砾岩,厚 319.3m。

第四系冲积(al)、崩积(col)、滑坡堆积(del):分布于楠木园附近的松散土石层,厚度一般为 5~15m,位于其东南侧冲沟部位的滑坡体规模较小,以块石夹土结构的滑体厚 5~10m,在高程 110m 一带的 Q_4 冲积阶地中,含石器时代的文化层。

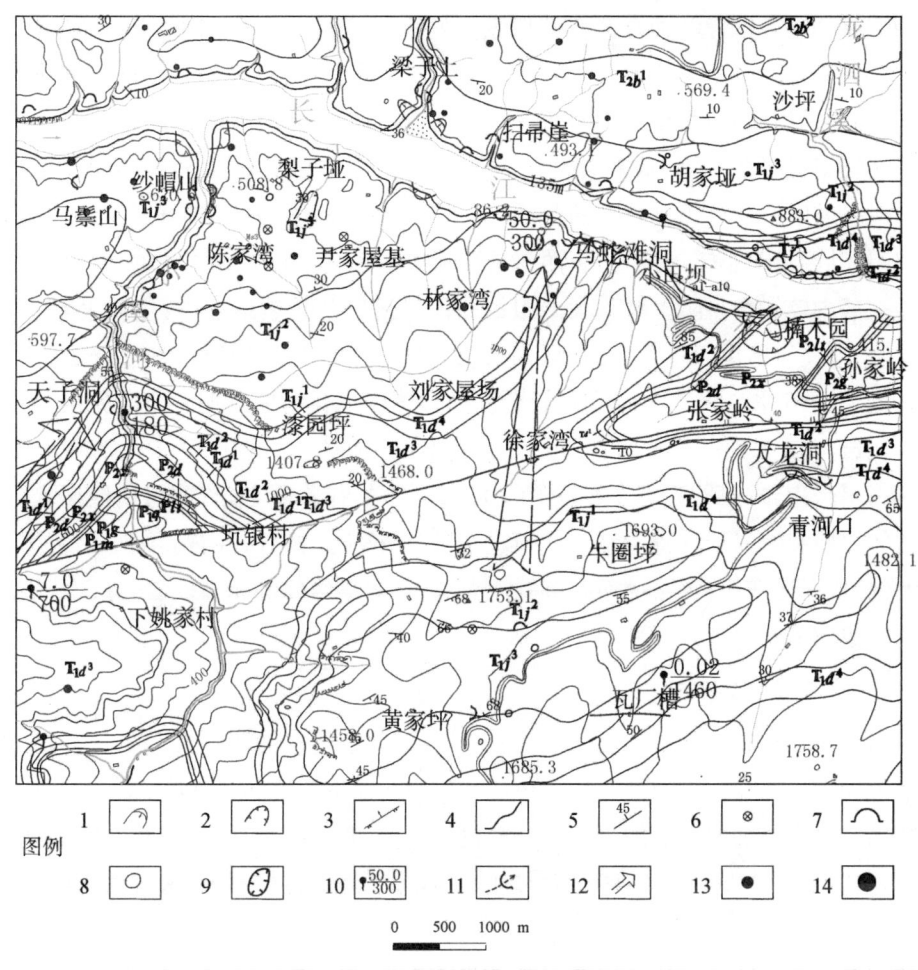

图6-7 楠木园地区地震地质图

1. 滑坡；2. 崩塌；3. 断层；4. 地层界线；5. 地层产状；6. 落水洞；7. 溶洞；8. 岩溶漏斗；9. 岩溶洼地；
10. 泉水；11. 地下暗河；12. 岩溶水补排；13. 三峡水库蓄水前地震；14. 三峡水库蓄水初期地震

6.5.3 地质构造

本区位于楠木园—姚子坪背斜的核部及两翼地带，背斜轴脊沿姚子坪、张家岭、苇家荒一线，走向NE75°，其轴脊的两端翘起，核部出露二叠系地层，两翼为厚层分布的三叠系大冶组和嘉陵江组灰岩，呈总体开阔、轴脊起伏的短轴褶皱形态，两翼岩层产状：北翼倾N或NNW，倾角20°～45°，局部揉皱使地层反倾SW或SE；南翼地层走向70°～80°，纵向发育数个次级褶皱，自西往东分别为和尚包向斜、猫儿坪背斜和彭溪槽向斜。楠木园—姚子坪背斜核部发育较多的纵向张裂面，岩体结构面发育，沿层面的虚脱和岩层增厚现象较多，为褶皱形成过程中层间滑动与层内蠕变的结果，这对本区碳酸盐岩地层中的岩溶发育创造了有利条件。

区内主要有天子崖断层（前已论述），走向80°，倾NNW，倾角40°，局部陡倾SSE，该断裂总体沿楠木园—姚子坪背斜轴脊偏南部位纵向发育,早期为伴随楠木园背斜形成过程的逆冲断层,断层的上盘(主要为楠木园—姚子坪背斜的北翼)岩层揉皱现象十分明显,断层的下盘(为楠木园背斜的南翼)次级褶皱发育,断层破碎带宽 20~30m,为碎裂岩和糜棱岩;楠木园—姚子坪背斜成形的后期,该断裂变化为张性正断性质,断距在 12~50m,断层岩结构松散、碎裂,或呈方解石脉和钙质胶结的角砾岩。天子崖断裂切割本区二叠系及三叠系下统巨厚岩溶层组,其西端与小溪河沟通,东端与长江河道联系。

裂隙在区内较发育,在龙潭组、大冶组第一段等薄层状软岩地层中,主要表现为密集的细小裂隙发育,使岩体呈碎块状,而在区内大量出露的中厚层状硬质碳酸盐岩地层中,裂隙发育较长较大,一般长 15~20m,张性或张扭性,以岩溶风化后的钙泥质充填为主,裂隙线密度 1~2 条/m,优势方向共有 3 组:①走向 EW、倾 N、倾角 75°~80°;②走向 NWW、倾 NE、倾角 60°~75°;③走向 NNW、倾 NE、倾角 50°~75°。在小溪河及长江岸坡的陡崖处,平行于崖岸的陡倾岸剪裂隙强烈发育,而区内缓倾裂隙相对较少。此外,在背斜轴部的中厚层灰岩中,有较多的层间剪切面,因溶蚀而多有软泥充填;在背斜两翼的相对软岩岩层中,层间挠曲和小褶曲现象较多。

6.5.4　岩溶与水文地质

楠木园地区分布有厚层质纯的碳酸盐岩,具备了岩溶发育的各种有利条件,其岩溶类型主要有溶蚀沟槽、溶蚀漏斗、溶蚀洼地、落水洞、溶洞及地下岩溶暗河系统。

溶蚀沟槽在背斜轴部及顺坡岩层上分布较普遍,一般沿纵张裂隙、卸荷裂隙等结构面溶蚀发育,呈上宽下窄的楔形,也有顺层面溶蚀,使岩溶地表形态参差不齐,溶蚀沟槽受地表水作用且独立于地下岩溶系统。

溶蚀漏斗与溶蚀洼地主要分布在本区高程 550~650m 和 1600~1700m 的两个岩溶剥蚀夷平面上,所处的岩层主要为三叠系大冶组和嘉陵江组厚层质纯灰岩与白云岩;形态呈圆形或椭圆形的负地形,漏斗一般较小,溶蚀洼地规模较大,这两类岩溶形态为区域岩溶地下水提供了丰富的补给,为地下大型管道岩溶创造了有利条件。

落水洞一般沿陡倾交叉裂隙(或层面)发育,在陈家湾等地,位于斜坡段的落水洞洞径多在 0.5~1.5m,在岩溶剥蚀夷平面上,落水洞常位于漏斗或洼地的底部发育,洞口被岩溶红色壤土层覆盖,落水洞是岩溶地下水最直接的补给窗口。

溶洞是岩溶管道系统的最终出口,区内溶洞主要发育在长江陡崖岸坡马蛇滩及支流小溪河的两岸崖坡地带,马蛇滩位于楠木园以西 3km 处,共有 3 个溶洞,洞口发育在 T_1j^2 灰岩中,2 个位于高程 135m 以下,为本次三峡水库蓄水淹没范围,其余 1 个位于 135m 附近,洞口也大部被库水淹没。区内西侧的小溪河强烈深切,两岸由大冶组、嘉陵江组灰岩形成的陡崖峭立,崖岸有多处溶洞出露,洞径大小不一,高程一般在 200m 以下,其中,在距溪口 3.2km 的左岸高程 185m 处,发育一巨大岩溶管道系统的溶洞口,为巴东县旅游局开发项目,当地称之"天子洞",洞口部位为大冶组薄层灰岩,岩层产状 340°∠55°,溶洞的洞口为顺层发育,洞口高 3.5m、宽 3.0m,进洞方向 260°,洞内上、下均发育数层溶洞,最下层为一管道暗河,流量达 12.0L/s;沿洞口往里 100m,为一巨大的岩溶中央大厅,厅宽约 25m、高达 15m以上,厅内石笋、石柱及石帘等岩溶发育,沿溶蚀大厅往里,由洞径变小的数个管道分支延伸,纵向呈不规则梯级缓慢抬高。

楠木园地区地表水系相对不发育,但在半山凉水井村 SE 方向的冲沟和公路旁,高程 610m 及 630m 两处,发育管道型岩溶大泉,流量分别达 30.0L/s 和 5.0L/s;位于楠木园村西侧的公路下方,高程 182m 的大金沟内,出露大龙洞岩溶暗河(图 6-8),流量约 10.0L/s,该洞口经人工修整改造,洞内钟乳石发育,雨季常有发潮现象,显示地下岩溶暗河的特征。

图 6-8　楠木园村龙洞子出口

6.5.5　不良地质

本区主要出露坚硬脆性的灰岩、白云岩,构造裂隙及岸坡剪切也以陡倾为主,除小型崩坡积较发育外,仅见楠木园村东侧盘山公路上方发育的一处小滑坡体,其前缘高程在 190m一线,方量约 0.5 万 m^3,为崩坡积块石夹碎石土堆积后的浅层滑坡变形,滑坡造成该村三组数户村民土墙出现开裂等危房现象。

第7章　三峡水库库首区地形变及地下流体动态监测

7.1　长江三峡库区地壳形变监测

我国地震地形变工作的开展始于1962年新丰江水库诱发6.1级地震之后,大规模的地形变监测与研究是在1966年邢台地震后开始的,其主要目的就是为了监测和研究地壳变动与地震的关系。由于特殊的地理条件和工程背景,长江三峡地区已成为研究水库诱发地震的典型区域,从1954年开始,三峡地区已经有水准测量活动;为了研究断裂活动方式及其与地震的关系,配合地震台网的监测,1975年以后长江水利委员会和中国地震局地震研究所又在库区主要断层上建立了多个跨断层定点形变监测网,定期进行观测;1997年,由于三峡工程建设和安全保障的需要,中国地震局地震研究所与长江水利委员会原综合勘测局再度合作,共同承担起了"长江三峡工程诱发地震监测系统地壳形变监测网络"(以下简称"三峡地壳形变监测网络")的建设和运行任务。随着2003年三峡二期工程蓄水的完成,三峡地壳形变监测网络得到了大量监测和研究成果。

水库诱发地震与天然地震一样,发震前后会产生地壳形变。作为长江三峡工程诱发地震监测系统的组成部分,三峡地壳形变监测网络的主要目标就是在宜昌至巴东库段建立起空间上点、线、面结合,时间上长、中、短兼顾的综合性区域地壳形变监测网络,揭示三峡工程建设和蓄水过程中工程重点与敏感部位的地壳形变,与测震学和地下流体监测相结合,为水库诱发地震预测预报和机理研究服务。建成后的三峡地壳形变监测网络由区域水平形变网、区域垂直形变网、区域重力监测网、跨断层三维形变监测网和库盆形变网5个有机结合的子网组成(图7-1)。应用的技术手段包括目前世界上一些最行之有效的地壳形变监测手段:空间大地测量技术(高精度GPS和InSAR)、精密水准、精密重力、激光测距、洞体定点连续形变监测等,构成多种技术相互结合、互为补充的区域性高精度、高时空分辨率地壳形变监测网络,实现了对重大工程和敏感区域地壳形变的集约式监测。

针对2003年长江三峡工程第一次蓄水的到来,通过多方论证,课题组制定了蓄水期间监测方案,主要内容有:①加强三峡水库蓄水期间和蓄水后的地壳形变监测,主要利用三峡地壳形变监测网络,通过适当增加观测站点和测线、增加观测密度和调整原有观测计划,以获取库水荷载作用下三峡库首区域地壳变形的完整信息;②三峡水库蓄水过程的地壳变形监测,以GPS和重力监测为主,兼及短水准和库盆形变测量。根据现有站点分布情况,GPS

监测在原有 3 个固定站和 21 个流动站的基础上,增加 5 个临时固定站和 4 个流动测站;流动观测从原有的 1 期调整为 3 期,分别安排在蓄水前和蓄水后进行;重力观测从原来的 1 期增加为 3 期,并在蓄水期间增添一条穿越库首的重力测量剖线,跟踪观测。

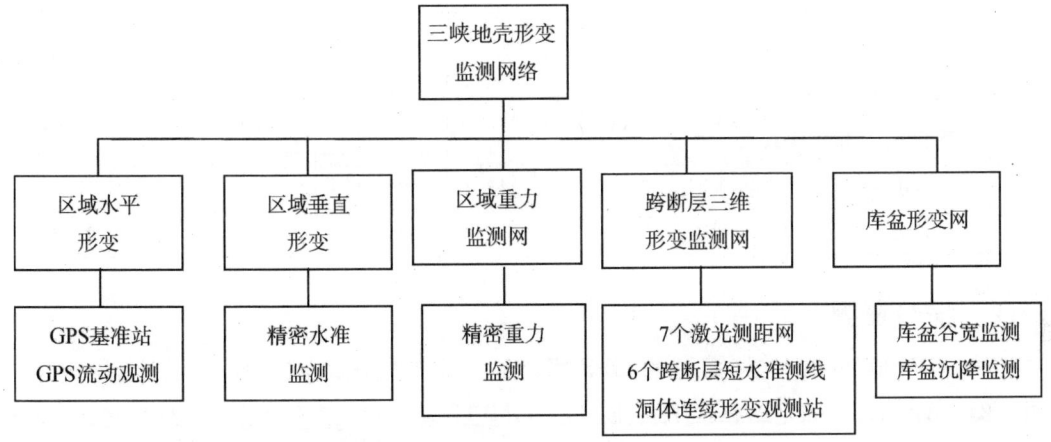

图 7-1 三峡地壳形变监测网络结构图

7.1.1 区域形变水准网的精密水准测量

三峡区域形变水准网由长江水利委员会始建于 20 世纪 50 年代,经过不断的补充和完善,已经观测过数次。1998 年中国地震局地震研究所将全网向西进行了扩展,增加兴山—巴东—大坪—堡镇测线,从而形成了全长约 800km、面积约 10000km² （30°35′～31°25′N,110°20′～111°20′E)、由 4 个闭合环组成的环绕三峡库区宜昌—巴东库段的区域性精密水准网,该网测线还与三峡库区精密重力网共线观测(图 7-2)。

改造后的三峡水准网第一次观测由中国地震局第一监测中心承担,1998 年 9 月 15 日至 12 月 25 日实施。实测一等水准 826.80km,观测结果每千米水准测量高差偶然中误差 $M_\Delta=\pm 0.34$mm。

第二次观测由长江水利委员会原综合勘测局承担,于水库蓄水后的 2003 年 8 月 2 日至 2003 年 11 月 20 日进行,共测一等水准全长 819.84km,其中跨河水准测量 3 处。观测结果为每千米高差偶然中误差 $M_\Delta=\pm 0.37$mm。

上述两次观测全部符合国家一等水准规范,表 7-1 给出了两次观测的闭合差统计。

从两次水准观测的垂直位移结果来看,江北水准点移量较大,江南位移量较小。兴山—周坪段、马粮坪—三斗坪段位移量普遍偏大,前者平均下沉约 30mm,后者平均下沉约 20mm。水准观测结果还表明,三峡水库蓄水至 139m,对库区地壳形变有明显的影响,监测成果基本反映了地壳形变的规律。

表 7-1　　　　　　　　　　　三峡水准观测环线闭合差统计表

序号	环线名称	1998 年			2003 年		
		距离(km)	闭合差(mm)	闭合差限差(mm)	距离(km)	闭合差(mm)	闭合差限差(mm)
1	兴山—巴东—堡镇—兴山	363.70	3.60	38.14	359.96	−19.56	37.94
2	兴山—堡镇—土城—王家湾—马粮坪—兴山	398.20	19.20	39.91	396.27	2.44	39.81
3	兴山—巴东—堡镇—兴山	218.70	−11.10	29.58	223.67	8.52	29.91
4	兴山—巴东—堡镇—兴山	152.90	−6.80	24.73	146.52	2.42	24.21

7.1.2　GPS 监测

三峡 GPS 监测网由连续观测的 GPS 固定站和定期复测的流动观测网两个层次组成(图 7-2)。3 个 GPS 固定站(WUHN、BADN、GUFU)从 2000 年开始进行连续观测；GPS 流动测站 21 个，从 1998 年开始每年定期复测一次，至 2002 年先后完成 5 期复测。

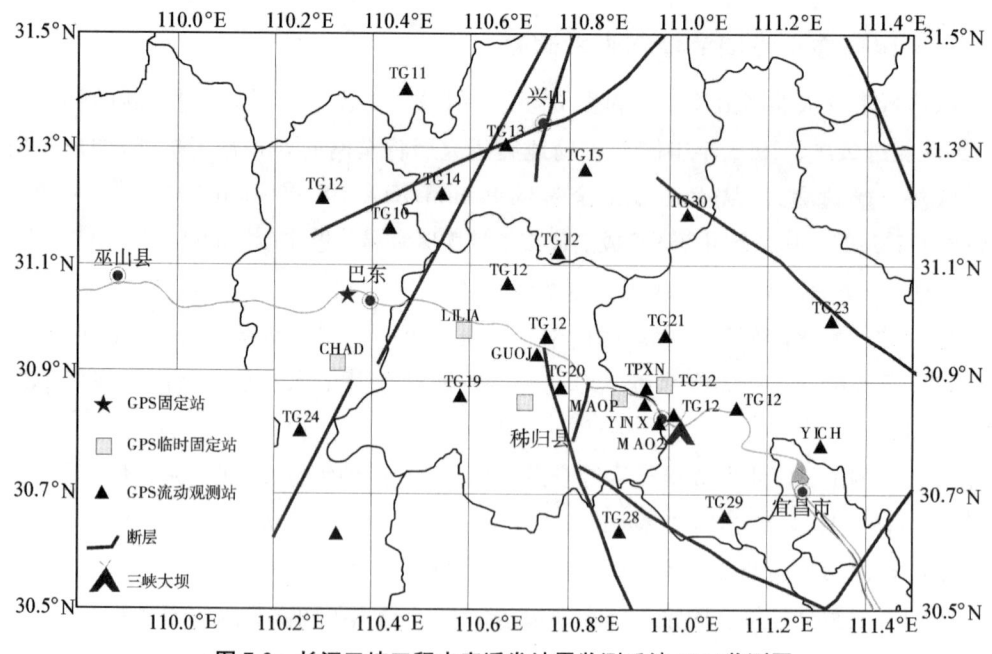

图 7-2　长江三峡工程水库诱发地震监测系统 GPS 监测网

为了获取三峡水库 2003 年 5—12 月第一次蓄水前后库区形变场的完整资料，从 2003 年 5 月开始，GPS 网络还实施了一系列加密观测计划：增加 5 个临时 GPS 固定观测站，维持连续观测至一期蓄水完成后半年；5 月 15 日前，在原有固定测站的基础上，建立了长岭、茅坪、卢家山、大金坪和茶店子 5 个 GPS 临时固定站，采取连续观测、定期下载数据的方式，对蓄水过程进行连续监测；根据现有网站分布情况增加 4 个流动观测站，使流动测站的分布更趋合理。2003年蓄水前后该网共实施了3期GPS流动观测,分别在2003年5月7日至30日、7月16日至8月10日、9月23日至10月13日进行。

杜瑞林等应用Bernese软件,对三峡地区的前6期GPS测量数据进行处理,获取了三峡库区的水平运动和因蓄水而造成的库区地壳形变结果:水平形变小,表明块体内部水平相对构造运动微弱;因水库蓄水导致的垂直形变较为明显,垂直变形的主要区域集中在坝址至香溪近岸库段,垂直沉降的量级为10~35mm。对GPS测量结果的反演表明,三峡水库蓄水前各种应变背景在$10^{-10}/a$~$10^{-9}/a$量级,属相对构造运动十分稳定的地区。从GPS形变测量结果与数值模拟结果的比较来看,蓄水所引起的形变短期内属上地壳的弹性响应,三峡库区近期因蓄水导致大规模形变而诱发中强地震的可能性不大。蓄水后,水体荷载所产生的效应除导致库盆、库岸的差异运动、改变地壳及断层应力环境外,还会增大孔隙压力,并通过加强渗流作用,改变岩石和断层摩擦系数。上述效应在地壳形变中的反应还存在一个滞后期,需进一步加强后续的观测和研究。

7.1.3 洞体定点形变监测

前期研究表明,仙女山断裂为三峡库首区可能诱发水库诱发地震的主要敏感断裂。为此,在秭归县周坪设立跨断层的洞体定点连续监测站来监测该断层活动。监测洞室由交通洞、横跨断层主洞和斜交断层的东、西支洞组成(图7-3)。

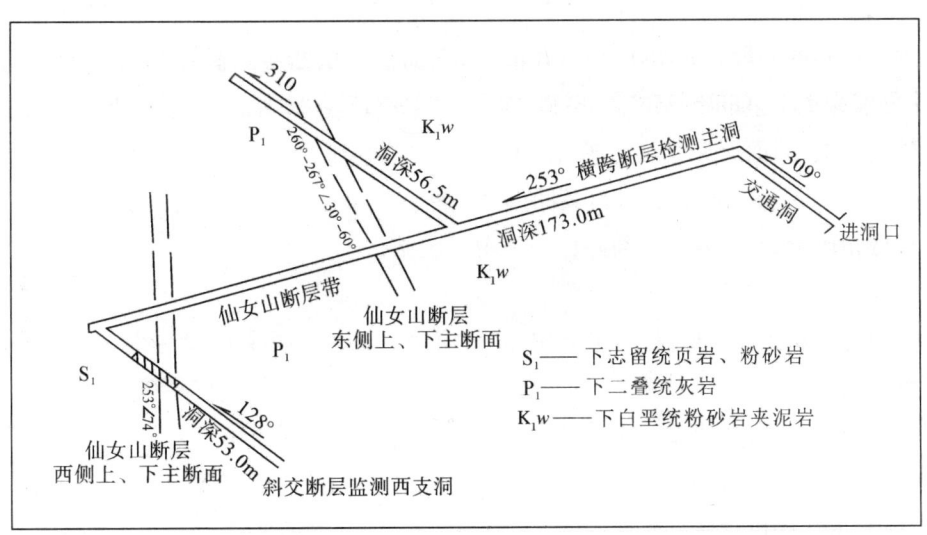

图7-3 秭归县周坪监测洞平面结构与仙女山断层分布位置

(1)交通洞

位于进洞口段,洞向309°,洞长30.8m,洞壁围岩为下白垩统砂岩、粉砂岩和泥岩,岩层完整,为单斜构造,向NEE缓倾,倾角15°~16°。

(2)主洞

洞向253°,洞长142.2m,其西端处洞深173m。其东段自洞深30.8~90m的58.2m洞段,围岩条件与交通洞相同,岩层倾 NEE,倾角 15°～21°;洞深 90～111.5m 段,长 21.5m,洞壁围岩受仙女山断层逆冲牵引呈倒转状,倾 W—SWW,岩体裂隙发育乃至破碎。

在洞深 111.5～159.9m 为仙女山断层破碎带,洞段长度 47.5m。主断面于断带的东、西两侧呈双冲结构;在洞深 111.5～114.6m,揭露断带东侧主断面上、下两个错裂面,产状分别为 251°∠65°～246°∠62°和 266°∠55°～261°∠62°。由下二叠统灰岩逆冲于下白垩统砂岩之上,主断面所夹紫红色泥岩碎屑,灰色砂岩及煤层透镜体和包裹灰岩角砾组成的片状构造岩带,宽 1.9～3.0m;其间被分支断面错裂,夹有质地疏松至半胶结的碎屑岩带,宽 67～80cm;洞深 158.2～159.9m 揭露断带西侧主断面上、下两个错裂面,产状分别为 260°∠81°～247°∠77°和 260°∠72°～258°∠63°。由下志留统页岩、粉砂岩逆冲于下二叠统灰岩之上,断面所夹以中上泥盆统石英砂岩为主的巨大透镜块体和下石炭统残留片理化页岩和粉砂岩夹煤线,宽 0.1～2.0m。断带东西两侧的主断面,相距洞段长 42m。其间揭露被多个断面错裂的下二叠统透镜状碎裂灰岩夹断层角砾岩,破碎岩石沿裂隙已被方解石胶结,或充填砖红色铁泥质矿物。

主洞西段,从洞深 159.9～173m,洞长 13.1m,为断层上盘,揭露洞壁围岩为志留统页岩,粉砂岩地层,陡倾、岩体碎裂。

(3)东支洞

其洞口从主洞洞深 91m 处开洞,洞向 310°,支洞深 56.5m。自支洞口至洞深 33m,为下白垩统地层倒转的洞段。在洞深 33～40m 段,揭露仙女山断层东侧主断面上、下两个错裂面,产状分别为 251°∠65°～258°∠68°和 262°∠58°～245°∠62°,由下二叠统灰岩逆冲至下白垩统粉砂岩之上,断面所夹紫红色泥岩碎屑,灰色砂岩角砾及煤层透镜体包裹的片状构造岩带;洞深 40.2～56.5m 段为破碎带,其间揭露被断面错裂的下二叠统透镜状碎裂灰岩发育,局部夹断层角砾岩,破碎岩石沿裂隙已被方解石胶结。

(4)西支洞

洞口自主洞深 172m 开洞,洞向 128°,支洞深 53.0m。在洞深 18.0～20.7m 揭露仙女山断层西侧主断面上、下 2 个错裂面。产状分别为 256°∠64°～258°∠68°和 262°∠58°～245°∠62°。由下志留统页岩、粉砂岩逆冲于下二叠统灰岩之上。在洞深 22.2～53.0m 的尾段,揭露由下二叠统透镜状碎裂灰岩、局部夹断层角砾组成的破碎带,碎裂灰岩沿裂隙已被方解石胶结,或充填红褐色含铁泥质矿物。

为了监测该断层的活动,在主洞中正交仙女山断裂和在两支洞中斜交仙女山断裂 40°两个方向布置观测线,正交断层安装 SS-YD 型铟钢管收缩仪两套(SSY-2、SSY-3),其跨距分别为 43.83m 和 70.26m;DSQ 型水管倾斜仪一套(3 个探头);斜交东、西断裂面的东、西支洞各安装 SS-YD 型伸缩仪一套,分别为 SSY-4 和 SSY-1,跨距分别为 40.71m 和 44.20m。周坪定点连续观测站观测环境优越,干扰少,温度日变化小,一般不超过 0.01°。观测仪器从 1999 年 8 月 1 日开始运行,经过一段时间的试运行后,数据变化稳定。其中水管倾斜仪

DSQ-21、DSQ-31 和伸缩仪 SSY-1 及 SSY-4 能较好地反映潮汐变化,而 SSY-2、SSY-3 由于方向的关系,对潮汐反映不明显(图 7-4、图 7-5)。

三峡水库蓄水前的 1999 年 9 月 1 日至 2003 年 4 月 30 日,在三峡库区内(30.4°~31.6°N、109.5°~111.5°E)共发生 $M_L>3.5$ 地震 3 次,DSQ-21、DSQ-31、SSY-1、SSY-2、SSY-3、SSY-4 对其均有所反应。在 2001 年 12 月 13 日兴山 4.1 级地震发生前的几个小时,倾斜仪记录的潮汐变化也出现了畸变(图 7-4)。从现有资料来看,周坪洞体观测各项指标对三峡库区内发生的 3.5 级以上地震有较明显的反映。

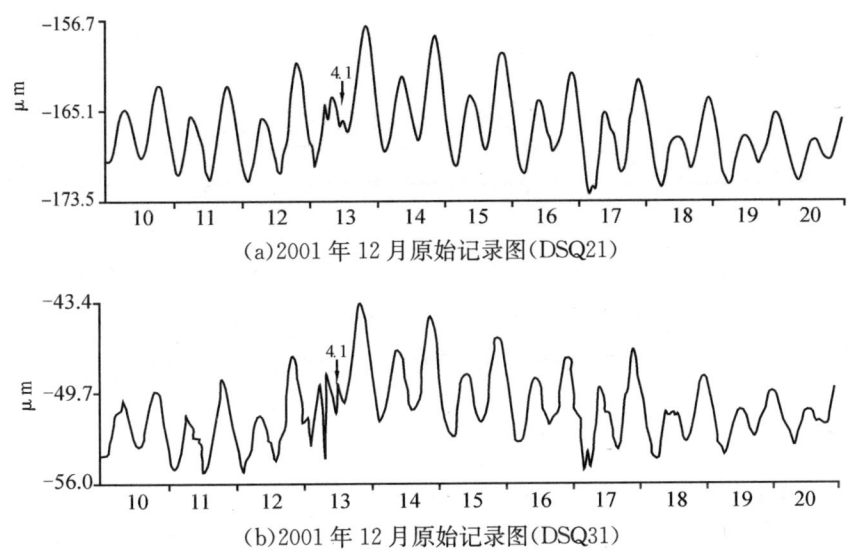

图 7-4 DSQ 型仪器记录的倾斜整点值图(据课题组成果)

2003 年 5 月 25 日三峡水库正式蓄水以后,仪器状态基本稳定,反映了蓄水后断层变化的基本趋势(图 7-5)。水管倾斜仪(DSQ-21、DSQ-31、DSQ-32)3 端头的长趋势变化至 2003 年 5 月下旬开始向东偏北方向抬升,6 月 10 日以后趋于平缓。高频变化成分于 5 月 25 日出现,至 6 月 10 日后也有所趋缓。跨断层的 DSQ-31 方向的长趋势与 DSQ-21 相同,也表现在 5 月 25 日后向东偏北方向抬升,变化幅度值为 2.0×10^{-5},但至 6 月 10 日以后开始向相反方向即 SWW 方向平缓变化,其高频变化成分也有与 DSQ-21 相对应的变化扰动。跨过断层的短边 DSQ-32 的变化趋势与 DSQ-31 方向更为接近,表现为在 5 月 25 日开始向 NEE 方向的急剧变化(应变为 8.8×10^{-5}),至 6 月 10 日以后,转向 SWW 变化,高频变化成分也有相应变化。上述变化反映了跨过仙女山断层的周坪台倾斜仪器观测到了与蓄水过程相对应的断层倾斜运动,这种变化表现为首先是随着蓄水的开始一致地向 NEE 方向抬升,当达到 139m 水位后,断层的北段出现下降变化,这种抬升—下降现象很有可能反映了库水载荷作用的变化和滞后现象。4 台伸缩仪在蓄水期间都出现相应的变化:与断层斜交的 SSY-1、SSY-4 在蓄水初期分别表现为拉伸—压缩的对称变化,而在 6 月 10 日以后,SSY-4 测线则由压缩转为拉伸。正交但未跨过断层的 SSY-2 其变化趋势与 SSY-1 较为一致,变化不显著。正交且跨过断层的 SSY-3 则从 5 月下旬蓄水过程开始,出现均匀压缩变化,至 6 月 23 日变化量达 45.5μm,应变为 $6.5×10^{-5}$。

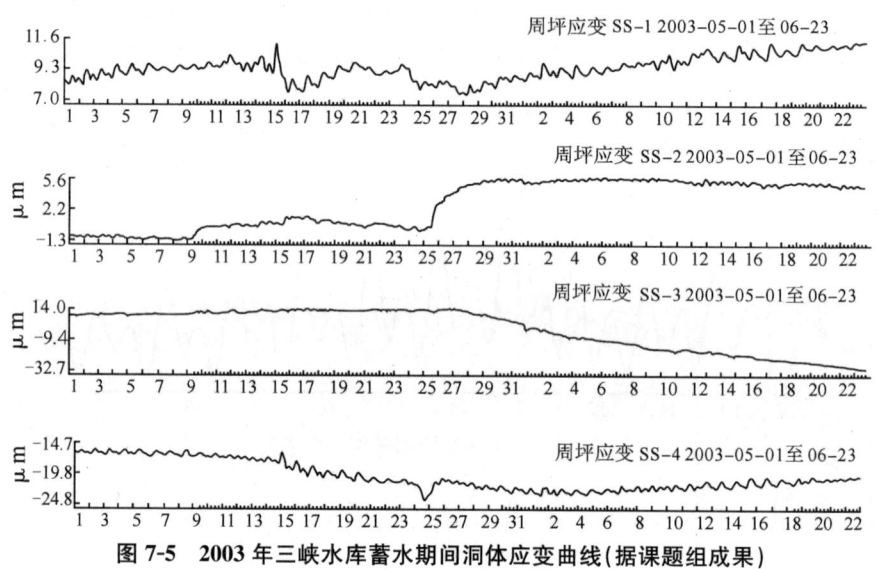

图 7-5　2003 年三峡水库蓄水期间洞体应变曲线(据课题组成果)

7.1.4　形变场

7.1.4.1　水平形变场

1998—2003 年 GPS 数据处理后的无基准解经 7 参数转换得到 ITRF2000 框架下的测站坐标和速度值,各测站 EW 向运动速率为 32.8~35.4mm/a(±0.50~±1.80mm/a),NS 向为 -12.2~14.3mm/a(±0.52~±1.83mm/a)。其平均值与朱文耀利用 3 年多的连续数据给出的武汉站水平运动速率(EW 向 33.6±0.3mm/a,NS 向 -12.8±0.2mm/a,ITRF2000 框架)相当。

GPS 测量反映三峡库首区相对于欧亚板块为东偏南约 111°方向运动,速率为 6~9mm/a。对测线间基线的统计结果表明,各 GPS 测站 5 年来相对于 BADN(巴东)固定站基线长度复测的变化为 0.02~6.42mm(±0.26~±1.44mm)。这一结果既包含了 5 年来 GPS 测站监测到的相对运动,也包含了蓄水造成的水平位移量。GPS 监测结果还显示,各测站与华南块体的水平相对运动为 0~3mm/a(±0.10~±2.00mm/a),表明三峡地区 GPS 测站间的水平相对运动微弱,蓄水造成的水平形变较小,这与华南块体的构造稳定性直接相关。

7.4.1.2　垂直形变场

水准和 GPS 监测均给出了三峡库区区域垂直形变结果。水准测量反映从 1998 年首期观测至 2003 年 10 月一期蓄水后的库区垂直位移沉降范围较大。GPS 的垂向误差一般是水平向的 2~3 倍,但 GPS 还是可以反映足够大(5mm 以上)的地壳垂直形变。蓄水前后三峡库区 GPS 测站高程变化监测结果表明,垂直向主要形变区域出现在坝址和香溪库段,其垂直沉降达到 21.9～34.5mm,近岸点的沉降值一般为 10～35mm,垂直形变表现为随距水库中心的距离增大而变小,这与前人数值模拟结果较为一致,在坝址附近的 TPXN(太平溪)和 YINX(银杏沱)等测站的数值模拟结果沉降约为 28mm,由 Bernese 软件处理获取的 GPS 实测结果为 17.8mm 和 21.9mm。GPS 观测的三峡地区地壳内部运动见图 7-6。

水准反映的垂直形变与 GPS 观测成果以及数值模拟结果具有明显的一致性但数值偏小,近岸区域沉降的最大幅度为 3～4cm。图 7-7 结合三峡精密水准测量和 GPS 观测,给出了三峡库区地壳垂直运动的图像。

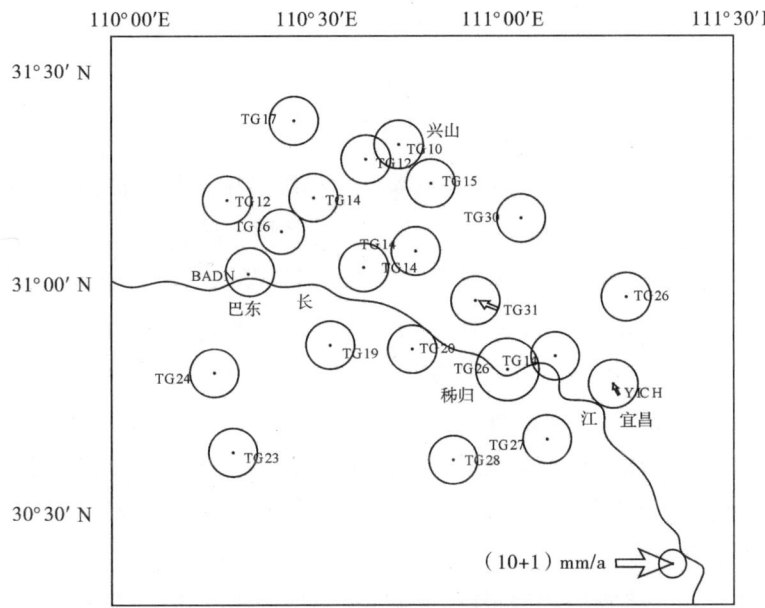

图 7-6 GPS 观测的三峡地区地壳内部运动(据课题组成果)

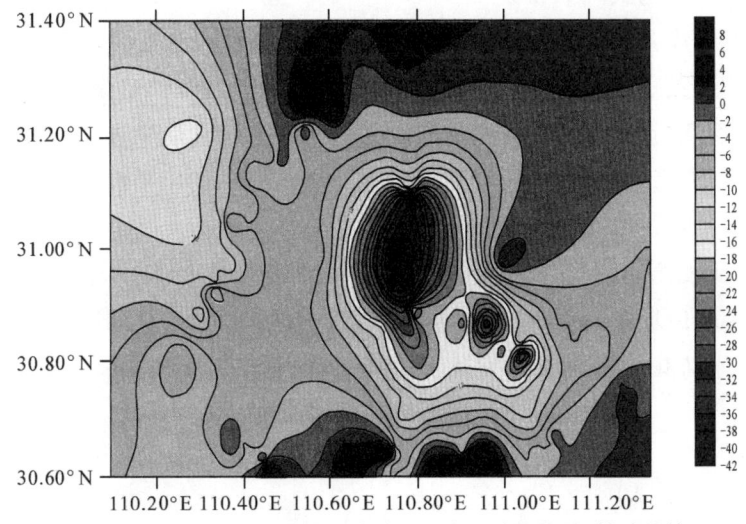

图 7-7 水准和 GPS 反映的三峡地区垂直运动图像(据杜瑞林等)

7.1.5 库首区重力场的变化

地表重力场及其时间变化是地壳内部物质密度变化及相关动力学变化过程的综合反映,其中包括地表荷载(如水)作用下的地壳动力学响应,重力场对水库蓄水位和荷载变化十分敏感,并对地下水渗透造成的地壳表层介质密度变化和地壳变形有一定的响应。因此,地表重力场及其时间变化可为水库诱发地震的研究和预测提供重要的物理依据。研究表明,随着水库蓄水位的逐步提高,库区及其周围的重力场将发生以下3个方面的变化:一是巨大的水体荷载、大坝重力荷载的直接重力变化效应;二是蓄水过程导致地下水位变化与地下水渗透引起的重力变化效应;三是水体荷载和地下水变化导致的地形变引起的重力变化效应。这些效应既有时间上的先后顺序又有相互作用的关系,都势必影响水库区域地壳变动和诱发地震过程。

7.1.5.1 三峡库首区的重力监测网

长江三峡库首区位于近NS向的我国东部重力梯级带中南部的低值异常带上,显示库首区地壳内部具备一定的物质密度变异和非均匀介质环境。坝址区重力测网由湖北省地震局始建于20世纪80年代,当时的主要目的是试图通过监测区域重力场随时间的变化,尤其是仙女山潜在地震危险区的重力变化,研究构造活动的规律及其与地震的关系。最初建立的地震重力监测网覆盖面积不大,主要由南北两侧的几条支线组成,共设观测点30个左右。

1998年对原三峡地震重力网进行了一次较大规模的改造。首先是将原测网向西扩展到巴东一带,实现了对兴山—巴东潜在地震危险区的监控;其次是把原测网中观测条件差、损坏较严重的测点进行了修缮和重新选埋;再者,引入了两个国家高等级重力网的测点和一部分与测区GPS观测点重合的重力点。组成测网的各条测线与库首区的垂直形变网线路重合,部分点位直接进入垂直形变网,这将有利于监测资料的综合利用和研究,改造后的测网由3个环4条支线构成。

为了监测到水库蓄水、荷载增加引起的重力场变化效应,在三峡水库蓄水前,以坝前库盆为中心建立了两条短剖面测线:一条测线横跨库盆,全长约20km,设点10个,靠近库盆附近点距较小,然后逐渐加大;另一条测线以大坝为中心沿库盆南岸布设,长约10km,设点5个,其中3个点与跨库盆测线重合。短剖面测线的部分点位选用了监测库盆沉降、库盆谷宽以及三峡井网的测点。

图7-8是三峡库首区全部重力监测网的点位分布及构造示意图。由图7-8可见,该网基本具备了监测三峡库坝区重力场变化,捕捉中等强度以上诱发地震的能力,可为区域地球物理环境的变化、水荷载作用、水库诱发地震预测及减灾研究提供较好的数据支持。

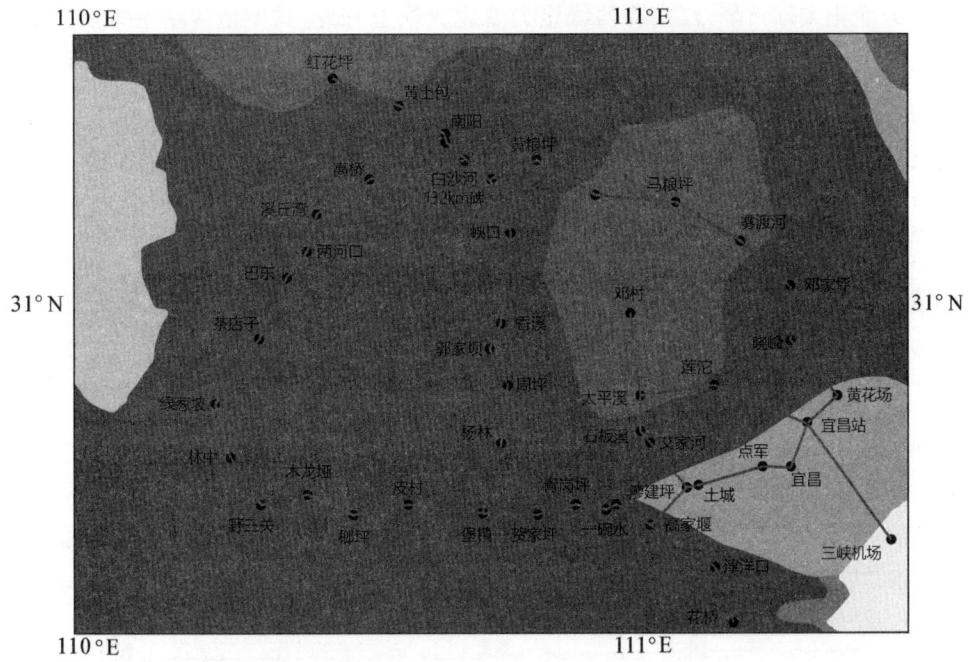

图 7-8 三峡库首区全部重力监测网的点位分布及构造示意图(据湖北省地震局)

7.1.5.2 重力测量及其资料处理

截至 2003 年 10 月,三峡重力监测网共进行了 20 次联测,其中由于三峡水库蓄水,2003 年对三峡库区重力网的全部测点共进行了 3 次复测(2003 年 4 月、7 月、10 月),3 个时段的重力场异常变化的过程,应能很好地反映库水加载、地下水渗流以及地形变等因素产生的间接重力效应和蓄水一定时间后的构造活动信息。

重力观测的精度约为 10×10^{-8} m/s^2,观测资料的处理较之以往更加细化,除了依旧选择相对稳定的黄陵背斜区作为重力点值的起算基准外,在将 1999 年前各期资料的联合平差结果作为网区重力变化基准时,剔除了其中重力场变化较大的几期资料和偶然误差较大的测点资料,使得所建立的基准更加合理、更加具有代表性。区域重力场变化图的制作则采用 kriging 法对不规则分布在测区范围的测点变化值进行网格化,然后用 7×7 阶的距离加权矩阵滤波,其中,将矩阵中心点的权设为 1,每离开中心点一个网格单位,权减小 0.25,图形边界则因其多属局部外推结果,不予考虑。经过滤波,较好地消除了偶然误差、地壳浅表和局部异常源的干扰,突出了地壳深部和区域异常源的贡献。此外,对重力变化在时空域上不具连续性和趋势性的测点资料,在资料处理过程中予以剔除,使区域重力场的变化图更真实地展示研究区重力场的变化过程。

7.1.5.3 监测成果分析

(1)蓄水前后区域重力变化

从三峡库首区重力场时空变化来看,2001 年 10 月至 2002 年 10 月,大致以长江为界,江北区域重力变化大幅下降,江南除西缘重力变化大幅上升外,其他地区基本维持原有特征;2002年10月至2003年4月,重力变化呈现东西下降、南升北降,显示蓄水前以低水平的正常背景为主。2003年4月至2003年7月,重力变化沿长江大幅上升,其中最大处位于老秭归镇附近,水荷载效应极为明显,2003年7—10月,重力场变化的上升区主要向北扩展,说明水渗透具有明显的南北不对称性,江北渗透大于南岸,江北的岩石具有较好的渗透效应。

(2)蓄水过程中的局部重力变化

图7-9为三峡水库蓄水前后坝区附近的局部重力场变化情况,主要由与蓄水过程同步进行的短剖面观测资料得到。该图展示的重力变化均以首次观测的资料为参考基准。由图7-9可见,蓄水过程中(即2003年6月11日前)重力增加的区域主要集中在库区附近,向南北两侧的扩展不大,表明库水荷载增加的直接重力效应比较明显,最大重力变化约$200 \times 10^{-8} m/s^2$,地下水渗透和地形变引起的间接重力效应存在,但相对要弱一些。而2003年6月10日蓄水到位后,重力增加的区域明显向两侧延伸,显示出间接重力效应的加强,其影响范围为离岸5km左右。

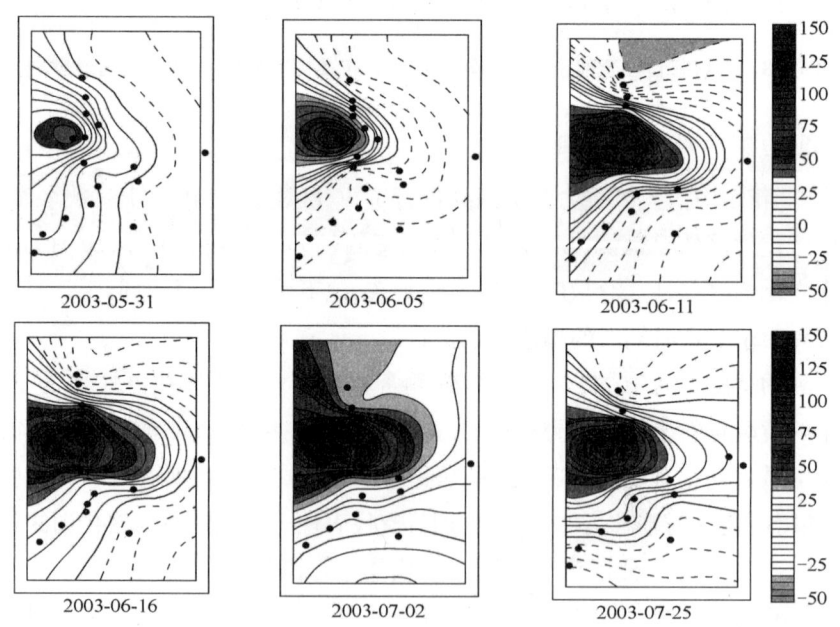

图7-9 三峡蓄水前后坝区附近的局部重力场变化情况(单位:$1 \times 10^{-8} m/s^2$)(据申重阳等)

图7-10较详细地展示了三峡水库蓄水前后库首区重力场相对变化的空间形态。其中,图7-10(a)是2003年4月相对于2002年10月的重力变化,基本代表蓄水前的库首区重力场变化特征;图7-10(b)是2003年7月相对于4月底的重力变化,可以认为该图主要揭示了库水荷载增加产生的重力效应,而最大重力变化区在香溪附近;图7-10(c)则反映的是蓄水至135m后的重力场变化特征,它是2003年10月相对于7月的重力变化,因此认为该图展示的重力变化形态基本上不含库水荷载的效应,但蓄水事件作为该图的背景是不容忽视的。

对比图 7-10(a) 和图 7-10(c) 就能够发现，两图在形态上有较大的差异，尤其是正异常区的位置，由蓄水前的网区中南一带转移到了蓄水后的网区北部一带。由以往的研究结果可知，三峡库首区重力场的时空变化主要来自地下物质密度的变化，而受地块升降的影响较小。因此，区域重力场的正异常应该反映地下物质正处于致密阶段，也就是说该地区地壳目前呈受力状态。

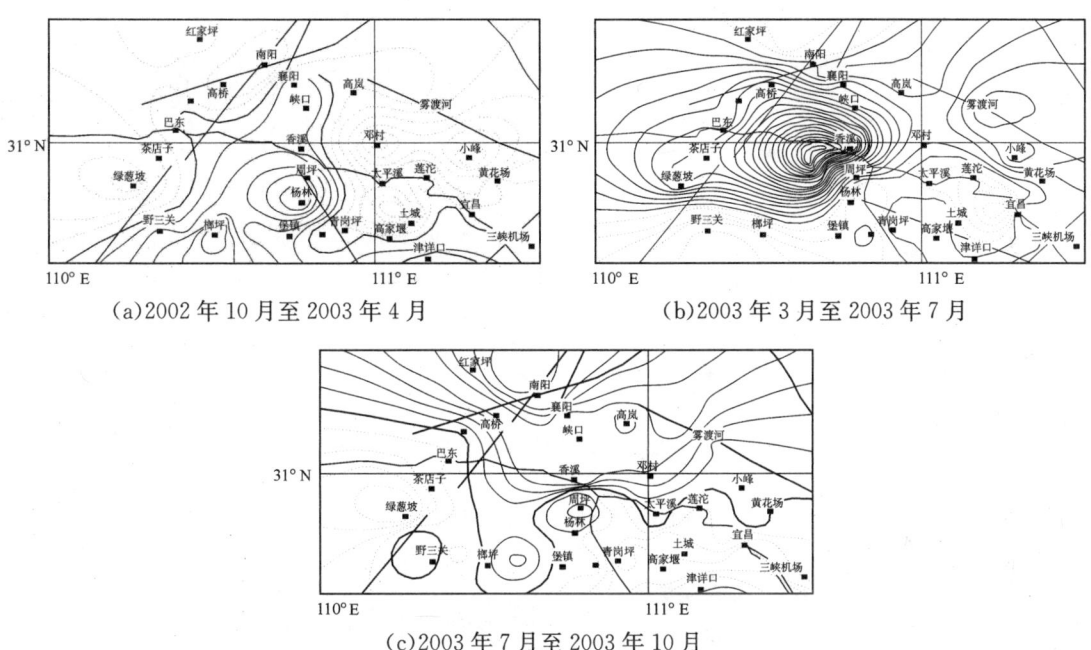

图 7-10　三峡库首区重力场的相对变化（$1\times10^{-8}\mathrm{m/s^2}$）（据申重阳等）

图 7-10 的变化结果表明，库首区重力场现阶段的作用效果呈现出复杂多变和逐渐加强的趋势，比如，异常变化上升区空间位置随时间由南往北的迁移、面积由小到大的扩张以及异常区走向由 NE—SW 向 EW 的转换等现象都说明了这一点。

7.2　三峡井网地下流体动态监测

7.2.1　三峡井网概述

长江三峡工程诱发地震地下水动态观测井网（以下简称"三峡井网"），是为监测水库诱发地震的地下水动态前兆而建设的，共由 8 个井台组成。井网布设见图 7-11，井网的观测项目包括水位、水温、土氡 3 大类 16 项地下流体前兆及降雨、气压、气温、库水位 4 类 10 个辅助测项。各井台的观测井及监测项目如表 7-2 所列。

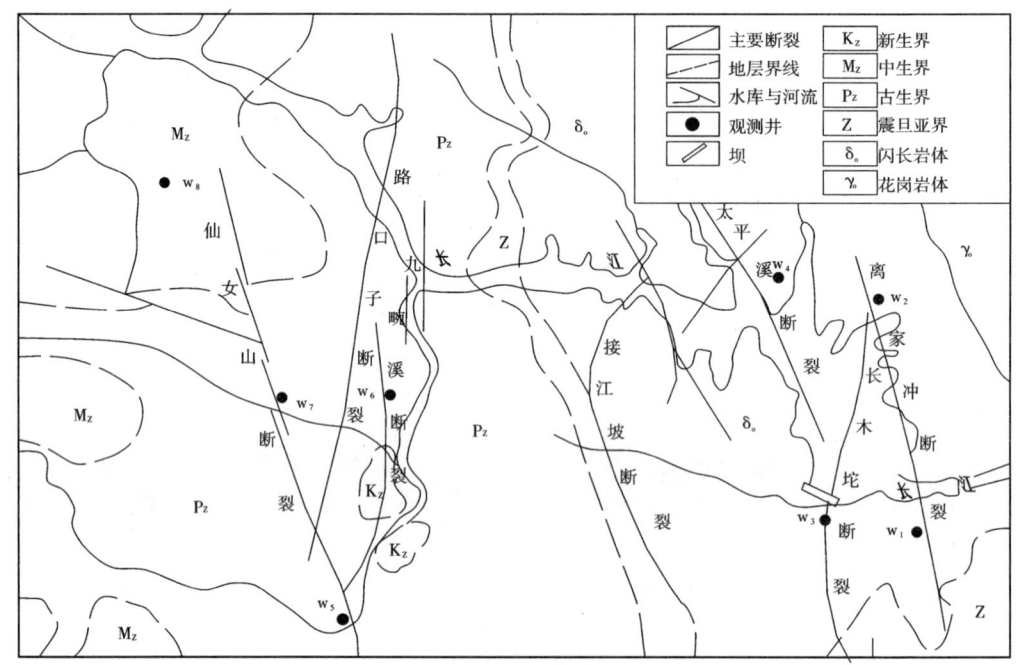

图 7-11 长江三峡地下流体观察井网井点分布图

表 7-2　三峡井网观测井及其监测项目一览表

编号	井台名	井深(m)	观测层类型	地下流体前兆主测项			影响因素辅助测项			
				水位	水温	土氡	降雨	气压	气温	库水位
W_1	高家溪	150.0	S_{02} 闪长岩裂隙承压水	●	●					
W_2	丁家坪	153.1	S_{02} 闪长岩裂隙承压水	●		●				
W_3	茅坪	200.5	S_{02} 闪长岩裂隙承压水	●	●	●	○	○	○	○
W_4	韩家湾	100.5	S_{02} 闪长岩裂隙承压水	●						
W_5	大河口	128.4	O_1 灰岩岩溶承压水	●	●					
W_6	屈家湾	150.0	S_{1-2} 砂岩裂隙承压水	●						
W_7	周坪	60.0	K_1 砂岩断裂带承压水	●		●				
W_8	郭家坝	200.3	J_1 砂岩裂隙承压水	●			○	○		

注：●表示地下流体前兆主测项，○表示影响因素辅助测项。

7.2.2　三峡井网的流体异常与地震活动

三峡井网及其外围地区（30°～32°N，110°～112°E），2001—2002 年没有发生 $M_L>4.0$ 级地震，但发生了 3 次 $M_L3.4$～4.0 级地震，震中距三峡井网各井台的距离为 30～120km。分析结果表明，对于 2001 年 10 月 11 日发生在秭归县两河口乡境内（震中为 30.95°N，110.43°E）的 $M_L3.6$ 级地震，三峡井网地下流体动态有明显异常反映，而且对 2001 年 12 月 13 日发生在秭归县香溪镇境内（震中为 31.10°N，110.78°E）的 $M_L4.0$ 级地震震前也有一定的异常反应。

在高桥两河口 $M_L3.6$ 地震前,有 3 口井(W_1,W_3,W_8)水位异常显著,另 4 口井(W_2, W_4,W_5,W_7)水位可能也有异常,但因数据不连续而无法确定;1 口井(W_1)水温有一定异常;1 个井台(W_7)土氡有明显异常。各项异常的基本特征列于表 7-3。所有的异常都是阶变型异常,而且都是在震前 6 小时同步出现的,因此异常的可信度较高。

表 7-3　　　　　　两河口 $M_L3.6$ 级地震前三峡井网的地下流体异常特征

井台号	W_1	W_2	W_3	W_4	W_5	W_6	W_7	W_8
井震距（km）	58	60	56	58	40	42	38	34
水位	阶升 35cm	阶升 35cm(?)	阶降 70cm	阶升 2.5cm(?)	阶升 3.0cm(?)	—	阶降 5cm(?)	阶升 30cm
水温	阶降 0.001℃	无异常	无异常	—	无异常	—	—	—
土氡	—	无异常	无异常	—	无异常	—	阶降 100Bq/L	—

注:(?)表示异常还不能准确确定,—表示无监测项目。

2001 年 12 月 13 日在秭归县香溪镇境内的 $M_L4.0$ 级地震前,三峡井网地下流体动态也有一定异常反应,特别是 W_8 井水位与 W_3 井水位异常较为明显,其震中距分别为 37km 与 30km,异常特征表现为震前 2~3 天水位与水温动态均由上升转为下降,与前一个地震前的异常特征不同。

由上可见,三峡井网不仅对地壳应力应变的响应能力强,而且对发生在其周边的中等地震的前兆有较强的监测能力。

7.2.3　水库蓄水前后地下流体动态变化

7.2.3.1　井水位的变化

图 7-12 为三峡井网各井水位 2003 年 1—11 月的日均值动态图。由图 7-12 可见,三峡水库蓄水前后井水位的变化可分为 3 类:有明显的异常变化、有一定的异常变化和无异常变化。其中,井水位有明显异常变化是 W_2 井,W_4 和 W_7 井有一定的异常变化,W_1、W_3 与 W_5、W_6、W_8 井水位无异常变化。

图 7-13 为 W_2(丁家坪)井 5—6 月水位整点值与邻近(W_3)井台气压整点值、日降雨量、库水位动态对比曲线。图中井水位缺 5 月 1 日至 6 月 8 日数据,虽无法更加精确地分析水库蓄水前后的井水位变化全过程,但水库蓄水之后井水位大幅度上升的事实是可以肯定的,上升的总幅度大于 3.70m。

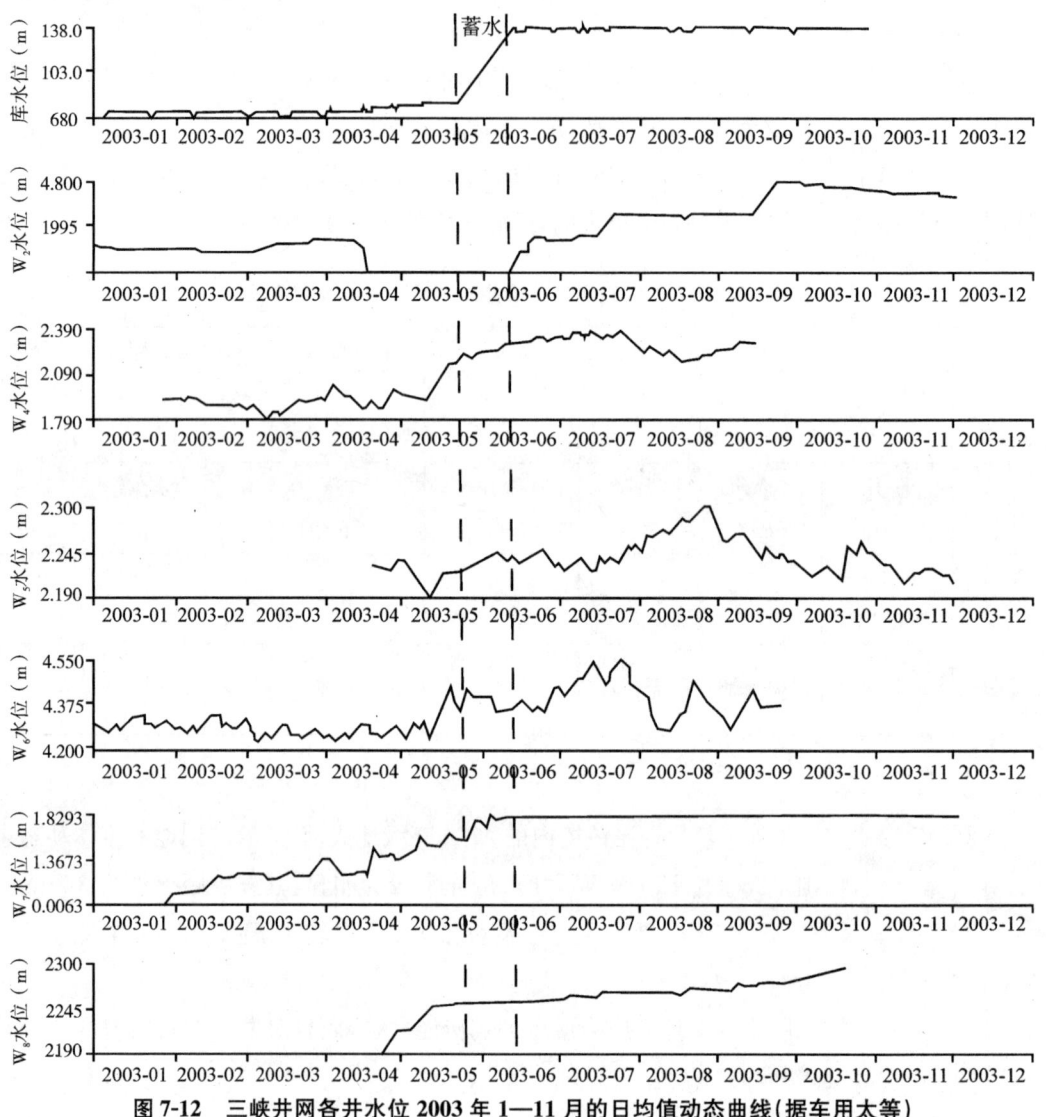

图7-12 三峡井网各井水位2003年1—11月的日均值动态曲线(据车用太等)

对于井水位上升的原因,由图7-13可见,首先不是井区降雨渗入补给引起的,因为水库蓄水前后当地降雨主要集中在5月上、中旬,总雨量为132mm(占5月雨量的75%),而5月26日至6月3日总降雨量不过20mm,6月4—9日晴天无雨;其次,也不是气压波动引起的,5月下旬至6月上旬气压起伏度小于10hPa,按其气压系数计算的水位变量不会超过57mm。因此,可排除降雨渗入补给与气压波动引起井水位大幅度上升的可能性,并确认上述井水位的大幅度上升是水库蓄水引起的。

图7-14为2003年5—6月W_4(韩家湾)、W_7(周坪)井水位与同期日降雨量、库水位动态对比图。由图7-14可见,W4井水位的变化早于库水位的变化,该井水位的变化主要与5月11—16日降雨(雨量达76mm)渗入补给有关,不是水库蓄水引起的;W_7井水位的变化,除

了降雨渗入补给的影响外,可能还有水库蓄水的影响,因为井水位的第三次突升时间与水库开始蓄水时间吻合,第四次突升是在无明显降雨渗入补给的情况下出现的,而且水库蓄水过程中井水位由井口冒顶外溢。

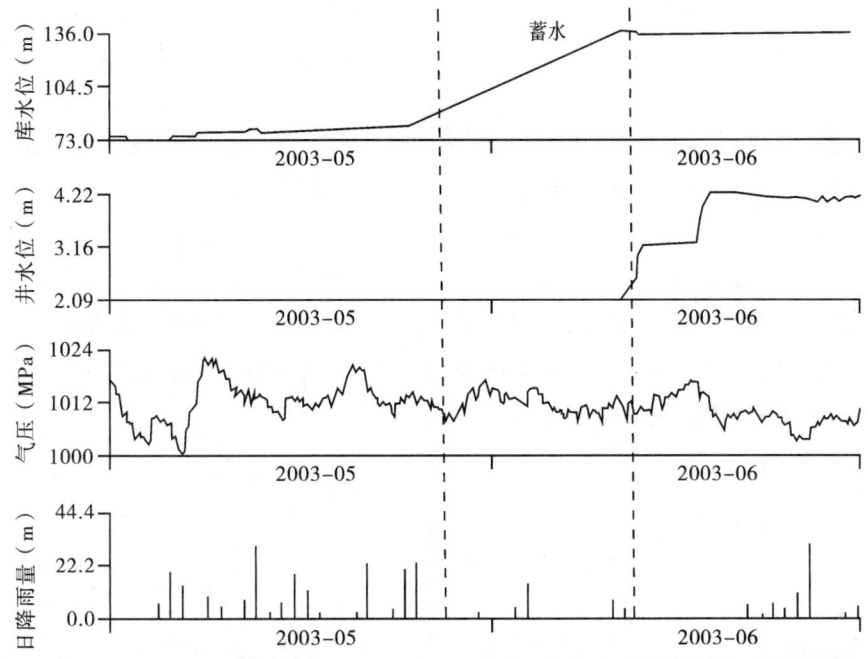

图 7-13　2003 年 5—6 月 W_2(丁家坪)井库水位与井水位、气压、日降雨量动态对比曲线(据车用太等)

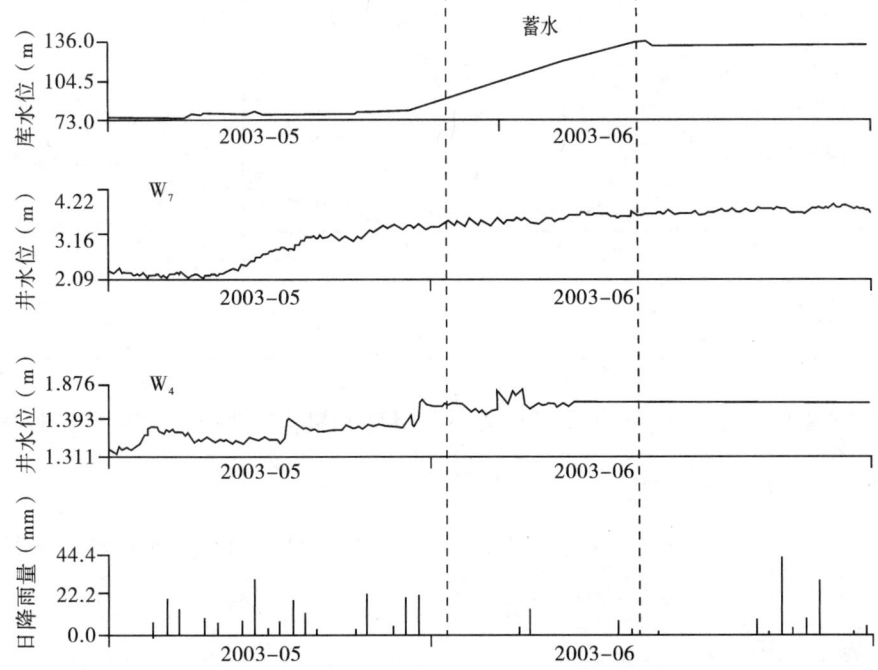

图 7-14　2003 年 5—6 月 W_4、W_7 井库水位与井水位、日降雨量动态对比图(据车用太等)

7.2.3.2 井水温度的变化

图 7-15 为 W_1、W_2、W_3 与 W_5 4 口井水温于 2003 年 5—6 月的日均值与同期库水位动态对比图。由图 7-15 可见,W_2 与 W_3 井水温在水库蓄水前后有一定变化。

水库蓄水之前 W_2 井水温在 19.427℃ 以下,但蓄水之后立即开始上升,5 月 30 日达到最高,升幅达 0.0205℃,然后在高值上起伏。由于 6 月 8 日之后观测仪器发生故障,缺少以后的数据。

W_3 井水温在水库蓄水前后的变化也较为明显。2003 年 6 月之后井水温明显高于以往任何时段,而且 6 月初有一次井水温的突升过程,然后随着库水位的上升而持续上升,到 6 月下旬基本稳定在高值附近,上升的总幅度达 0.1℃,远远大于正常的月变化幅度。因此,这种变化可认为与水库蓄水有关。此外,据 2001 年与 2002 年的年动态变化规律分析,每年的夏季井水温应处于下降阶段,但 2003 年夏季不仅不下降,而且大幅度上升,由此也可以进一步确认 W_3 井水温在水库蓄水之后有上升变化。然而,水库蓄水引起的该井水温开始变化的时间滞后水库开始蓄水后约 7 天。

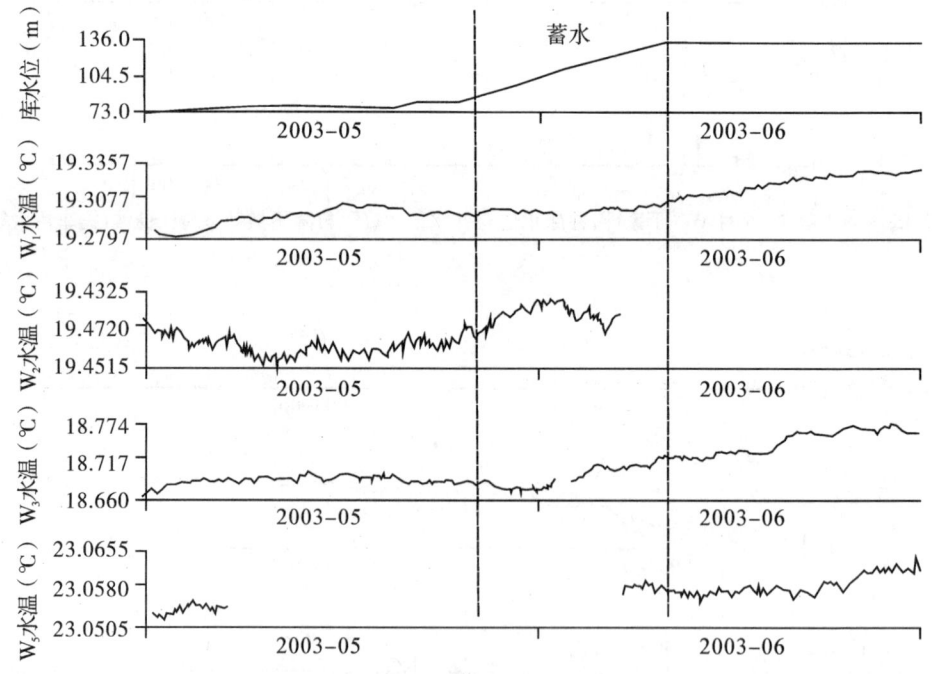

图 7-15　2003 年 5—6 月三峡井网 4 口井水温日均值与同期库水位动态对比图(据车用太等)

7.2.3.3 井台土氡的变化

W_2、W_3、W_5、W_7 4 个井台土氡于 2003 年 1—11 月的日均值与库水位动态对比结果表明,水库蓄水前后土氡动态没有明显的异常变化。

7.2.4　基本认识

尽管三峡井网 2003 年上半年运行状况欠佳,数据完整率偏低,数据有效性偏差,但从

2001—2002 年的地下流体日均值动态、2003 年 1—11 月的日均值动态、2003 年 5—6 月的整点值动态等 3 个不同层次的动态分析中均可以看到,三峡水库蓄水对多数井台多数监测项目动态的影响并不明显。这样的事实可能说明,水库蓄水对水库两岸岩体的力学状态产生的影响较小,引起岩体体积应变的量级多数小于 10^{-8} 的体应变;同时由于三峡井网对发生在井网外围约 50km 范围内的 $M_L3.6\sim4.0$ 地震曾有过一定的前兆异常反应,而目前多数井台多数监测项目无明显异常。因此可认为水库初期蓄水后近期诱发较大水库诱发地震的可能性较小。

另一方面,仍有部分井台的个别监测项目在水库蓄水前后出现一定的异常变化。其中,最为突出的是 W_2(丁家坪)井的水位变化,水库蓄水引起的井水位上升幅度大于 3.7m,十分显著;其次是 W_3(茅坪)与 W_2(丁家坪)井的水温变化,水温变化的幅度分别为 0.1℃ 与 0.02℃,异常也较显著;再次是 W_7(周坪)井水位的变化,水库蓄水前后的井水位变化中虽存在降雨渗入补给的干扰,但可能还包括一定的水库蓄水影响。

水库蓄水引起地下流体动态异常变化的条件较为复杂,可能与多种因素有关。如表 7-4 所列,首先是与井孔对地壳应力应变的响应灵敏度有关,变化明显的井的水位日潮差大,对地壳体应变响应灵敏度高,如 W_2、W_3、W_7 等;其次,与井台的位置、井台的库岸距等有关,位于库区之外或库岸距较大(大于 2km)的井,多元异常变化,如 W_1,W_5,W_6,W_8 等;另外,与观测含水层的埋深有关,比如 W_4 井虽库岸距很小,但含水层处在水库荷载作用面之上,还没有承受荷载作用,自然也不会有异常变化。然而,W_7 井的异常反应有些例外,水库荷载作用可能没有直接波及该井台,但其水位仍有一定的异常变化,是否是由于三峡水库蓄水而引发了仙女山断裂带的某种活动,应予以密切关注。

表 7-4　　　　　三峡井网各井台条件与蓄水引起异常的关系

井台号	W_1	W_2	W_3	W_4	W_5	W_6	W_7	W_8
异常反映	无	强	有	无	无	无	有	?
井水位日潮差(mm)	40	80	55	40	25	40	70	60
井台位置	坝下	库岸	坝下	库岸	库外	库外	库外	库外
井台库岸距(km)	2.4	1.0	1.5	0.5	12.0	4.0	6.0	2.0
井口海拔(m)	100	218	113	225	260	528	494	198
井底海拔(m)	−50	65	−87	125	132	378	434	−2
观测含水层顶、底板海拔(m)	25～37	102～132	17～28	153～156	132～147	411～455	?～434	14～74

注:库岸距数值在 1∶5 万地形图上读取,并经现场略加核对,精度不高,仅供参考。

7.3 监测主要结论与讨论

7.3.1 主要结论

①三峡水库于 2003 年 5 月 19 日开始下闸蓄水,到 6 月 10 日蓄水位已达海拔 135m,库首区的水位抬升约 70m,相当于对库底施加了 $7.0×10^5$Pa 的作用力。从利用地壳形变测量手段获得的三峡库区地壳形变的基本图像可以看出,垂直形变较为显著,水平形变很小,反映水库蓄水初期荷载作用明显。洞体定点形变监测显示库区主要断层的活动性在蓄水开始后具有明显加强的迹象,说明蓄水后即可能引发部分与库水有水力联系的敏感断层的活动。

②精密水准测量和 GPS 观测均反映三峡水库蓄水导致库区有一定范围的沉降,水准测量反映从 1998 年首期观测至 2003 年 10 月一期蓄水后的库区沉降范围较大;GPS 给出了 2003 年蓄水前后库区的垂直位移,形变的范围主要集中在水库近岸区域(一般不大于 20km),在大坝至巴东库段有 3 个明显的垂直形变集中区,即三峡大坝附近的库中心、香溪河至长江的交汇处、巴东库段。水准测量与 GPS 观测反映的垂直位移的量级基本一致,且与数值模拟的结果具有较明显的一致性,沉降的最大幅度为 3~4cm。

③水准监测、GPS 观测与重力监测结果有一定的对应性,重力测量反映的渗流场范围与 GPS 获取的形变显著范围基本一致;形变监测与重力测量均能反映库水渗流在库区南北两岸的不对称性。

④三峡井网 2003 年监测结果,虽然没有发现可能与库区及其外围地区中等以上地震活动有关的前兆异常,但还不能完全排除该区未来诱发地震活动的可能性,因为诱发地震孕育与发生的两个基本条件是震源体受水体的荷载作用引起应力强化与库水下渗和孔隙压力增强引起强度弱化,而库水下渗与强度弱化过程需要较长的时间。因此,虽然目前三峡库首区的诱发地震危险性并不明显,但在未来几年的时间尺度上仍是应关注的问题。

7.3.2 讨论

①虽然形变监测手段对蓄水引起的地壳变化已有反应,但这种反应短期内主要表现为上地壳的弹性形变,尚未发现显著的、具有前兆意义的变化,这一点也被蓄水后库区地震趋势证实。综合分析表明,长江两岸与库首区不同地段在水库蓄水后形变的差异变化反映了该段地质构造的特殊性和复杂性。总体来看,三峡大坝坝址所在区域的地质构造和地壳是稳定的。

②蓄水效应有一个滞后期,蓄水所引起的库区地壳形变和断层活动将在今后很长一段时期内存在,且逐渐向岩石圈深部转移,并有可能引起岩石圈的黏弹性动力响应,水库诱发地震是库水荷载作用、渗流作用和孔隙压扩散的综合效应,并且与地下水的蓄积有关。根据世界上一百多个水库诱发地震震例研究,水库诱发地震多发生在水库蓄水后 1~4 年,所以

在水库蓄水以后的一段时期内,应予以密切注意,加强监测。

③三峡井网各井台各监测项目地下流体动态对水库蓄水的响应差异很大。这种差异无疑与各井承受的水库荷载作用的不同和各自的地质、水文地质条件的差异等有关。然而,目前无论是水库荷载作用的分布及其强度的变化,还是井台各项地质与水文地质条件的资料,都是不全面与不精确的,满足不了深入、定量研究的需要,亟待补充。水库荷载作用和孔隙压力扩散作用及其与地震前兆异常的关系是地震界十分关注的理论与实践问题,三峡水库的蓄水与三峡井网地下流体动态的监测为深入研究该问题提供了很好的试验场。因此,应充分利用该试验场,进行更加广泛而深入的科学研究,扩展三峡井网的功能,为地震监测与预测科学的发展提供新的服务。

第8章 三峡水库蓄水后首发微震群成因机理分析

8.1 概述

　　三峡水库 2003 年 5 月 25 日开始蓄水,6 月 10 日蓄水至水库设计初期水位 135m,其库容达到 140 亿 m^3。从 6 月 7 日蓄水位至 125.4m 时记录到在巴东火焰石发生 $M_L2.1$ 级地震后,6 月 9 日出现第一次地震高峰,6 月 15—19 日为地震高峰时段,随后逐渐减弱。从可定位地震分布特征进行分析判断,蓄水初期这些地震明显集中于巴东县库段,特别是宝塔河—麂子岩煤矿区、东瀼口雷家坪、信陵镇火焰石、楠木园—巫山培石 4 个震区。截至 8 月 31 日,以上 4 个震区记录到的可定位地震占可定位地震总数的 72%。地震的发生与水库蓄水过程密切相关,蓄水初期频次突然增大,并在蓄水至 135m 水位稳定后又渐趋减弱。但 2003 年底至 2006 年初,又先后在巴东县官渡口镇的马鬃山地区(西与重庆巫山培石乡接壤)、秭归盆地西缘高桥断裂带沿线、三间—香溪一带等地诱发微小地震成群(带)展布,在分布地域上呈现出此起彼伏的特点。经过三峡水库蓄水前后各三年地震活动特点的对比分析,总体来看,上述地区在水库蓄水后所诱发的这些地震普遍具有较高 b 值(大于区域 b 值 0.6)、震源浅、烈度高、衰减快等特点,从三峡库区蓄水初期水库诱发地震的时空分布及库区地层、岩性、水文地质条件等的分布,地震事件与蓄水事件的关系,以及从对三峡水库水位变化与地震活动的频次、强度与库水位的相关性来看,三峡库区初期蓄水所诱发的地震是水库蓄水后环境条件改变和局部应力场调整而触发的地震,属"敏感响应"型水库诱发地震序列类型。由于各震群区在大的地质构造背景下局部地震地质条件存在较大的差异,在三峡水库蓄水初期,其诱发地震的成因比较复杂,归纳起来主要有两种基本类型。一种是区域应力与水体(加载或降低断层摩擦系数)共同作用于断裂,引起断裂活动的水库诱发地震,为内成成因断层破裂型水库诱发地震;另一种与构造活动无关,只是一种局部的浅表应力调整或重力与库水联合作用而诱发的水库诱发地震,称为外成成因的水库诱发地震。外成成因的水库诱发地震又分为碳酸盐岩类岩溶塌陷气爆型、矿坑塌陷型和边坡岩体卸荷松动型(或称为裂隙或层面错动型)三个亚类。对三峡水库初期蓄水期间发生水库诱发地震的几个主震区而言,一般在一个地区两种成因类型的水库诱发地震均存在,但往往以其中一种类型为主。

8.2 主要震群区的地震成因机理分析

8.2.1 宝塔河—麂子岩地震群

该地区在水库蓄水前无地震活动,但在蓄水初期诱发了密集小震群。截至2003年8月31日,共记录到微震23个,最大M_L1.5级,最小M_L-0.1级,震源深度0~5km,最大11.2km,以浅震为多数。震中集中分布在麂子岩煤矿采空区(震中14个),宝塔河煤矿区也分布有3个地震。

从地震地质条件看,该区构造上属于秭归向斜西端与官渡口向斜衔接段,向斜轴部走向近EW,岩层倾角较缓,轴部裂隙发育,分布有EW向小断层及近EW向劈理带。地层岩性上,下伏厚370m左右的T_2b^3紫红色泥岩夹砂岩,上部为T_j^1和J_t石英砂岩、粉砂质泥岩夹煤层煤线(为矿区主要开采煤层);T_2b^3层泥岩相对隔水层将上部煤矿区砂岩水文地质系统和下部T_2b^2泥灰岩夹灰岩弱岩溶水文地质系统相隔开来(图8-1)。

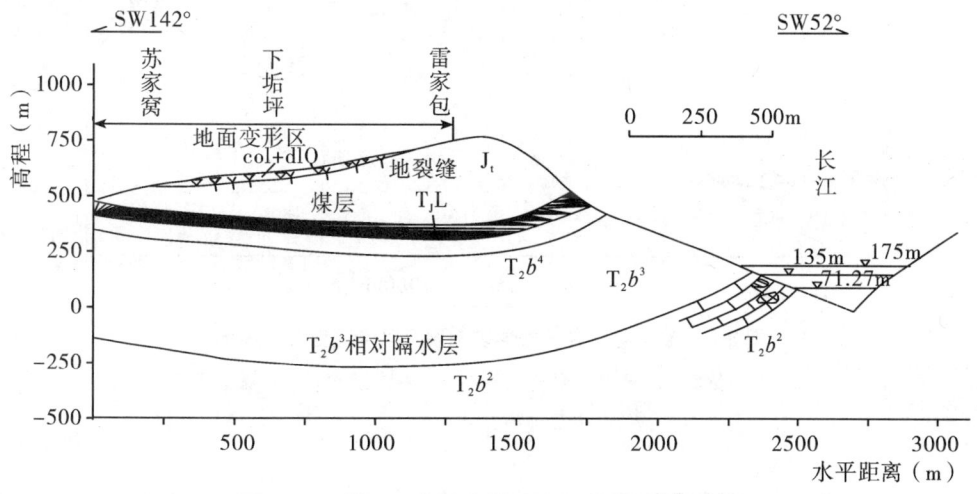

图8-1 宝塔河—麂子岩煤矿地区地质剖面示意图

麂子岩煤矿和宝塔河煤矿已开采近50年,采煤洞纵横交接,洞深已达2000m以上,两煤矿区的采洞已近相接(图8-2)。三峡水库蓄水前,矿洞变形已比较严重,蓄水后更激化了矿洞变形。2003年6月宝塔河煤洞坍陷堵了30余人,经4天抢救才脱险。采煤活动已经在地下形成较大的采空区。采空区上部地面产生地裂缝、陷坑,民宅墙、地面、灶台裂缝变形,造成地表水下渗等环境地质问题,麂子岩煤矿采空区更为严重,下垢坪村地表变形区已达3km²左右。

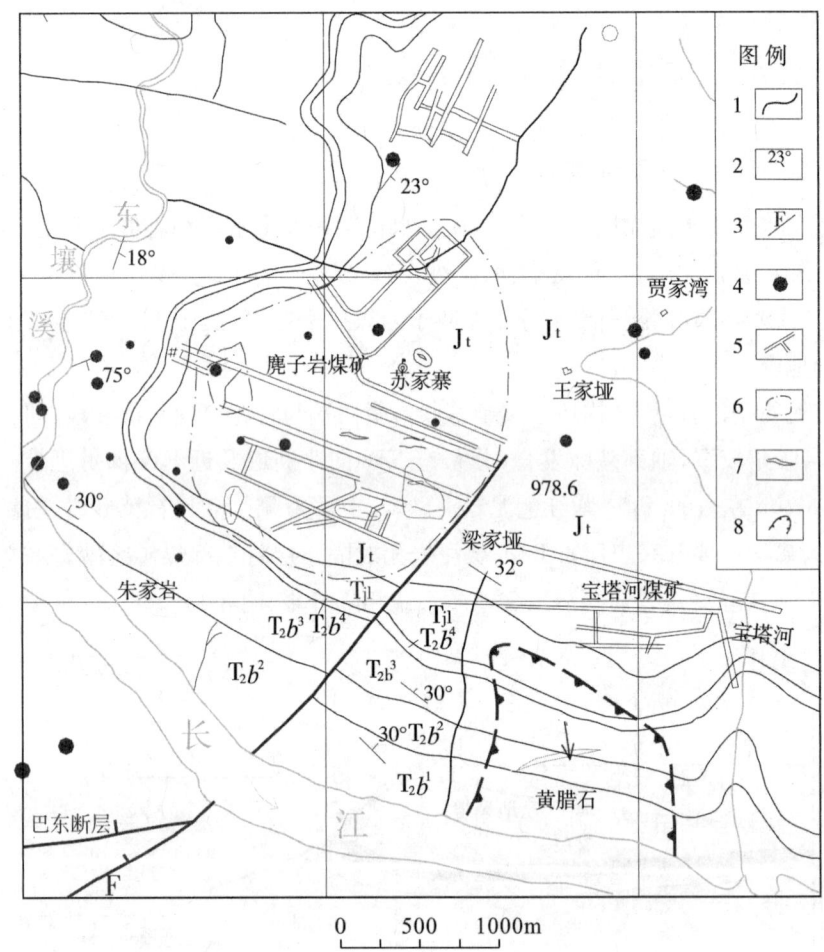

图 8-2 宝塔河—麂子岩煤矿地质及采空区变形分布图

1. 地层界线；2. 地层产状；3. 断层；4. 地震震中；5. 采煤巷道；
6. 采空变形区；7. 变形裂缝；8. 崩塌体

三峡水库蓄水后该区地震频率突然增高,形成微震群。因矿区处于与三峡水库库水不相连通的水文地质系统,与水库蓄水同步,地震频率显著增高,地震成因机理须从应力场激发角度讨论。如图 8-3 所示,当水库蓄水时,水头急剧抬高 60 余米,此时采矿区应力场产生变化。假定本区地应力基本平衡,以 P_0 表示,水库蓄水后增加水体压力 P_H 分解给山体的侧压力 σ_H 和剪应力 τ_H,库水从长江和东瀼溪两侧向矿区山体渗透形成渗透压力 P_w。由于库水与采矿区间分布有 370 余米厚的相对隔水层,渗透压力在矿区下部形成顶托力(约 6kg/cm²)。由于矿区存在较大的采空区,山体本身已处于不稳定或临界稳定状态,当水库蓄水时,又增加了对山体的激化应力,促使地壳表层局部应力场重新调整,导致变形、塌陷、岩爆(地应力释放),从而诱发地震。此外,震源机制解也证实,本震群属于正断层机制与外爆炸型机制,亦属于矿震型,地下采矿放炮也起到助推作用,同时加上 2003 年 5 月中旬和 7 月初的高降雨量(图 8-4),强降雨过程形成地表水下渗作用,使局部应力场和渗流场改变,从局部引起矿洞坍陷,使原本有规律的地应力周期发生改变,从而为诱发本地区的一系列微震提供了有利的外在条件。水的渗入会在很短时间内降低软弱面上的摩擦系数,加速错动的发生。这可能能较好地解释了降水对采矿区地震起到的一种加速作用,但总体而言,此类地震的发生还是要依赖于采矿的规模和局部应力状态的情况,三峡水库蓄水后,改变了本区原有的应力状态,多种因素作用导致了本区地震的发生。

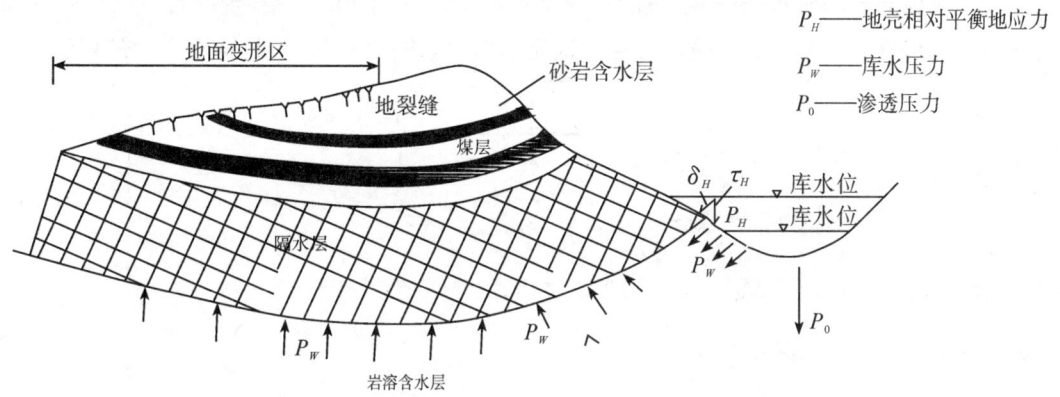

图 8-3　宝塔河—麂子岩煤矿震群区局部应力场调整分析图

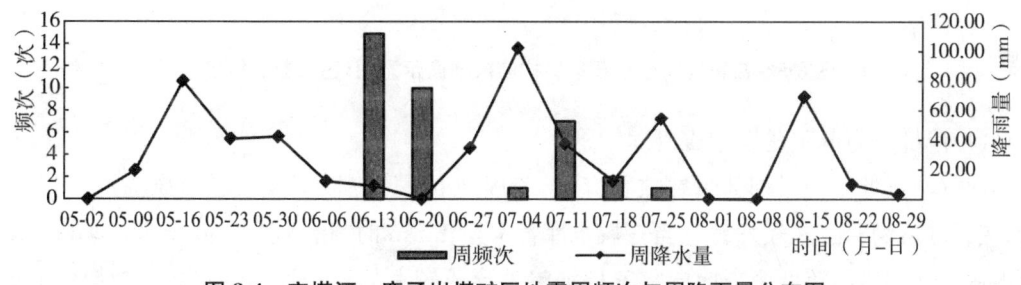

图 8-4　宝塔河—麂子岩煤矿区地震周频次与周降雨量分布图

另在下节雷家坪地震群分析中讨论的区域断层控震也包含和适用于本地震群的讨论,EW 向巴东断裂距该地震群近 3km,仍可控较大震级的地震。除巴东断层外,老巴东县城NE 向断层也延伸到该地震群区,尖灭于王家垭附近,延伸长 7km,倾向麂子岩煤矿采空区。该断层距地震群仅 1～2km,在长江两岸与三峡水库相通,也可起控震诱震作用。

8.2.2　雷家坪地震群

雷家坪在三峡水库蓄水前无地震活动,水库蓄水后诱发的密集地震群主要分布在东瀼溪溪口两岸和雷家坪一带。截至 2003 年 8 月 31 日,共记录有 35 个微震,最大震级 $M_L1.7$ 级,一般 0.3～0.8 级,震源深度规律性不强,0.2km 至数千米均有分布。经实地调查,当地无震感,地面及建筑物无变形和破坏现象。

该区在地质构造上处于官渡口向斜轴部,地层较平缓,向斜轴部纵张裂隙发育,断层分布较少。从地层岩性看,上部为巴东组 T_2b^3 以泥岩为主夹粉砂岩和砂岩,可见厚度 200 余米,岩石较软弱且分布有相对软弱夹层,下部为 T_2b^2 以泥灰岩为主夹灰岩,有较多层间挤压夹层;在 T_2b^2 的灰岩夹层中溶洞、溶孔(穴)较发育,附近有著名的洞子沟大溶洞(高程 250m 左右)和发育深度较大的月亮洞(高程 135m 左右);长江左岸东瀼溪出口段一带分布两个较大滑坡,雷家坪中学南东 300m 临长江和东瀼溪交汇口 200m 高程以下发育一小型滑坡,雷家坪新镇上游侧长江岸坡分布较大的崩坡积体(目前已治理加固),上述滑坡和崩坡积体下部已淹没在 135m 库水位以下。

关于地震的成因机理,从所掌握的资料来看很难得到确切的答案,现综合该区所处地质条件进行初步分析。图 8-5 为横切长江的地质剖面,从该剖面可以进行两个方面的讨论。

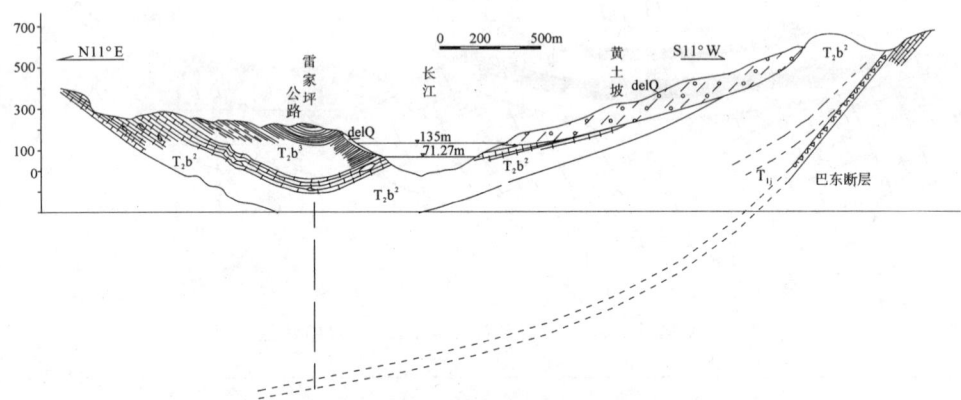

图 8-5 雷家坪—巴东新县城构造横剖面示意图(巴东断裂控震)

(1)浅部应力调整诱发地震机理

地震群正处于向斜轴部张裂隙发育,雷家坪 200m 深度以下及长江河床为泥灰岩夹灰岩,灰岩层溶洞、孔、穴较发育。当三峡水库蓄水至 135m 时,抬高水头 60 余米,60m 的水柱压力从长江和东瀼溪两个方向向雷家坪强渗透形成较大的渗透压力,库水通过结构面向岩体内部渗透,增大了孔隙水压力,从而降低了结构面的法向应力,引起结构面剪切强度下降。

通常,在无水情况下,岩体的抗剪强度为:

$$\tau = \sigma \tan\varphi + C$$

当裂面被压力为 P 的水充填时:

$$\tau = (\sigma - P)\tan\varphi + C$$

式中:τ——裂面抗剪强度;

σ——法向应力;

P——孔隙水压力;

$\tan\varphi$、C——裂面内摩擦角和凝聚力。

只要断层、裂隙是含水的,就会产生孔隙水压力,水头越高,P 值越大,则 τ 值越小。当构造应力积累超过裂面抗剪强度时,就可能诱发地震。

雷家坪地带上覆 T_2b^3 近 200 余米厚的相对隔水泥岩,高渗压水通过 T_2b^2 泥灰岩裂隙溶孔洞穴形成向上的顶托压力(约 6kg/cm²)和渗透破坏作用,此时 T_2b^2 和 T_2b^3 层中很多的软弱夹层和挤压带可能产生软化和泥化,由于雷家坪向斜轴部地层临江反挠,内部软弱面无临空位移的空间条件,聚积的能量形成浅表应力调整型微震。其中东瀼溪左岸的两个滑坡连成一片,下部被库水淹没部分失稳也可能是形成 6 个微震的因素之一。雷家坪沿江的小滑坡和崩坡积体已进行处理,实地调查未见变形迹象。

(2)断层控震的机理探讨

震群区周围有 3 条较大断层,巴东断层分布长江以南、走向 EW、倾向震群区、距离 3km、倾角 55°~75°,断层为散状导水型断层;高桥断层走向 NE、倾向震群区、倾向 50°~70°、距离震群区 8km,是较弱的活动断层,亦为散状导水型断层。库水通过断裂带向岩体内部渗透,增大孔隙水压力、降低结构面的法向应力、使结构面抗剪强度下降从而诱发地震的机理,与地壳浅部应力调整诱发地震机理是一致的。

高桥断裂还可能是 1979 年 5 月 22 日秭归龙会观 M_S5.1 级地震的发震构造,又曾于 2000 年 6 月 19 日在断裂带的兴山茅草坝发生过 M_L3.6 级地震。三峡水库蓄水后,在断层带附近又发生了密集微震。马鹿池断层位于长江以南、走向 EW、倾向北、距震群区 7km,由于该断层距震群区较远,难于控震。其中唯有巴东断层距震群区最近,且巴东断层在官渡口镇(老镇)两岸和东端老巴东县城长江边三处与三峡水库水相通。以断层 50°~60°的倾角计算,断层在雷家坪下部的埋深 3.5~5.5km。从几何机理分析,近半数与雷家坪地震群震源深度大致相吻合。另外,该震群区有 14 个 M_L 大于 1.0 级的地震均无震感,说明震源深度较大,用断层控震来解释该地区地震成因也是一种可能,同时也能较好地解释雷家坪附近水库中及右岸的 15 个微震的成因。

从地震震源机制解来看,地震断层为近 EW 向正断层机制,可能说明为 EW 向巴东断裂近期继承性张性活动所致。

高桥断层虽是弱的活动断层,但由于其距震群较远,从几何角度分析,震源深度需达到 14km 左右,雷家坪地区微震群难以与其挂钩。

此外,库水沿 T_2b^2 弱岩溶化灰岩下渗,岩溶型地震也不能完全排除。现场通过收集抗滑桩和采石放炮记录,其施工时间与地震发生时间没有相关性,可以排除地震是由施工放炮引起的这种可能。

据以上分析雷家坪地区地震主要应属浅表应力调整边坡岩体卸荷松动型地震,但断层的控震作用仍不能完全排除。

8.2.3 火焰石地震群

火焰石地震群地质背景处于 EW 向楠木园背斜东倾伏端,背斜为不对称并稍向南倒转。背斜轴部分布有走向近 EW、倾向北的天子崖断层东尖灭段。地层岩性主要为上古生界二叠系灰岩夹页岩和煤系,周围为中生界下三叠系大冶灰岩(T_1d),在倾伏背斜上部的上坪沱地段分布有残坡积层,东侧形成陡崖,陡崖下为火焰石大型古崩塌体。灰岩中岩溶较发育,在陡崖上有较大的四方洞及一些小的溶洞,下部部分溶洞(穴)也淹没于135m库水位以下。

该地区主要环境地质问题为上二叠系龙潭组煤层的开采在上坪沱下部形成较大的采空区。煤层开采有近60年的历史,20世纪90年代因储量已很少且采洞不安全,经济效益也差,停止开采。采煤洞从火焰石陡崖下背斜两翼同一煤层进洞,在不同高程分布9个煤洞(北翼5个洞,南翼4个洞)(图8-6)。采洞顺背斜倾伏方向弧形开采,洞深均在1000m以上,背斜两翼的开采洞已近接头部位。据当地知情村民介绍,该地区地下已挖空。

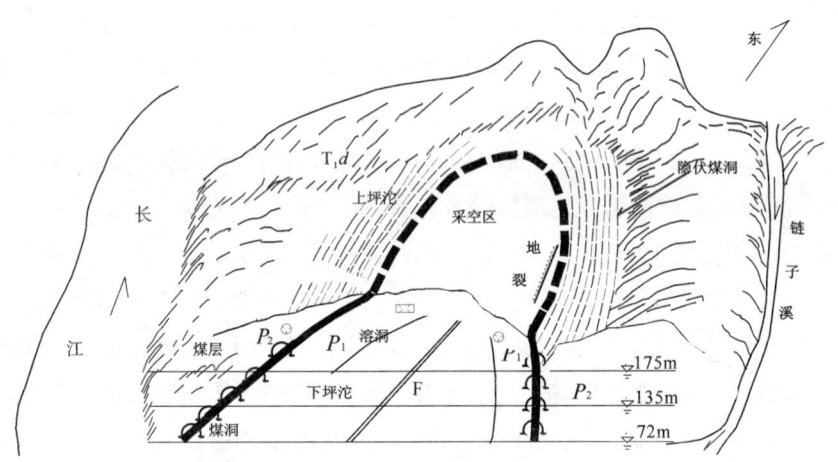

图8-6 巴东火焰石村煤矿采空区示意图

火焰石地区在三峡水库蓄水前无地震记录,水库蓄水初期诱发密集地震,该震群由15个地震组成,其中9个地震震中分布在上坪沱采空区,其余6个分布在火焰石以东的龙头岩三叠系(T_1d、T_1j)岩溶发育地段。最大震级M_L2.1级,次为1.3级,小者为0.4级,据分析,震源深1.2~5.0km,但震感很明显,0.4级地震有感,地震时半夜震醒居民跑出户外,房内挂物摆动,碗柜作响,一户居民出现土石墙裂缝、屋檐掉瓦等现象,地震烈度约为Ⅳ度。

上坪沱地震群(9个地震)地震的成因,主要系三峡水库蓄水诱发采煤采空区塌陷形成,岩溶洞穴发育和背斜轴部裂隙发育引起的地表局部变形调整起着次要作用。从图8-6可以看出,9个采煤洞从不同高程向煤层倾伏端开采,洞径2m左右,并开挖许多支洞,经过近60年的开采,地下基本上采空,形成较大范围的采空区,开采中常有塌洞现象,现有废洞已基本塌落封堵,只能进入10余米。水库135m库水位已淹没下部采煤洞,库水水头抬升约60m,从煤洞、溶洞、断层、裂隙强渗入上坪沱下部采空区并软化洞内残留矿柱和塌洞松散堆积物,在渗透压力强力作用下造成采空区的连锁塌滑而形成诱发地震。地震震源机制解属走滑正断层机制,近EW向节面即为煤层采空面。0.4级地震有感说明震源很浅,一般只有数百米,与采空区的深度基本一致。

火焰石上坪沱以东龙头岩的6个微震集中带分布在岩溶较强发育的T_1d、T_1j灰岩地区,为楠木园背斜的东倾伏端,岩石裂隙发育,岩溶较强发育,溶洞、暗河、天坑、溶水洞分布较多,故其地震的发生与楠木园地区类比应属岩溶塌陷气爆诱发地震。

8.2.4 楠木园—培石震群区

该区依据地震发生的先后顺序明显可以分为楠木园和培石两个亚区。

8.2.4.1 楠木园亚区

楠木园亚区在三峡水库蓄水前未记录到地震活动，但自三峡水库 2003 年 5 月蓄水至 8 月 31 日，共记录到可定位的微震 35 个，长江左岸较集中的有 10 个，右岸在楠木园上游 3km 至太子河(小溪河)一带较集中的微震有 13 个，震中的分布在岩溶强烈发育的中生界三叠系嘉陵江灰岩(T_1j)层中(图 6-5)，震源深度较浅。本区地质构造环境属近 EW 向的楠木园背斜北翼，断层较少，仅在长江南岸 4～5km 分布有较大的区域性断层。据现场调查，当地无震感亦无地面变形和建筑破坏迹象。震中分布区地层溶蚀作用强烈，溶洞、暗河分层发育，在江岸陡壁上直观有千疮百孔之貌。较著名的溶洞右岸有龙洞子、马蛇滩洞群、牛鼻子洞、钱家洞群，北岸有大岩洞、四方洞、羊圈洞、洋茄子洞、城门洞、黑洞子洞、穿心洞、大沱洞等。详细的岩溶调查表明，本区溶洞在高程 200m 以下主要大致可分 4 层：50～60m 层、100～120m 层、150～160m 层、200m 左右层。楠木园震群区长江两岸下部一、二层溶洞已淹没于 135m 库水位以下，如长江北岸的四方洞、羊圈洞、牛鼻子洞、城门洞、黑洞子洞，右岸的马蛇滩洞群、南牛鼻子洞、太子河洞群等。微震震中多分布在溶洞附近如右岸的马蛇滩洞群(已被库水淹没)周围，分布有 4 个微震震中，太子河洞群附近也分布有 4 个微震震中。另在长江和支流太子河之间的分水地带分布 4 个微震震中，该分水岭地带仍是岩溶强烈发育的石灰岩，发育有较多半封闭式天坑和落水洞(多被封堵)，保存较好的有陈家湾落水洞和肖家坪落水洞。在水库水从三侧向分水岭地带强渗引起地下渗流场和局部应力场改变可能沿地下岩溶通道产生坍陷。三峡水库蓄水在该库段水位急剧抬高 60 余米，60m 的水柱压力和库水向岩溶通道强力渗透形成的渗透压力，加上 6 月 20 日至 7 月 22 日强降雨过程形成地表水下渗作用(图 8-7)，使局部应力场和渗流场改变，局部引起岩溶坍陷、气爆、水锤作用从而诱发一系列微震。本区的地震以岩溶塌陷型为主。

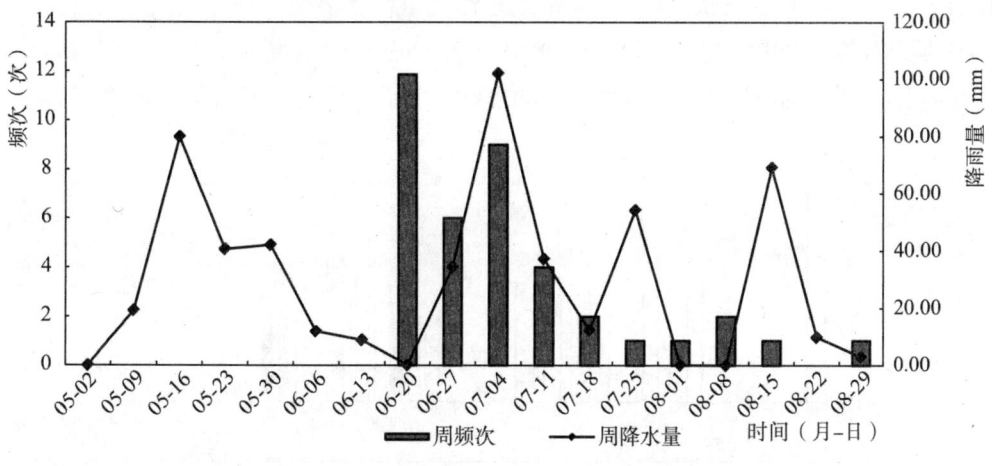

图 8-7 楠木园震群区地震周频率与周降雨量分布图

前人的研究也表明,在岩溶区强降雨和洪水直接冲刷裂隙,连通溶洞,可造成大面积的岩溶崩陷和错动,常伴有宏观地表迹象。震源机制解地震断层面无明显优势方位,也说明该地区地震为非构造成因。

须讨论的问题是南岸的天子崖断层是否控震,该断层倾向北、倾角40°~59°,距震群震中距离5km左右。断层在火焰石以西被NW向断层错断,以西地段分布高程远在库水位以上,故断层无充水条件,且断层无最新活动迹象。经分析,初步认为微弱的地震活动难以与该断裂构造挂钩。但从地震地质剖面结构分析,微震群震源深度为5~10km,断层在震中区下部的深度与之接近。由于地震震源定位精度的误差,目前很难准确确定震源位置与断层位置的关系,库水的渗透压力是否通过深循环影响断裂的应力场变化需作进一步的观察和研究。

另外,在太子河以西的巫山县境内的岩溶发育库段也记录有23个微震,最大M_L1.7级、1.6级3个、1.0~1.3级4个,其余为M_L<1.0级。这些微震除爆破引起的振动外,亦应属于岩溶塌陷气爆型诱发地震。

8.2.4.2 马鬃山亚区

(1) 地震基本特征

马鬃山村属湖北省巴东县官渡口镇所辖,北邻长江,西与重庆市巫山县培石乡接壤。三峡水库蓄水前,该地区地震少见,水库蓄水初期,也没有地震记录,但在蓄水后约半年后的2003年12月19日,培石附近发生一次M_L2.5级地震,自2004年1月12日至3月5日共记录到有感地振动和地下响声140多次。2004年3月7日18时使用应急流动台监测设备JC-V104型短周期地震计进行现场观测,18时30分左右开始记录到连续波形。截止到2004年4月6日8时,除去非振动干扰波形共记录到有效振动事件129起,通过对波形进行的整理,初步判定出其振动成因可分为天然构造地震(以下简称"地震")和非构造地震(以下简称"地振动"或"非震")两类,并且发现这些振动事件的震中距基本集中在20km以内。其中震中距观测点5km以内的占58%,距10km、20km分别为32%和10%。马鬃山附近地振动有如下特点:震中距0~1km和0~5km的近距离事件主要位于观测点的东北部或呈NE向分布;振动强度呈间歇性起伏(图8-8)。振动频繁,日均1.3次,最多可达7次/日(图8-9);距观测点越近,震级小的地振动次数越多,在震中距0~3km范围内仅有一次地震(表8-1)。

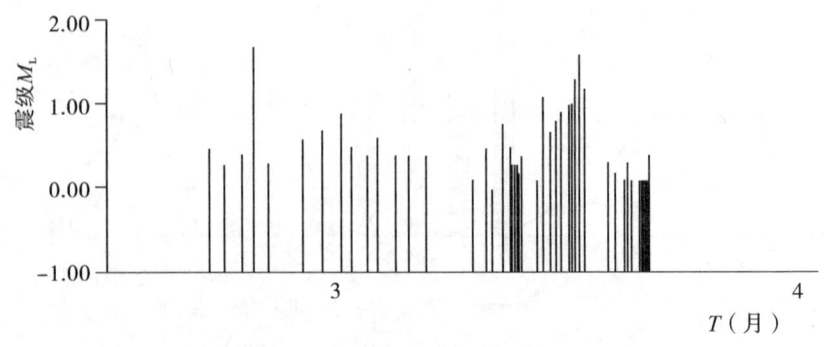

图8-8 2004年马鬃山振动(Δ=0~3km)M-T图

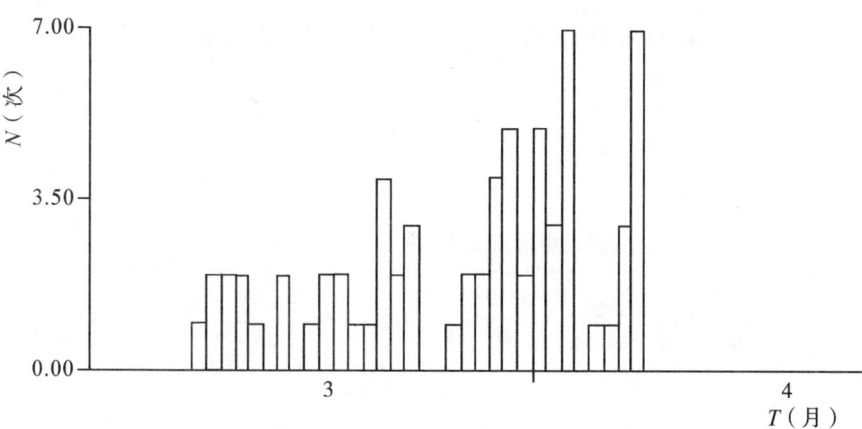

图8-9　2004年马鬃山振动($\Delta=0\sim3km$)频次图

表8-1　马鬃山现场观测地振动简目(2004年3月7日至2004年4月6日)

震中距(km)	振动次数	分布方位(次)	震级范围 M_L	地震次数	非震次数
15~22.5	15	EN(2)ES(2) WS(7)WN(4)	$0.2 \geqslant M_L \geqslant 2.2$	14	1
10~15	12	EN(3)ES(2) WS(1)WN(5)	$-0.2 \geqslant M_L \geqslant 1.9$	5	7
9	28	EN(1)ES(9) WS(5)WN(13)	$-0.2 \geqslant M_L \geqslant 1.9$	15	13
5	12	EN(2)ES(0) WS(8)WN(2)	$-0.3 \geqslant M_L \geqslant 0.5$	2	10
3	12	EN(3)ES(1) WS(8)WN(2)	$-0.2 \geqslant M_L \geqslant 1.2$	0	12
0~1	39	EN(29)ES(9) WS(2)WN(2)	$-0.2 \geqslant M_L \geqslant 1.7$	1	38
0~25.5	129	EN(37)ES(25) WS(26)WN(29)	$-0.3 \geqslant M_L \geqslant 2.2$	37	92

(2)振动波形特点

天然地震是在构造应力作用下应变积累超过岩石弹性极限强度导致破裂、错动发生,具有如下特征:振动延续时间一般为几秒到几十秒;震中距小于40km的地震,PG、SG清晰可辨;PG有的方位向上(介质压缩)、有的方位向下(介质拉伸)。非构造地震,诸如爆破、塌陷等引起的振动由于震(振)源体积小、深度浅和作用时间短,通常表现为波形不规则,而且周期较大、振幅较宽、震源位置较固定。在马鬃山及邻近地区记录的100多起事件中,其相关参数和波形显示出多样性特点。按上述鉴别依据,有少部分震中距较大的振动属天然构造地震,而绝大部分发生在马鬃山0~5km范围内的事件则基本上是非构造地震。

表8-2列出了各震中距范围内最大震级事件参数比较。与天然地震相比,非构造地震(地振动)具有:振动记录中有90%的P波初动向上;衰减快,振动持续时间短,一般不超过4s。

表8-2　　　　　　　　各震中距范围内最大震级参数比较

日期 (年-月-日)	时间 (时-分-秒)	P波 初动	PG周期 (s)	SG周期 (s)	震中距 (km)	震级 M_L	持续 时间(s)	成因 类型
2003-12-19	20-30-50.9	向上	0.07	0.05	17.5	2.5	12	地震
2004-03-09	23-10-05.3	向下	0.04	0.07	20.5	1.1	18	地震
2003-03-12	19-06-40.4	向下	0.04	0.07	9	1.9	4	非震
2004-03-23	21-59-59.6	向上	0.02	0.06	5	0.5	13	非震
2004-04-01	03-55-15.1	向上	0.02	0.03	3	1.2	1.5	非震
2004-03-11	10-38-15.6	向上	0.02	0.02	1.0	1.7	1.5	非震

图8-10是马鬃山邻近地区两次地震记录:图8-10(a)是距马鬃山7km的淹水塘台记录的培石12月19日的天然地震,震级M_L2.5,振动持续时间12s,P波初动周期0.05s,S波周期0.07s,方位角132.8°;图8-10(b)是3月9日23时10分M_L1.1级地震事件的记录,振动持续时间18s,方位角319.26°,震中距20.5km,P波初动周期0.04s,S波周期0.07s。两次地震波形较规则,PG、SG震相清晰,持续时间较长。

图8-11是马鬃山村3次地振动记录。其振动距观测点大多在1km范围内,震级不大($1.7 \geq M_L \geq -0.2$),然而地表震感相当强烈,村民普遍听到放"闷炮"似的气爆声,并造成房屋破坏,如3月19日4时54分一次M_L0.3地振动导致一村民土坯房出现1m²左右的石灰掉落,可见震源很浅。图8-11(c)所示的4月3日17时30分一次振动记录,此种波形是此次马鬃山附近观测较多的一种振动波形,3个分向周期大、振幅宽以及持续时间短等,很容易与天然构造地震波形区别开来。从上述波形上可以看出,马鬃山邻近地区的非构造型地震波形的P波初动大多是向上的,并且PG、SG等震相不很清晰;水平向S波振幅宽,衰减快,振动时间一般不超过2s。

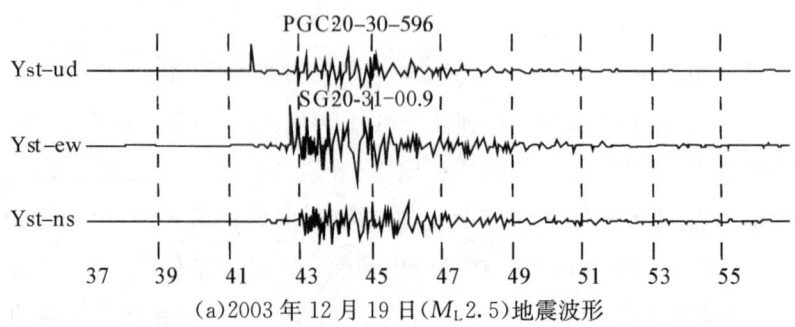

(a)2003年12月19日(M_L2.5)地震波形

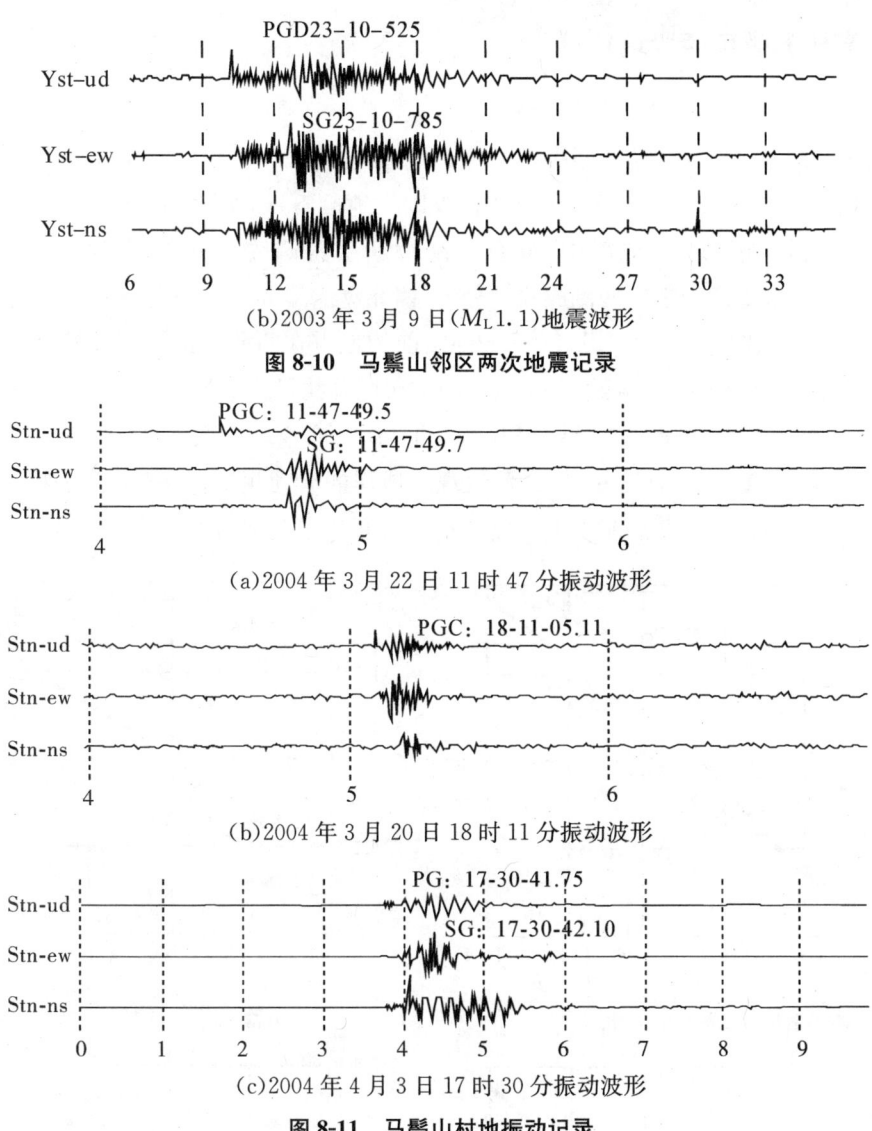

(b) 2003年3月9日(M_L1.1)地震波形

图 8-10 马鬃山邻区两次地震记录

(a) 2004年3月22日11时47分振动波形

(b) 2004年3月20日18时11分振动波形

(c) 2004年4月3日17时30分振动波形

图 8-11 马鬃山村地振动记录

8.2.4.3 成因分析

马鬃山村地表主要出露三叠系下统嘉陵江组(T_1^j),溶蚀现象普遍,其岩溶类型主要包括落水洞、垂直岩溶漏斗(即天坑)、水平溶洞及大型溶蚀洼地等。居民点多分布于溶蚀洼地中,如水坪、杏子坪等都是溶蚀洼地形成的。在脱排一带有数十个直径10余米的"天坑",呈串珠状排布在NE—NEE向延伸的冲沟中。现场仪器观测和宏观调查资料表明:巴东马鬃山村持续数月的地振动及次生灾害主要起因于当地的非构造地震,但也有小部分是来自邻近地区构造地震的影响。马鬃山村的非构造地震震源浅、范围小(震中距0~5km),伴有地声,并出现井水下降、干涸和张性地裂缝等裂陷迹象。根据地质、地貌条件、地表破坏等特征分析,马鬃山村及邻区地振动大部分是由溶洞崩塌引起的,属于岩溶塌陷型地震。

8.2.5 高桥断裂南西段地震群

8.2.5.1 三峡水库蓄水前的地震活动

在蓄水前的 40 多年中,高桥断裂带及邻近地区(坐标:$31.0°\sim 31.4°$N,$110.2°\sim 110.7°$E)共记录到 $M_L \geqslant 1.0$ 级地震 34 次,其中 2.0 级以上地震 5 次,最大为 2000 年 6 月 19 日高桥 $M_L 3.6$ 级地震。在 34 次地震中,分布在高桥断层两侧约 5km 以内的地震仅有 7 次(图 8-12(a)),7 次地震沿断层两侧成线性分布,西北盘地震多于东南盘,$M_L 3.6$ 级地震发生在断层东南盘。从图 8-12(a)可见,$M_L 3.6$ 地震前的地震在西北盘沿断层迁移,东南盘无地震。1959 年以来高桥断层两侧约 5km 以内的 7 次地震共释放地震能量 2.37×10^9 J,相当于一次 $M_L 3.7$ 级地震。表 8-3 是各级地震的活动频次分布情况。从表 8-3 中可见,蓄水前高桥断裂带附近 2.0 级以下地震占 85.7%,表现出地震的活动频次低、强度弱,属于弱震活动带。从图 8-12 可以看出,断层附近的地震活动在时间分布上是不均匀的。

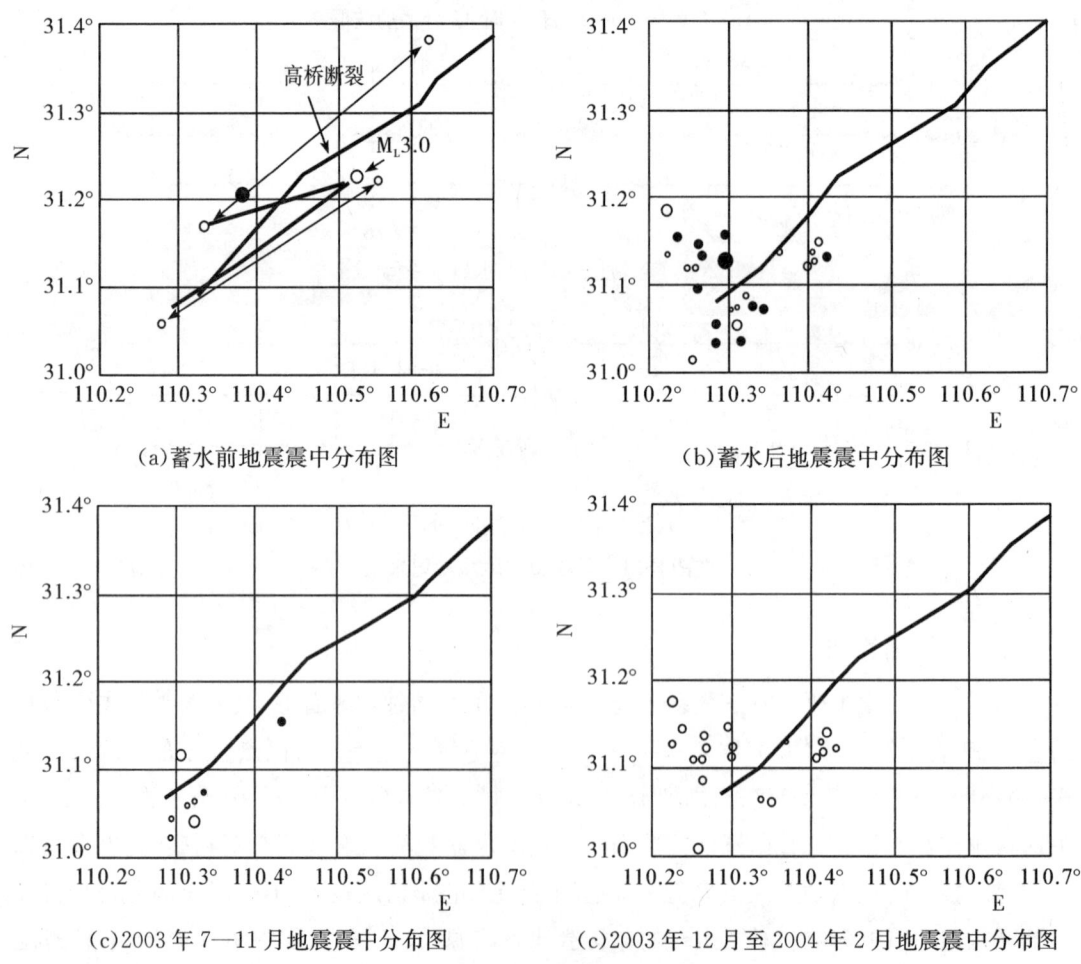

(a)蓄水前地震震中分布图　　　　(b)蓄水后地震震中分布图

(c)2003 年 7—11 月地震震中分布图　　(c)2003 年 12 月至 2004 年 2 月地震震中分布图

图 8-12　三峡水库蓄水前后高桥断裂带地震震中分布图

表 8-3　　　　　　　　　高桥断裂附近地震活动频次统计表

震级	0.5～1.0	1.1～1.5	1.6～2.0	2.1～2.5	2.6～3.0	3.～3.5	3.6～4.0
频次	0	4	2	0	0	0	1

此外,1979 年 5 月 22 日在断裂南东盘的秭归龙会观发生过一次 M_S5.1 级的中强地震,该地震震中距高桥断裂平面最近距离约 10km。据研究,高桥断裂亦为此次地震的主要诱震断裂。

8.2.5.2　蓄水前地震成因分析

蓄水前高桥断裂带及其附近发生 30 余次地震,大多为微弱震,现以高桥 M_L3.6 级地震为例来论述其成因。

经仪器测定,高桥地震发震时间为 2000 年 6 月 19 日 7 时 22 分,震中位置 31°12′N,110°27′E,震级 M_L3.6(M_S3.0)级,震源深度 11.6km。

地震震中位于高桥乡茅草坝,据震中区地震宏观现象综合反映,地震烈度为Ⅴ度,个别点局部现象达Ⅵ度。Ⅴ度区长轴呈 NE 向近椭圆形分布(图 8-13),长约 2.0km,宽约 1.0km,面积约 2.0km²。地震有感范围呈 NE 向扁椭圆形展布,与高桥断裂走向一致,最大有感半径约 5km,有感面积约 50km²,跨高桥断裂水准线是三峡工程水库诱发地震监测系统跨断层监测短水准之一,测线全长 0.39km,共埋设 4 个水准标志点,其中在断裂东南盘(上盘 T_2b^3)埋设了 W_1、W_2 点,在断裂北西盘(下盘 T_1j)埋设了 E_2、E_1 点(图 8-14(a))。测线距高桥 M_L3.6 级地震震中 1.5km,自 1998 年 5 月首次观测,每半年复测 1 次,震前测了 5 次,震后加密观测 1 次,共 6 个测次,全部按一等水准施测,观测中误差 $M\Delta \leq 0.25$mm/km,资料成果可靠,精度高,所测高差变化能代表断层两盘间的升降变化。

经对高桥水准线及各测段高差变化相关分析,高差变化与气温变化无显著相关,和时序也无显著线性变化关系,故对所测的高差值不需要作相关改正。以 W_1 作基准点,从高桥水准测线高差变化剖面图看(图 8-15(b)),同在上盘 W_1、W_2 两点间相对较稳定,同在下盘的 E_2、E_1 两点间,1999 年 7 月以后 E_1 点明显上升,以后两点间重新趋于相对稳定。从跨测断层的测段看,自 1999 年 7 月 E_2、E_1 点逐次下降,1999 年 11 月与 1999 年 7 月相比下降 1.1mm,2000 年 5 月 E_2、E_1 点急剧回转上升,与 1999 年 11 月相比上升幅度达 2.69mm,之后于 6 月 19 日高桥发生 M_L3.6 级地震,地震后于 7 月 1 日加密观测一次,E_2、E_1 点都回复下降,据此推断,高桥 M_L3.6 级地震前受孕震影响有明显异常反应,经历了下盘显著下降而后又急剧反向显著上升的过程,地震后趋近于初测时的状态变化。

从图 8-14(c)、图 8-14(d)可看以出跨断层的测段和测线异常都较明显,W_2—E_2 测段异常超限为 -0.59mm 和 +0.29mm,W_1—E_1 测段异常超限为 -0.44mm 和 +0.45mm。震后观测结果表明,高差都回归噪声限范围内变化。高桥 M_L3.6 级地震正好发生在高桥断裂带上,地震烈度等震线呈 NE 向,沿断裂带呈椭圆形分布,反映出本次地震明显受高桥断裂带控制,特别是通过跨断层水准测量反映出高桥断裂带在 1999 年 7 月至 2000 年 5 月有明显异常反应,经历了 NW 盘显著下降而后又急剧反向显著上升的变化过程,震后基本正常。

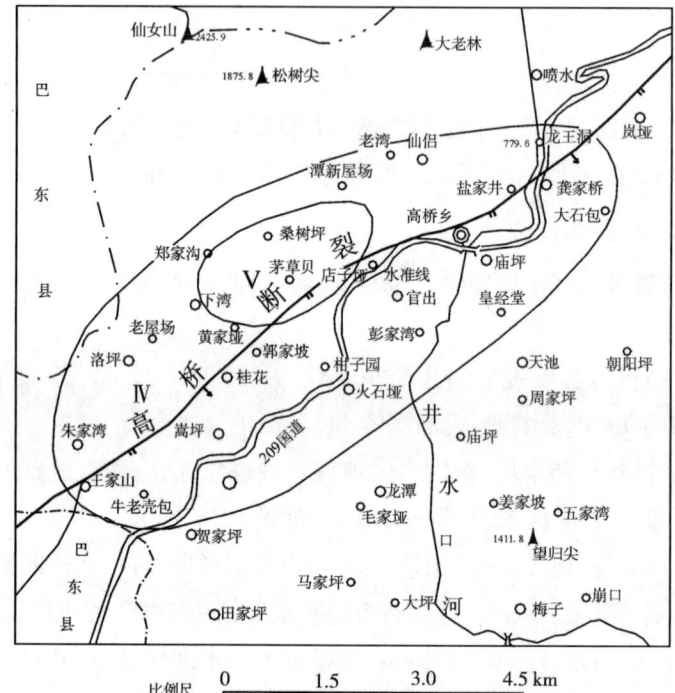

图 8-13 兴山高桥 $M_L3.6$ 地震烈度等震线图

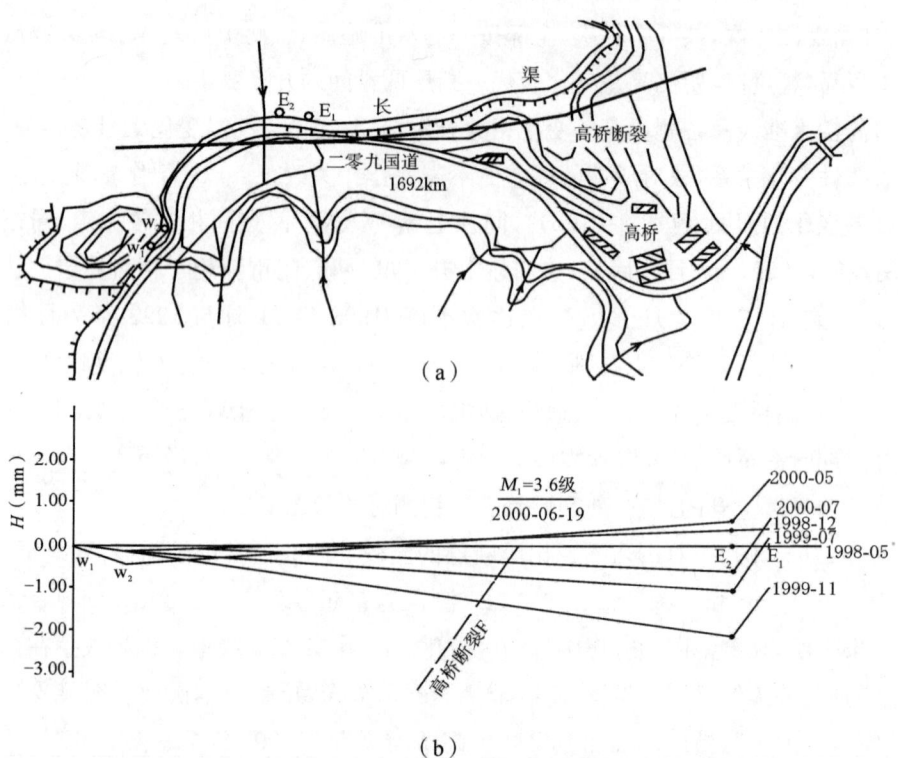

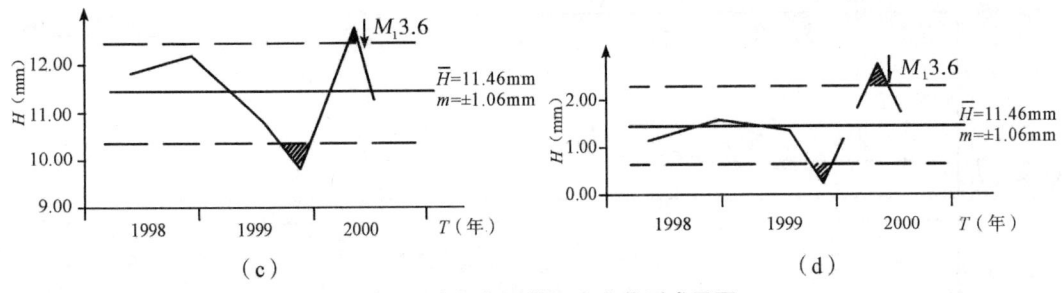

(c)　　　　　　　　　　　　　　(d)

图 8-14　高桥断裂带短水准监测成果图

综上所述,基本可以判断2000年6月19日高桥M_L3.6级地震应由位于秭归盆地西北缘的高桥断裂带活动引起,高桥断裂是此次地震的发震构造,证实该断裂是有一定活动性的。

8.2.5.3　三峡水库蓄水后的地震活动

该断裂带附近地震活动与水库蓄水有一定的滞后关系,不像其他几个诱震区是在水位达到125～135m时就出现了地震活动,而是在水位达到135m水位约1个月以后才出现少量地震活动。在蓄水后短短的9个月内(2003年6月至2004年2月),高桥断裂两侧约5km范围内共记录到$M_L \geqslant 0.0$地震31次(图8-13(b)),最大1次为2003年12月26日巴东西瀼口龙船河M_L1.9级地震。从图8-15可见,蓄水1个月后高桥断裂带的地震活动渐趋活跃,频次不断增加。2003年7月至2004年2月共记录到地震21次,其活动特征如下:

①从图8-13(b)可见,地震在空间分布上主要集中在断层的西南段,表现出沿断层成条带状分布,绝大多数地震震中距离长江库岸大于5km。

②蓄水以来高桥断裂带的地震活动在时间上与蓄水进程相比稍有滞后,2003年6月10日水库蓄水至135m,到6月底高桥断裂两侧约5km范围内没有记录到地震活动,7月6日在断层的西北盘才记录到第一次地震,震级仅为1级,滞后时间约一个月。从图8-16和表8-4可见,在水位上升到139m后,地震活动频次增高,微弱地震连续不断。

③高桥断裂带展布区内的地震全是微弱震(小于2.0级),地震能量总释放量为1.97×10^7J,相当于一次M_L2.1级地震。可见,水库蓄水后高桥断裂附近的地震活动是以中等频次和低强度的形式释放能量。

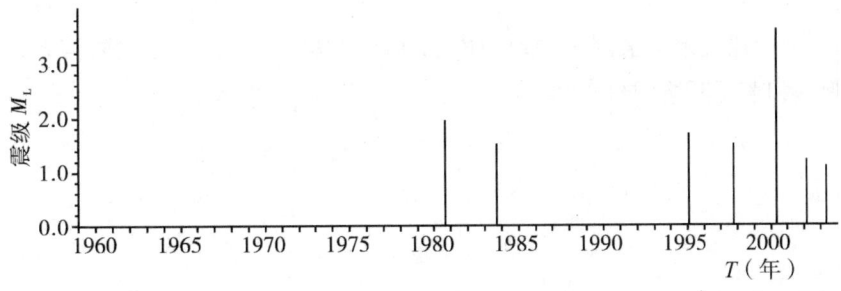

图 8-15　蓄水前高桥断裂带$M_L \geqslant 1.0$地震M-T图(1959年1月至2003年5月)

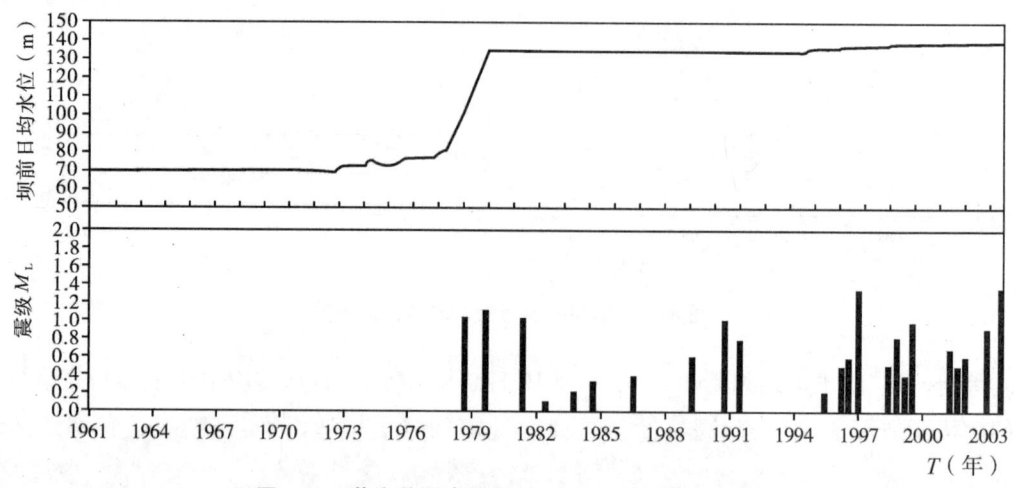

图 8-16 蓄水前后高桥断裂 $M_L \geqslant 0.0$ 地震 M-T 图

表 8-4　　　　　　　　蓄水后高桥断裂 $M_L \geqslant 0.0$ 地震月频次表

时间	2003年6月	2003年7月	2003年8月	2003年9月	2003年10月	2003年11月	2003年12月	2004年1月	2004年2月
频次 N	0	2	3	1	3	1	7	7	7
水位(m)	135	135	135	135	135	139	139	139	139

8.2.5.4　地震成因机理分析

从地震发生的时间看,高桥断裂的初震时间是 2003 年 7 月 6 日,而三峡水库于 2003 年 6 月 10 日蓄水至 135m 高程,发震时间稍有滞后;高峰期在三峡水库 2003 年 11 月 4 日蓄水至 139m 高程后,目前尚未见有平息的迹象。地震活动与库水位的变化之间有一定的相关关系,符合第一个判别标志。从地震空间分布看,图 8-17 中 3 个小区域的地震分布各有其自身的特点:

1 区地震沿长江干流和神农溪支流交汇部位的干、支流库岸分布。

2 区的地震分布在高桥断裂中段,远离库岸线 10km 以上,与库水的水力联系不大。

3 区的地震分布于三叠系下统嘉陵江组上部($T_1^3 j$)碳酸盐岩分布地区,该区西侧主要发育溶蚀洼地和落水洞,为地下水补给区,东侧神农溪支流一带多为溶洞出口,为地下水排泄区,东西两部分通过地下溶洞和暗河与库水连通。其中最有代表性的岩溶系统是神农溪右岸的鱼腥洞和燕子阡溶洞(地下暗河)。

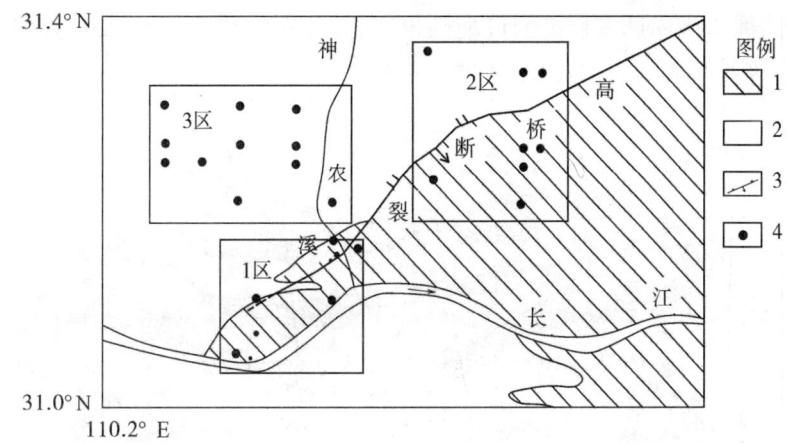

图 8-17 三峡水库蓄水后高桥断裂带地震震中分布图
1. 碎屑岩地区；2. 碳酸盐岩地区；3. 断裂；4. 地震震中

鱼腥洞位于神农溪右岸叶子坝附近，有两个主洞口和一个暗河出口，其高程分别为 120m、116m 和 105m（图 8-18）。该洞延展于嘉陵江组上部（$T_1^3 j$）结晶灰岩中。在洞口可见 3 条断层，其中有 2 条断层（f_1、f_2）走向 NW295°，另一条（f_3）走向 NE70°。溶洞发育明显受断层控制，与地层走向呈小角度相交。洞口于峡谷陡崖下部与坡顶高差达 240m，坡顶高程约 700m 为一夷平面，其上溶蚀残丘发育良好，基部相连，比高 150m 左右，溶蚀谷中岩溶漏斗、落水洞、溶蚀洼地发育。从地表溶蚀地貌与暗河出口分析，西面约 4km 远的马饮水一带溶蚀洼地中的地下水经此溶洞暗河系统排泄于神农溪。由于该溶洞暗河出口较低，三峡水库蓄水后，洞口将淹没于库水下 30 余米，且多层洞穴系统各自延伸，隔墙和底板相对较薄，在库水的"软化"和渗透压力的拉、压作用下，使岩体破裂或失稳，加之在竖井和溶洞空腔处有可能形成封闭区间，使空气压缩，有可能导致薄弱部位产生气爆。

神农溪右岸燕子阡溶洞（地下暗河）为又一大型溶洞暗河系统，该洞据西瀼口约 11km，洞口高程 120m，高出神农溪平水位高程约 15m，溶洞走向 SW250°，洞口宽 30m、高约 100m，至洞深 230m 后洞径缩小为宽 2m、高 3m 的矩形，常年水量为 50～60L/s。现场调查证实，水洞坪西边淌、淹水淌等处地下暗河和白果树淌等溶蚀洼地、落水洞的地下水均汇聚于此，最直接的证据是游场河经万人坑潜入成地下暗河而在燕子阡洞洞口复出，两地相距约 2.4km，高差大于 143m。

在图 8-18 的 3 区，类似的溶洞暗河系统还有很多，且通过岩溶管道系统与库水产生水力联系。

从水库诱发地震与水库淹没及影响范围的空间相关角度来考虑，一般来说：①在断裂不发育或断裂规模较小的库段，水库诱发地震的主震和地震集中区处在距库岸线 3～5km 范围内或不超出该河谷的第一道分水岭；②区域性现代活动断裂穿过水库或平行库边，蓄水后沿断裂发生的地震有可能是构造型水库诱发地震，但如果震中距库岸在 10km 以外，即使是沿着断裂分布,属于水库诱发地震的可能性也很小;③在岩溶管道系统发育地区,库岸线应将在大型岩溶管道中形成的充水范围(即地下水库)考虑在内。

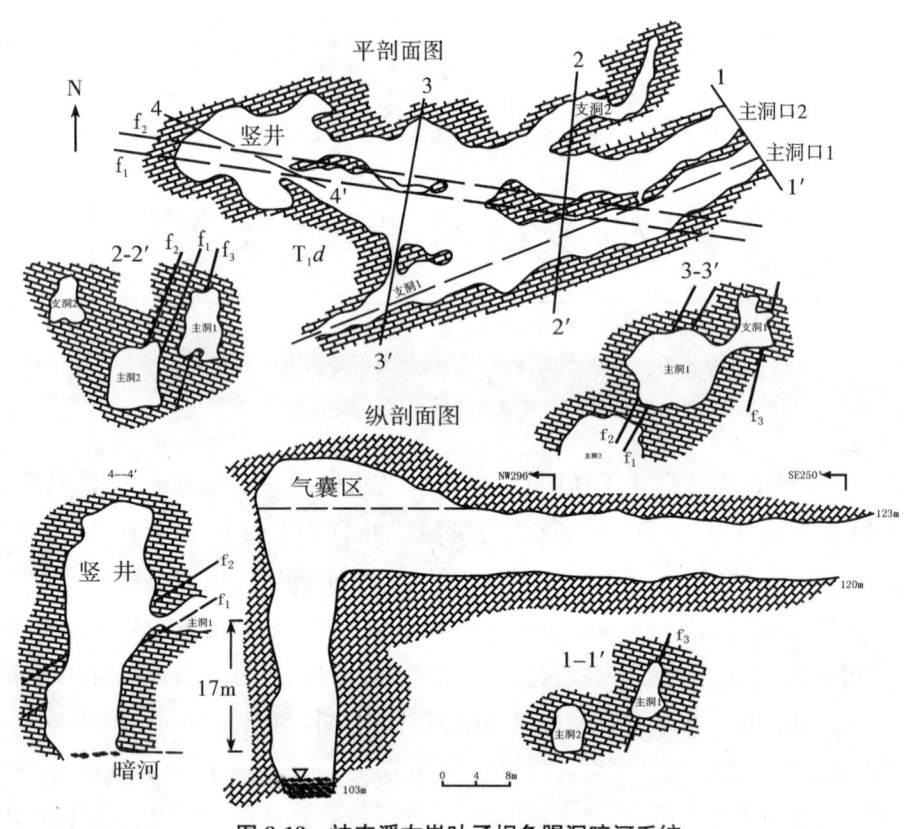

图 8-18　神农溪右岸叶子坝鱼腥洞暗河系统

按照水库诱发地震的判别原则和主要判别标志来分析高桥断裂的地震:图 8-18 中 1 区的地震距离长江干流库岸 3~5km,即在库盆影响范围内,与水库蓄水有直接的相关关系,属于水库诱发断层破裂型地震的可能性较大;2 区的地震分布靠近高桥断裂中段,离长江干流和神农溪支流的库岸线大于 10km,受水库蓄水的影响很小,且蓄水前在此区域附近发生过 $M_L3.6$ 级天然构造地震,1979 年龙会观 $M_L5.1$ 级地震也可能与高桥断裂的活动有关,因此 2 区的地震应属于蓄水前天然构造地震的延续;3 区地震分布于碳酸盐岩地区,与长江支流神农溪有直接的水力联系,即处在库盆影响范围内,此区发育大量的溶洞管道系统,其成因属于岩溶塌陷气爆型地震的可能性较大。

有关地震活动释放能量:蓄水前 7 次地震共释放能量 $2.37×10^9$ J,相当于一次 $M_L3.7$ 级地震,年均释放能量 $5.4×10^7$ J;蓄水后总释放地震能量 $1.97×10^7$ J,相当于一次 $M_L2.1$ 级地震,显示高桥断裂蓄水后的地震释放能量偏低。通过对蓄水前后地震活动特征的综合比较,可以看出高桥断裂展布区内的地震既有天然构造地震(2 区),又有水库诱发地震,其中后者又包括内成成因的断层破裂型(1 区)和外成成因的岩溶塌陷气爆型(3 区)水库诱发地震。

第9章 三峡水库几个主要地震事件特征及成因机理分析

三峡水库自 2003 年 5 月开始初期蓄水,至目前已运行 17 年,其间先后发生 4.0 级以上地震 7 次,分别是:①2008 年 11 月 22 日秭归县屈原镇 $M4.1$ 级地震;②2013 年 12 月 16 日巴东县东瀼口镇 $M5.1$ 级地震;③2014 年 3 月 27 日、30 日秭归县郭家坝 $M4.2$ 级和 $M4.5$ 级地震;④2017 年 6 月 16 日、18 日巴东县东瀼口镇 $M4.0$ 级、$M4.1$ 级地震群;⑤2018 年 10 月 11 日秭归县沙镇溪镇 $M4.5$ 级地震。上述各地震事件特征及成因机理分析如下。

9.1 三峡水库蓄水以来几个主要地震事件概况

9.1.1 秭归县屈原镇 $M4.1$ 级地震

根据湖北省地震台网测定,2008 年 11 月 22 日 16 时在湖北省秭归县屈原镇发生 $M4.1$ 级地震。

(1)地震基本参数

发震时间:2008 年 11 月 22 日 16 时 1 分;

震中位置:秭归县屈原镇(31.0°N,110.8°E);

地震震级:$M4.1$ 级;

震源深度:8km;

震中烈度:Ⅵ度。

(2)余震序列

自 2008 年 11 月 22 日 16 时 1 分发生 $M4.1$ 级地震后,至 2008 年 11 月 24 日,共发生 $1.9 \geqslant M \geqslant 1.0$ 级地震 1 次,$M < 1.0$ 级地震 19 次。

(3)烈度分区特征

调查采取现场调查与通信调查相结合的方式,调查涉及秭归县、兴山县、巴东县、夷陵区和襄阳市。调查结果显示,本次地震的宏观震中位于秭归县归州镇香溪村,微观震中位于秭归县屈原镇。震中烈度为Ⅵ度,Ⅵ度区长轴方向近 NS(图 9-1)。该区主要集中在归州镇香溪、周家湾、归州镇城关、盐关、官庄坪与万古寺一带,以及包括屈原镇大龙溪及郭家坝镇楚王井、头道河等部分地区,面积约 61.2km²,长轴大致呈 NS 向。

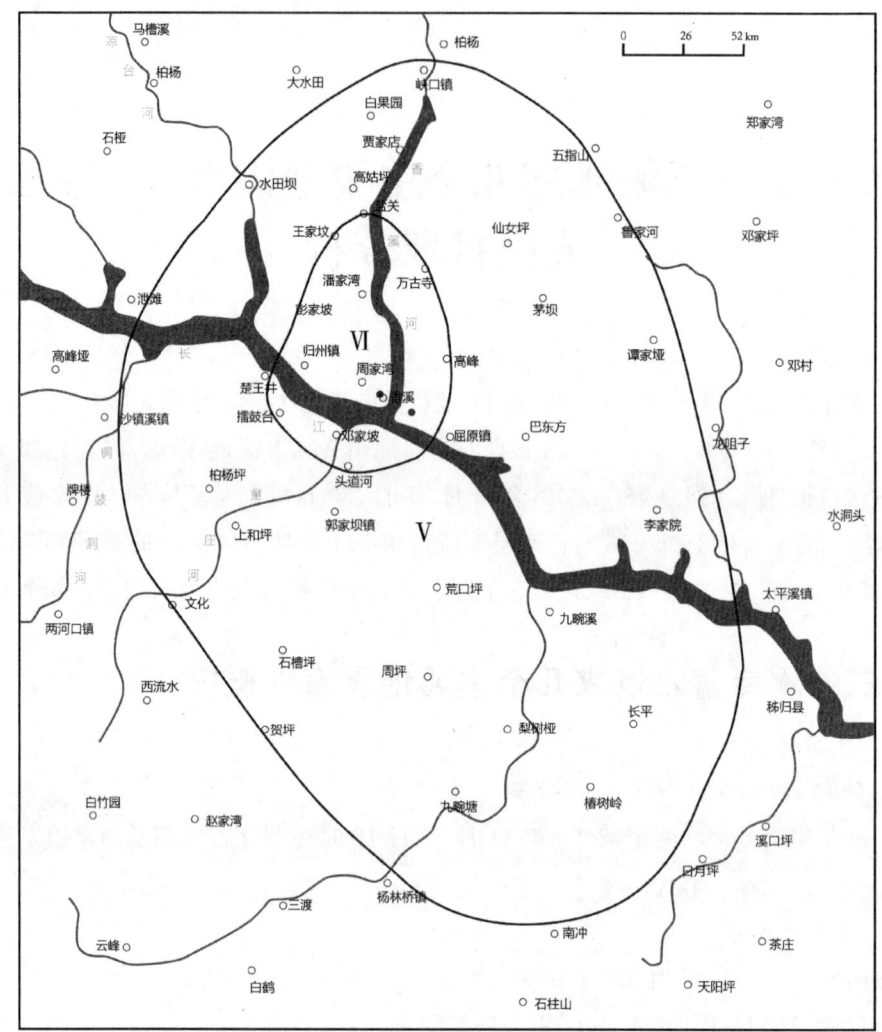

图 9-1 地震Ⅴ区及Ⅵ区等震线图(●为微观震中,●为宏观震中)

据村民反映,震感强烈,屋内的人均仓皇逃出。土木房屋均存在旧裂缝扩大现象,个别房屋裂缝贯穿土墙,檐角、屋顶部分坍塌。大部分砖房墙体出现裂缝,个别房屋墙体开裂较严重,裂缝贯穿墙体或墙体与预制板间有错动。部分砖混房墙体出现轻微裂缝,个别房屋马头墙震倒或檐口向下滑。Ⅵ度区内檐瓦掉落、瓦片向下梭动较普遍。

9.1.2 巴东县东瀼口镇 M5.1 级地震

据中国地震台网测定,2013 年 12 月 16 日 13 时 4 分在湖北省恩施土家族苗族自治州巴东县(31.1°N,110.4°E)发生 5.1 级地震,震源深度 5km。

(1)地震基本参数

发震时间:2013 年 12 月 16 日 13 时 4 分;

震中位置:湖北省恩施土家族苗族自治州巴东县(31.1°N,110.4°E);

地震震级:5.1 级;

震源深度:5km;

震中烈度:Ⅶ度。

本次地震为主震—余震型,12 月 16 日 23 时 13 分发生 5.1 级地震以后,截止到 12 月 19 日 16 时,震区共记录到余震 121 次,其中 0~0.9 级余震 88 次,1.0~1.9 级余震 27 次,2.0~2.9 级余震 4 次,最大余震为 19 日 2 时 56 分 2.5 级地震。

(2)极震区特征

此次地震的最大烈度为Ⅶ度,等震线长轴呈近 EW—NWW 走向展布,Ⅵ度区及以上总面积为 251km²。

调查结果显示,本次地震的宏观震中位于巴东县东瀼口镇宋家梁子村,震中烈度为Ⅶ度,Ⅶ度区包括宋家梁子村一组、二组和陈家岭村五组堰湾等地,Ⅶ度区长轴方向为 NWW 向,Ⅵ度区范围较大,涉及巴东县城区、信陵镇、官渡口镇、东瀼口镇、溪丘湾镇和秭归县泄滩乡、沙镇溪镇西部(图 9-2)。

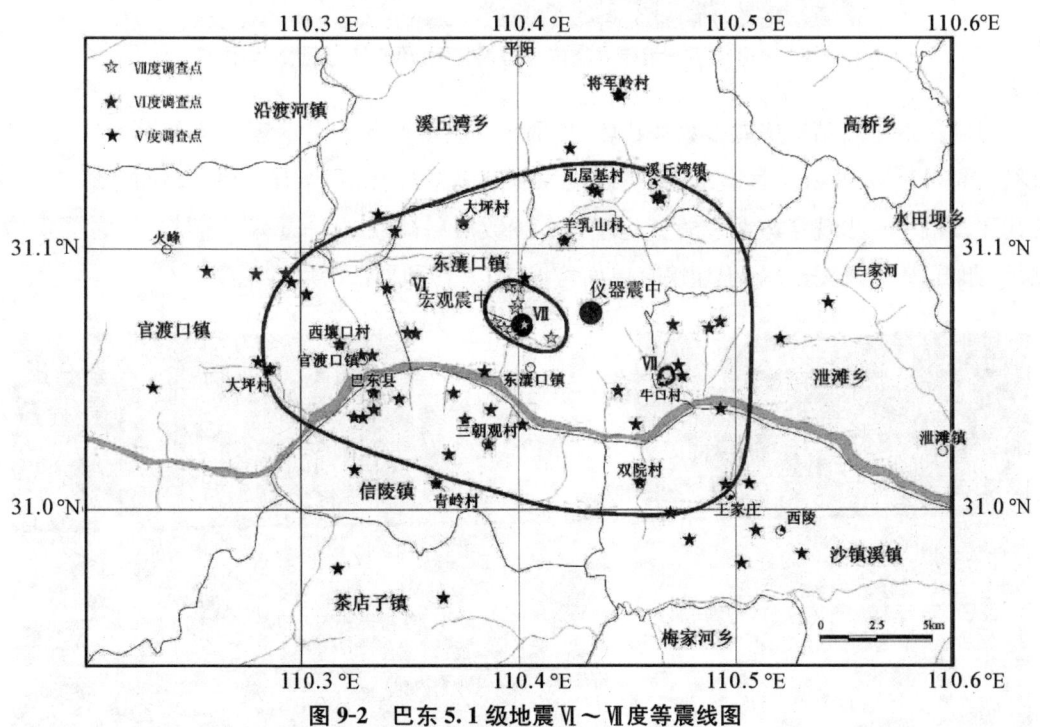

图 9-2 巴东 5.1 级地震Ⅵ~Ⅶ度等震线图

Ⅶ度区,该区范围包括东瀼口镇宋家梁子村一组、二组和陈家岭村五组(堰湾),整体呈椭圆状,长轴走向 NWW—SEE105°,长轴长约 3.9km,短轴长约 2.4km,面积约 7.7km²;在秭归县泄滩乡牛口村也有Ⅶ度异常点出现。宋家梁子一带的 2~3 层砖混结构民居多数轻微破坏,天花板多处产生裂缝,墙体粉刷层、水泥涂层、瓷砖有开裂和脱落现象,外贴瓷砖被裂纹切穿、局部破碎,门窗、天花板、梁柱与墙体结合处墙体外表多出现细长裂缝。少数中等破坏,其砖墙(承重墙)出现穿透性裂缝、"X"型裂缝(图 9-3)和宽裂缝,裂缝宽度最宽可达 5cm,房屋墙角可见斜裂缝发育,墙皮掉落,可见墙体砖被剪裂。

图 9-3 宋家梁子一组砖混结构民房震害图(承重墙出现"X"型裂缝)

Ⅶ度区内土石结构房屋多数被破坏,几乎所有屋顶均有瓦片掉落,甚至屋脊处有成片屋瓦被震裂,墙体出现穿透性裂缝、宽裂缝或原有裂缝被拉大,并伴有土块、石块掉落,个别土坯房屋山墙中央出现穿透性裂缝直达屋顶。少数房屋被毁坏,承重墙体倾斜、开裂严重,石块墙、卵石/碎石—泥土墙、土坯墙有单面垮塌(图 9-4)和局部垮塌的现象。

图 9-4 宋家梁子一组土石结构民房震害图(单面墙垮塌)

巴东县县城至东瀼口镇公路太溪线雷家坪南洞子沟可见山石崩落(图 9-5)造成道路堵塞,居民区附近输电铁塔剧烈摇晃,石块—混凝土基座局部开裂。

区内房屋晃动剧烈,屋内器物滑动甚至翻倒,商店内物品从货架高处掉落,门窗、屋顶、含卵/碎石墙体强烈作响,居民院内薄水泥硬化地面局部产生细裂缝,裂缝发育不规则。居民震感十分强烈,多数居民惊慌逃出房屋,少数居民感觉站立不稳,惊慌失措,个别居民有眩晕的感觉,并听到低沉巨响。

图 9-5　太溪线雷家坪洞子沟附近滚石照片(镜向 NE)

9.1.3　秭归县郭家坝镇 $M4.2$ 级、$M4.5$ 级地震

据三峡数字遥测地震台网测定,2014 年 3 月 27 日 0 时 20 分在秭归县郭家坝镇附近地区发生 $M4.2$ 级($M_L4.7$ 级)地震,震中位于 30.909°N、110.786°E,震源深度 11km,距离三峡大坝 23km,距离长江库岸 2.5km。30 日 0 时 24 分在秭归县郭家坝镇再次发生 $M4.5$ 级($M_L4.9$ 级)地震,震中位于 30.928°N、110.776°E,震源深度 10km,距离大坝 25km,距离长江 1.5km。由于这两次地震时间间隔仅 3 天,宏观震中基本一致,震级相差不大,确定为同一地震序列,为双震型地震序列。

9.1.3.1　$M4.2$ 级地震参数

三峡数字遥测地震台网中心测定的微观震中位于宜昌市秭归县郭家坝镇(30.909°N,110.786°E),地震震级 $M4.2$ 级($M_L4.7$ 级),震源深度 11km,距三峡工程坝址距离为 23km,距离长江干流约 2.5km,震中位置见图 9-6,记录波形见图 9-7。调查宏观震中郭家坝镇取其中心点坐标 30.92°N、110.784°E,距离微观震中(30.918°N,110.725°E)距离约 3.5km。

(1)中国地震局定位结果

发震时间:2014 年 3 月 27 日 0 时 20 分;

仪测震中位置:秭归县郭家坝镇(30.909°N,110.786°E);

地震震级:$M4.3$ 级($M_L4.8$ 级);

震源深度:5km。

(2)湖北省地震局定位结果

发震时间:2014 年 3 月 27 日 0 时 20 分;

仪测震中位置:秭归县郭家坝镇(30.9°N,110.84°E);

地震震级:M4.2级(M_L4.7级);

震源深度:5km。

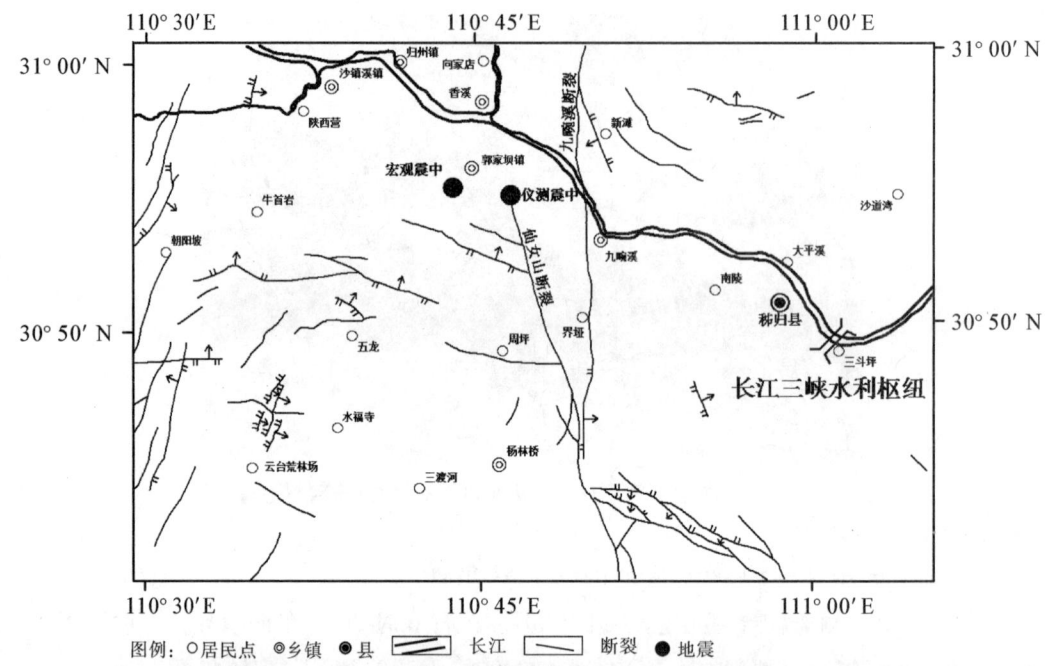

图9-6 三峡数字地震台网中心速报震中位置和宏观震中位置

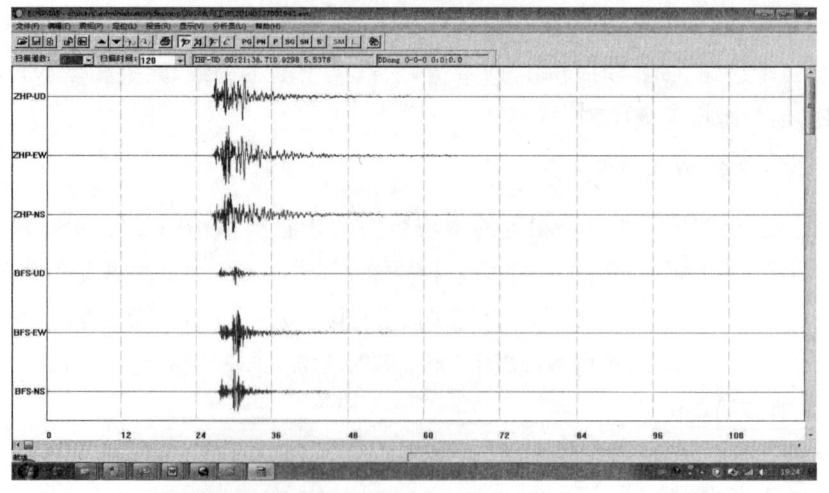

图9-7 三峡数字地震台网周坪和百佛寺台记录的秭归 M4.2 级地震波形图

9.1.3.2 M4.5级地震参数

三峡数字遥测地震台网中心测定的微观震中位于宜昌市秭归县郭家坝镇(30.928°N,110.776°E),地震震级 M4.5级(M_L4.9级),震源深度 10km,距三峡工程坝址距离为 25km,距长江干流约 1.5km,震中位置见图 9-8,记录波形见图 9-9。调查宏观震中郭家坝镇取其中心点坐标 30.909°N、110.767°E,距离微观震中(30.928°N,110.776°E)距离约 3.0km。

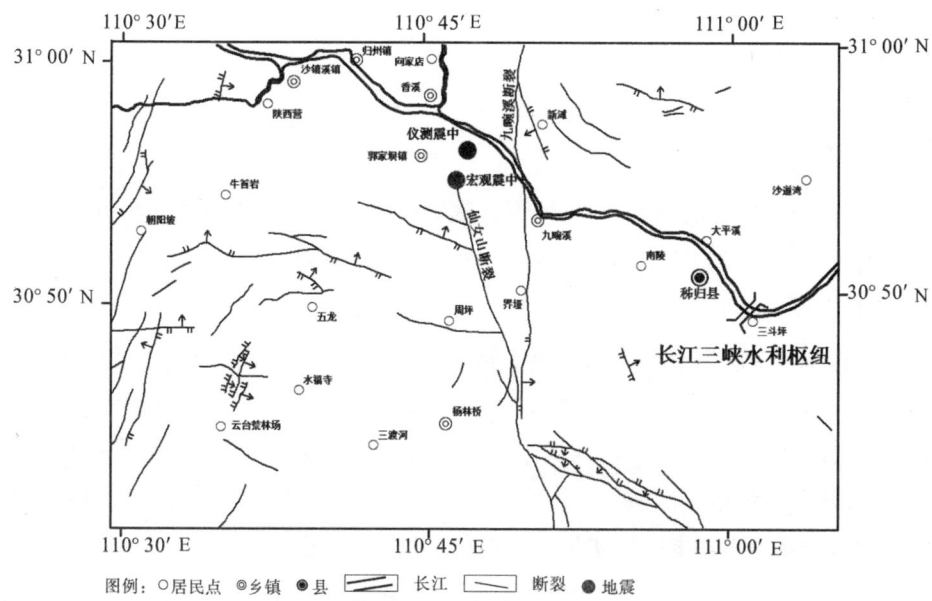

图 9-8　三峡数字地震台网中心速报震中位置和宏观震中位置

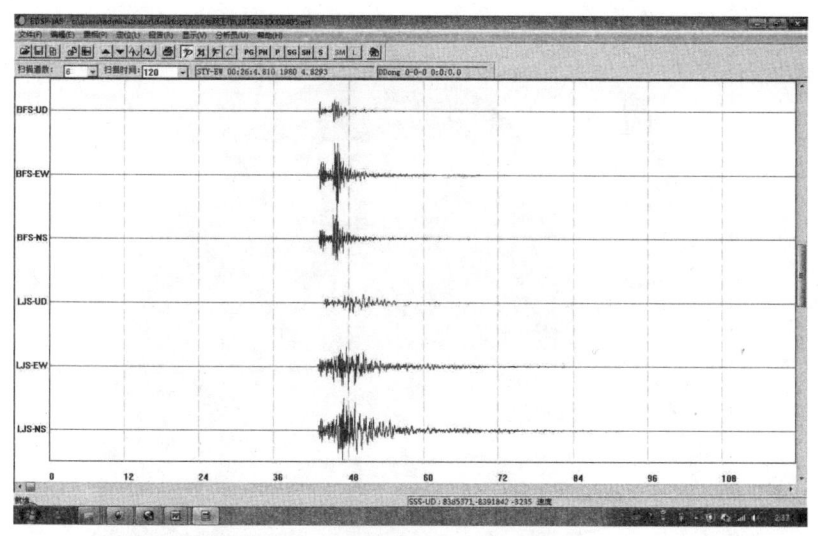

图 9-9　三峡数字地震台网百佛寺和卢家山台记录的秭归 M4.5 级地震波形图

(1)中国地震局定位结果

发震时间:2014 年 3 月 30 日 0 时 24 分;

仪测震中位置:秭归县郭家坝镇(30.9°N,110.8°E);

地震震级:$M4.7$ 级($M_L5.1$ 级);

震源深度:5km。

(2)湖北省地震局定位结果

发震时间:2014年3月30日0时24分;

仪测震中位置:秭归县郭家坝镇(30.92°N,110.77°E);

地震震级:$M4.5$级($M_L4.9$级);

震源深度:5km。

9.1.3.3 烈度分区特征

现场调查采取现场及电话调查方式进行,调查区域主要涉及震中及其附近地区,包括秭归县城区、屈原乡、郭家坝镇、九畹溪镇、峡口镇、泄滩乡、杨林桥镇、两河口镇、普安乡等地区。电话调查主要为秭归县周边的其他县市。

调查结果显示,本次地震宏观震中位于屈原镇西陵峡村,震中烈度为Ⅴ度。Ⅴ度区长轴为NNW向,长约25km;短轴大致为SE方向,长约15km(图9-10)。现场调查发现,震中位置陡峭山崖有孤石滚落。Ⅴ度区内居民普遍震感强烈,有感范围较大,感觉房屋晃动明显。绝大部分居民从梦中惊醒,惊慌逃出房屋。少数土坯房出现墙体旧裂缝扩大、掉土、掉瓦等现象,个别老旧土坯房出现老裂缝扩展、砖混房玻璃震裂现象。

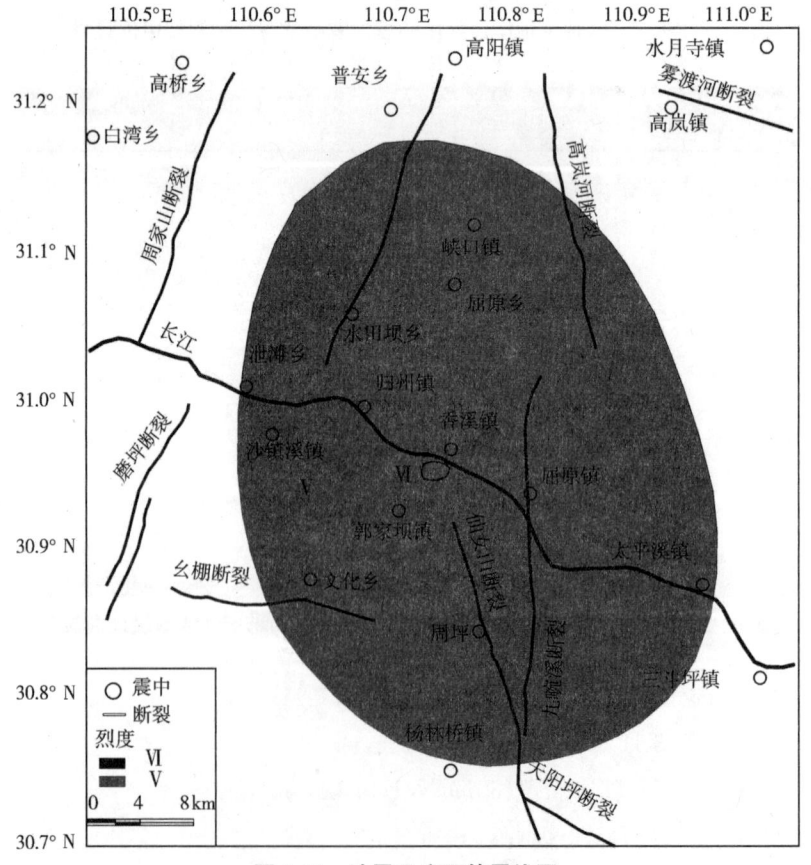

图9-10 地震Ⅴ度区等震线图

9.1.4 巴东县东瀼口镇 M4.0 级、M4.1 级地震

据三峡数字遥测地震台网测定,2016 年 06 月 16 日 19 时 48 分和 2016 年 6 月 18 日 17 时 39 分,在巴东县东瀼口镇分别发生 M4.0 级和 M4.1 级（M_L4.5 级和 M_L4.6 级）地震(图 9-11)。

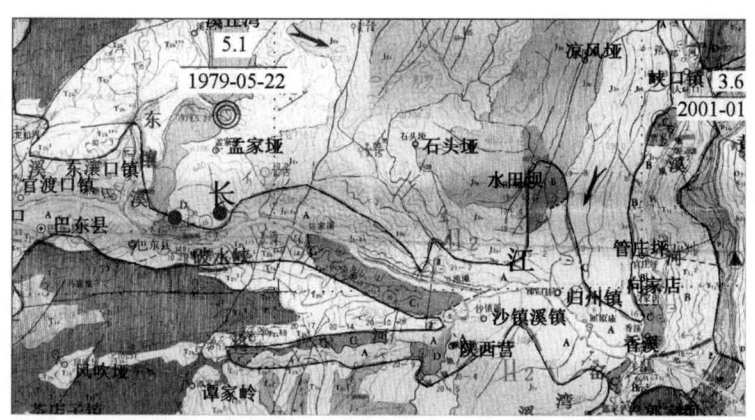

图 9-11 三峡数字遥测地震台网中心速报定位震中位置

9.1.4.1 地震基本参数

(1) 6 月 16 日 M4.0 级地震参数

发震时间:2016 年 06 月 16 日 19 时 48 分;

仪测震中位置:恩施州巴东县(31.043°N,110.440°E);

地震震级:M4.0 级(M_L4.5 级);

震源深度:8km(hypo2000 定位 1.5km)。

距三峡工程坝址距离为 60km,距离长江干流 0km,距离高桥断裂 11km,距秭归龙会观 M5.1 级地震震中 7km。

(2) 6 月 18 日 M4.1 级地震参数

发震时间:2016 年 06 月 18 日 17 时 39 分;

仪测震中位置:恩施州巴东县(31.047°N,110.463°E);

地震震级:M4.1 级(M_L4.6 级);

震源深度:8km(hypo2000 定位 1.0km)。

距三峡工程坝址距离为 57km,距长江干流 0.5km,距高桥断裂 13km,距秭归龙会观 M5.1 级地震震中 6km。

中国地震局台网中心与三峡台网的定位结果略有差别。这两次地震国家地震局台网中心定位结果分别是:31.06°N,110.48°E,震源深度 8km,震级 M_L4.8 级(M_S4.3 级);31.04°N,110.46°E,震源深度 7km,震级 M_L4.6 级(M_S4.1 级)。震中坐标与三峡台网定位结果的差异在误差允许范围内。在震级上,三峡地震台网的计算结果比国家台网的略低,主要原因是

国家台网应用面波定震级,三峡台网应用体波定震级。

9.1.4.2 余震序列情况概述

巴东自 2017 年 6 月 16 日 19 时 48 分主震开始,截至 6 月 21 日 23 时 59 分,共记录主余震 65 次,其中 $M_L 0 \sim 0.9$ 级地震 26 次,$M_L 1.0 \sim 1.9$ 级地震 30 次,$M_L 2.0 \sim 2.9$ 级地震 6 次,$M_L 3.0 \sim 3.9$ 级地震 1 次,$M_L 4.0 \sim 4.9$ 级地震 2 次。

震群震中分布见图 9-12,地震 M-T、N-T 见图 9-13。从图 9-12、图 9-13 中可以看出,余震主要发生在主震的周缘,以两个 4.0 级以上地震为核心点,成椭圆形分布。发震部位有宝塔河煤矿和麂子岩煤矿,且位于秭归盆地边缘不整合面。震群区岩性多为灰岩和泥岩。可见本次震群两次 4.0 级以上地震及其余震具有较为明显的塌陷地震特征。

震群活动时间序列上表现出分两个时段,第一时段为 6 月 16 日至 18 日 16 时,第二时段为 6 月 18 日 17 时至 21 日 23 时,至此,整个震群已基本上衰减完,21 日频次 3 次,降低到了发震前常规水平。

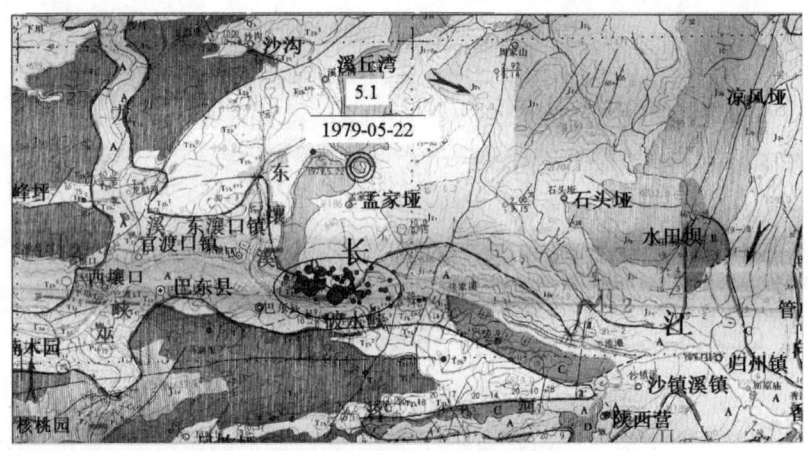

图 9-12 巴东 $M_L 4.5$ 级、$M_L 4.6$ 级地震群序列 $M_L \geqslant 0$ 级震中分布图

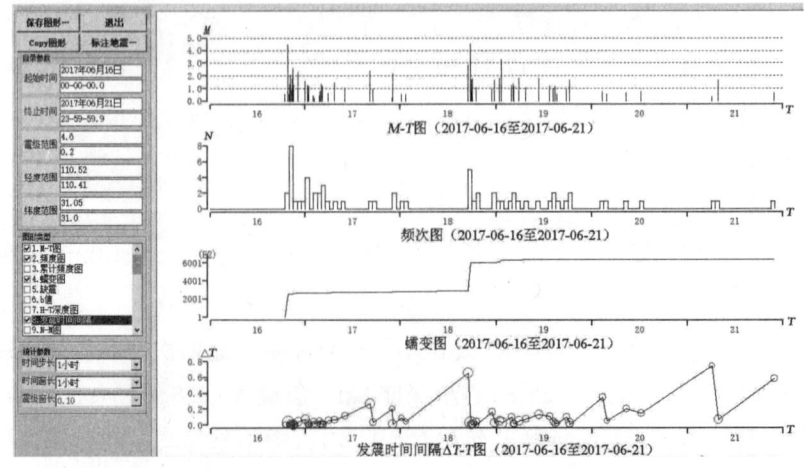

图 9-13 巴东 $M_L 4.5$ 级、$M_L 4.6$ 级地震群 $M_L \geqslant 0$ 级地震 M-T、N-T 图

9.1.4.3 东瀼口镇 $M4.0$ 级、$M4.1$ 级地震宏观特征

本次地震极震区烈度达到Ⅶ度(图 9-14),其特征是:

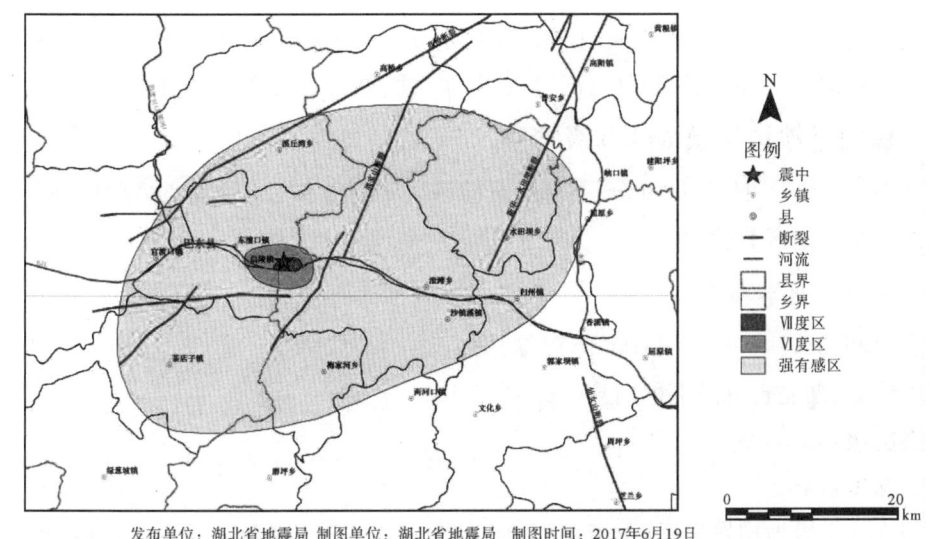

图 9-14 巴东东瀼口 $M4.0$ 级、$M4.1$ 级地震烈度等震线图(据湖北省地震局)

(1) Ⅶ度区范围和宏观反应

主要在巴东县东瀼口镇黄腊石村、绿竹筏村一带,以宝塔河煤矿为核心呈近 EW 向规则的椭圆状,Ⅶ度区范围长轴约 2km,短轴约 1.7km,面积约为 3.5km²;地震时极震区震感强烈,可感先上下抖动,而后近 NS 向摇晃,站立不稳,行人易摔,并伴有如闷炮爆炸之声,家具、门窗摇晃作响,悬挂物掉落,室内者均惊逃户外。区内有山体崩塌、滚石发生,土坯房屋有垮塌、砖混结构和抗震圈梁设计房屋有裂缝、缩瓦、屋里挂件掉落、房脊背震裂或拉断,建筑物墙体出现沉降型水平裂缝和垂直裂缝等现象。

地震最高烈度为Ⅶ度,呈 EW 向分布Ⅶ度区总面积约 3.5km²,涉及恩施州巴东县东瀼口镇和宜昌秭归县沙镇溪。Ⅵ度区总面积约 24.5km²,主要涉及恩施州巴东县东瀼镇和信陵镇、宜昌市秭归县沙镇溪镇和泄滩乡。

有感区面积约 1263km²,涉及恩施州巴东县官渡口镇、溪丘湾乡、茶店子镇,宜昌市秭归县泄滩乡、梅家河乡、磨坪乡、归州镇,以及兴山县高桥乡等地。

(2) Ⅵ度区范围和宏观反应

该区包括巴东县信陵镇、东瀼口镇西部、信陵镇北和秭归县泄滩乡、沙镇溪镇西部。西起东瀼口镇,东至泄滩乡牛口,北起东瀼口镇黄腊石村石碾村,南到沙镇溪镇高潮村,呈近 EW 向的椭圆状,长轴 7km,短轴 3.5km,面积约为 24.5km²;经调查走访,大部分人有明显震感,先上下抖动,然后由 NE 向 SW 方向摇晃,行走的人站立不稳;地震时人们听到类似闷炮爆炸的声音,家具、电器和悬挂的灯具发生摇晃,门窗作响,悬挂物有掉落现象,大多数人

从楼里跑出。许多人在地震后惊恐逃到户外。部分房屋出现裂缝受损。有一些比较老旧的房屋或者建在滑坡体上的建筑在地震中受损较为严重。

(3)有感区范围及宏观反应

Ⅴ度区等震线长轴呈 SE 走向,长轴长约 45km,短轴长约 30km,面积约 1236km²。东北巴东县溪丘湾乡,西南至秭归县两河口镇,西北至巴东县茶店镇,东南至秭归县香溪河。

9.1.5 秭归县沙镇溪镇 M4.5 级地震

2018 年 10 月 11 日 15 时 6 分,在秭归县沙镇溪镇发生 M4.5 级地震,宜昌市秭归县、恩施州巴东县部分地区有感。

9.1.5.1 地震基本参数

发震时间:2018 年 10 月 11 日 15 时 6 分;

震中位置:湖北省宜昌市秭归县(31.03°N,110.47°E);

地震震级:M4.5 级;

震源深度:7km。

秭归 M4.5 级地震发生后,于当日 17 时 10 分发生了秭归 M4.1 级地震。截至 10 月 12 日 16 时 30 分,目前共记录地震 59 次,M0 级以下地震 24 次,M0~0.9 级 24 次,M1.0~1.9 级 9 次,M2.0~2.9 级地震 0 次,M3.0~3.9 级地震 0 次,M4.0~4.9 级地震 2 次(图 9-15)。

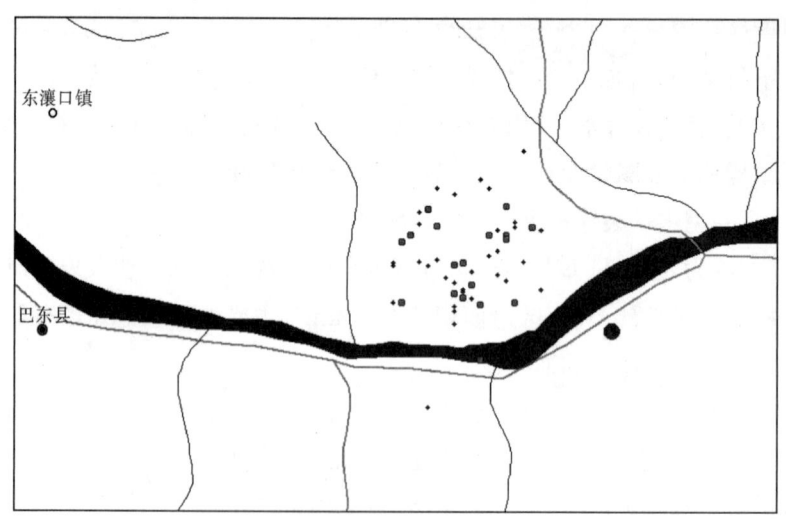

图 9-15 主震及余震分布图

从频次图分析看,10 月 12 日 2—3 时的时频次最大,为 10 次;从发震间隔图分析看,10 月 12 日地震较 11 日发生间隔有所变大(图 9-16)。分析表明,这次地震为主震—余震性。

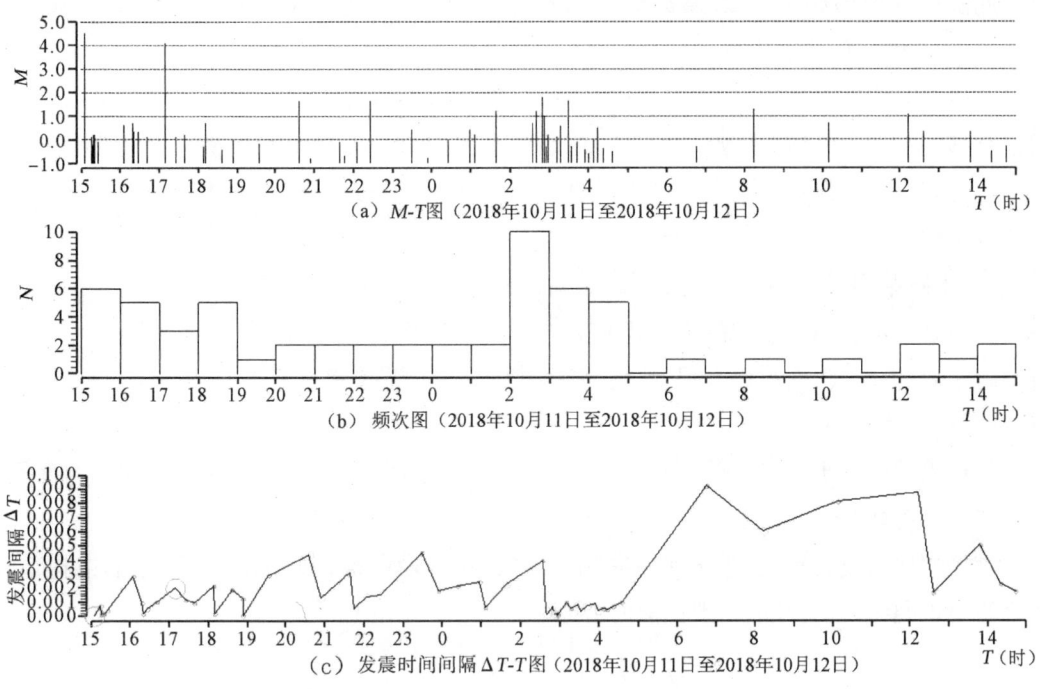

图 9-16　M-T 图、频次图、发震间隔图

9.1.5.2　烈度分区特征

本次地震的影响范围在湖北省宜昌市秭归县、恩施州巴东县，地震极震区存在Ⅵ度点，分布于秭归县沙镇溪镇双院村 5 组一带（图 9-17）。

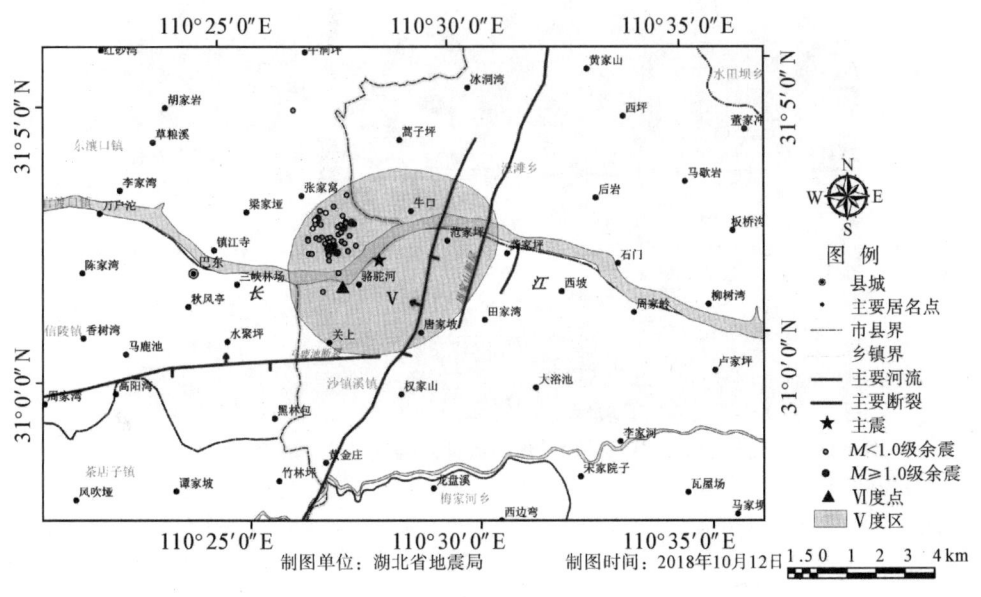

图 9-17　2018 年 10 月 11 日湖北秭归县 M4.5 级地震等震线图

此次地震在秭归县沙镇溪镇双院村五组出现Ⅵ度破坏点。强有感Ⅴ度区范围约 $34km^2$，涉及秭归县沙镇溪镇、泄滩乡，巴东县东壤口镇、信陵镇。

Ⅴ度区呈椭圆状，具有弱方向性，长轴约 7.49km，短轴约 5.88km，总面积约 $34km^2$，主要涉及秭归县沙镇溪镇、泄滩乡，巴东县东瀼口镇、信陵镇。震害以房屋破坏为主，生命线工程基本完好。按建筑物结构类型分类，震区房屋主要有土石结构、石砌体结构、砖砌体结构和砖混结构等。

(1) 土石结构

该类型包括土墙木屋架的土坯房和碎石（片石）结构，大多数建于20世纪七八十年代。老旧的土坯房在这次地震中受损，特别是在极震区，出现局部墙体开裂破坏。

(2) 石砌体结构

其抗震性能比土坯房更差。此次地震中，这类结构的房屋出现老裂缝加宽加大的现象。

(3) 砖砌体结构

该类型房屋较为普遍，常出现墙皮脱落现象，在纵横向结合处，未设置拉结筋或构造柱的容易出现裂缝，抗震性能一般比前两者好。

(4) 砖混结构

震区村镇居民大多数属此类，约占总数的60%，1～3层。在Ⅵ度点，仅1间房屋出现了"X"型裂缝（图9-18）。从总体上，该类房屋抗震性能较好。

图 9-18　秭归县沙镇溪镇双院村5组石砌体结构房屋"X"型裂缝图（中等破坏）

9.2 震区地震地质背景

9.2.1 震区地质构造环境

三峡水库自2003年5月初次蓄水以来,发生的几个4.0级及以上震级较大的地震均位于库首区秭归、巴东县境内,属同一地震地质构造背景。

震区位于上扬子台褶带内,该构造单元的盖层褶皱变形和大部分断裂活动始于印支期,定型于燕山第Ⅱ幕。由于扬子板块向北聚合,并俯冲于南秦岭微板块之下,致使地台上的盖层显著滑脱,强烈褶皱,并且褶皱与断裂几乎同等发育。晚中生代以来,上扬子台褶变形带转变为间歇性NNE走向隆起。本单元北缘的台缘褶断带形成于印支期,燕山期亦强烈活动,形成一系列向南倒转的密集的褶皱、断裂结构,呈叠瓦状排列,总体构成向南西凸出的弧形板缘褶断带。

新构造单元属于扬子地块隆升与拗陷区鄂西拱隆区鄂西隆升区。新构造运动主要表现为大面积间歇性的整体隆起,活动断裂以NNE、NE向为主。区内发育5~6级夷平面、4~6级河谷阶地和5级层状岩溶地貌。间歇性抬升幅度在长江与清江间的云台荒一带最大,形成大面积隆起背景上的拱形构造,局部地区活动断层两侧的同级夷平面有明显断差。

震中区位于鄂西NNE向重力梯度带西缘,其值为$-100 \times 10^{-5} \sim 110 \times 10^{-5}$ m/s^2。由于重力梯度带在长江宜昌—巴东段呈细腰形态,这一部位具有较大的梯度值,约1×10^{-5} m·s/km。据航磁延拓10km化极磁异常图,震中区位于黄陵—神农架正磁异常区与恩施—长阳负磁异常区之间的近EW向磁异常梯度带内,其值为10~20nT。长江三峡人工地震测深表明:震中区上、中、下地壳厚度分别为11km、12km和18km;但从长江南侧向秭归侏罗系向斜震中区,各层均有2~3km的变浅形态,显示了在长江南北近邻地带下方的各层具有近EW向拗折特征。

9.2.2 主要断裂

震区内主要发育NNW仙女山断裂、天阳坪断裂、雾渡河断裂和NNE新华—水田坝断裂、九畹溪断裂、水田坝断裂、高桥断裂、周家山—牛口断裂以及近EW向马鹿池断裂等三组断裂系统(图9-19)。自中生代燕山运动形成以来,断裂主要表现为脆性走滑正断作用,活动地块以大面积整体不均匀抬升为主,南升北降,自西向东掀斜。这些断裂长期控制着区域现代构造运动,且这些断裂产状较陡、构造岩胶结差、破碎带较宽,并切割不同时代地层和构造单元。这些断裂最新活动时代为早—中更新世,对本地区地形地貌有着较强的控制作用。

各断裂特征与活动性描述见第3章。

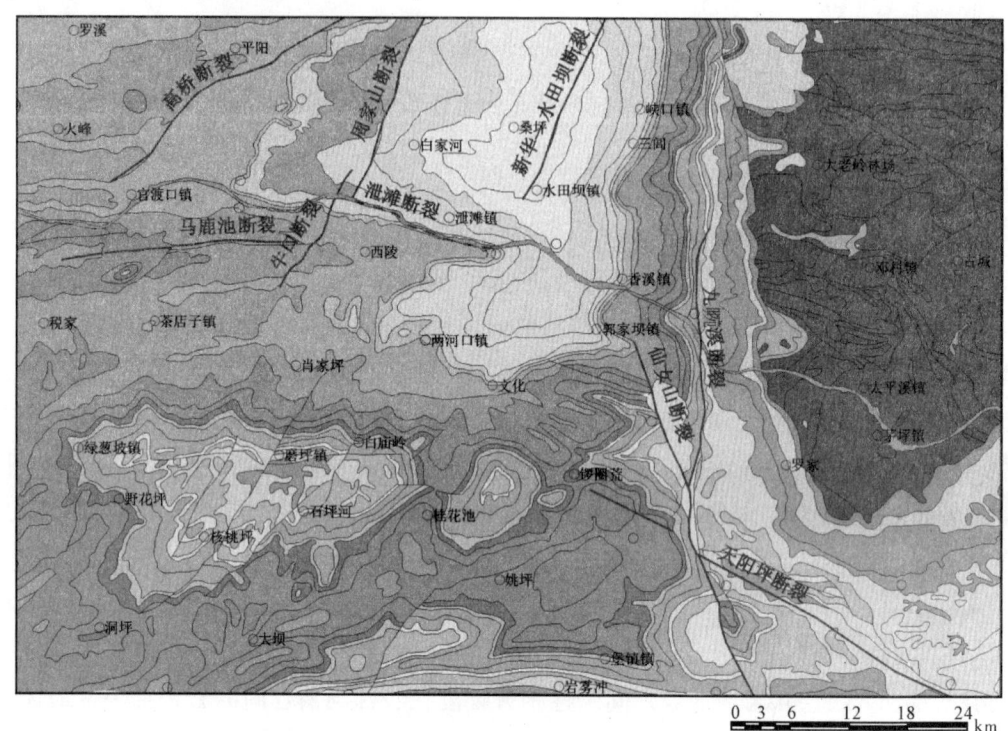

图 9-19　区域地质构造图

9.2.3　地震活动

震中附近区域历史上发生 $M \geqslant 4.8$ 级地震 2 次（表 9-1），最大震级为 $M5.1$ 级，位于秭归县龙会观，震中烈度为Ⅶ度。

表 9-1　　　　　　　　　　附近区域历史地震目录

编号	发震时间 年-月-日	震中位置			震源深度(km)	震级 M	震中烈度
		纬度(°)	经度(°)	参考地名			
1	1961-03-08	30.28	111.2	宜都市潘家湾	14	4.9	Ⅶ
2	1979-05-22	31.1	110.5	秭归县龙会观	16	5.1	Ⅶ
3	2013-12-16	31.1	110.4	恩施市巴东县	5	5.1	Ⅶ

1979 年 5 月 22 日秭归龙会观发生 $M5.1$ 级地震（图 9-20）。这是一次孤立型较小中强震，仅于 5 月 31 日在距主震约 5km 的 NE 向有一次 $M0.7$ 级小震。但是，就震前区域小震活动分析，存在秭归—保康 NE 向小震条带和秭归—荆门 EW 向小震条带，两小震条带交会部位即为 5.1 级地震的孕震地段。

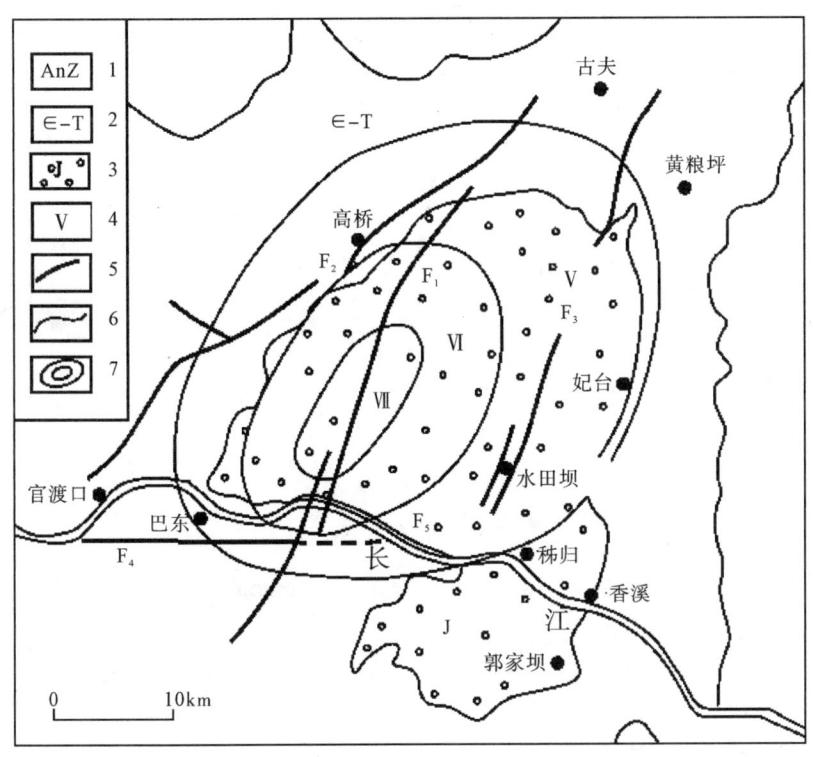

图 9-20　1979 年 5 月 22 日秭归龙会观 5.1 级地震和震中区断裂构造图
(据峡东工程地震,李安然等,1996,修订)

1. 前震旦系;2. 寒武—三叠系;3. 侏罗系;4. 烈度值;5. 断裂;6. 地质界线;7. 等震线;
F_1. 周家山—牛口断裂;F_2. 高桥断裂;F_3. 水田坝断裂;F_4. 马鹿池断裂;F_5. 泄滩断裂;● 宏观震中

这次地震的宏观等震线长轴为 NNE 向,极震区为Ⅶ度。秭归龙会观 5.1 级地震测震震源深度 16km,但据宏观等震线求得的震源深度为 9km,衰减系数 2.0。5.1 级震源机制解为:节面 A 走向 296°、倾向 SW、倾角 73°,节面 B 走向 37°、倾向 NW、倾角 59°,P 轴方位 349°、仰角 8°;T 轴方位 253°、仰角 35°,左旋逆平移断层作用。显然,这次中强震震源应力状态明显不同于鄂西小震叠加平均应力场(P 轴:NE—SW,T 轴:NW—SE)。

9.3　地震成因机理分析

9.3.1　秭归县屈原镇 $M4.1$ 级地震

(1)相关地质构造特点

震区东部发育有巨大的太古代黄陵花岗岩(γ)与闪长岩(δ)侵入体,为黄陵背斜的轴部;西部为规模很大、主要以侏罗系碎屑岩组成的秭归向斜区;两个区之间为黄陵背斜之西翼,发育有震旦系到三叠系地层(图 9-21),其走向近 NS,倾向近西,倾角多为 20°~30°,$M_S4.1$ 级地震的宏观震中位于三叠系中上统(T_{2-3})灰岩发育地区。

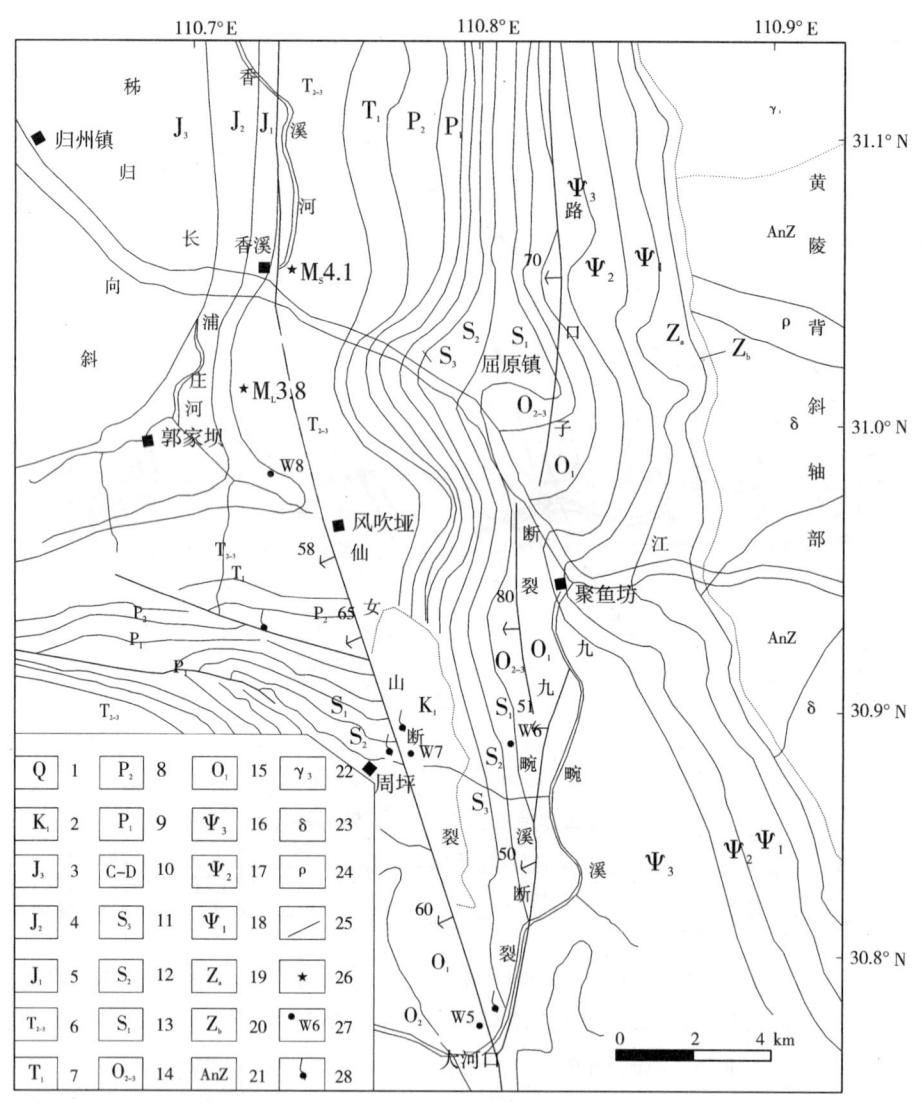

图 9-21 地震区区域地质简图

（以 1∶20 万湖北省地质图与 1∶75 万长江三峡区域地质图为基础补充改编）

1. 第四系；2. 白垩系；3. 侏罗系上统；4. 侏罗系中统；5. 侏罗系下统；6. 三叠系中上统；7. 三叠系下统；8. 二叠系上统；9. 二叠系下统；10. 石炭—泥盆系；11. 志留系上统；12. 志留系中统；13. 志留系下统；14. 奥陶系中上统；15. 奥陶系下统；16. 寒武系上统；17. 寒武系中统；18. 寒武系下统；19. 震旦系上统；20. 震旦系下统；21. 前震旦系变质岩；22. 花岗岩体；23. 闪长岩体；24. 蛇纹石化橄榄岩体；25. 断层；26. 震中及震级；27. 地下水观测井及编号；28. 泉

震区主要构造是仙女山断裂带与九畹溪断裂带。仙女山断裂带为黄陵背斜与秭归向斜的分界断裂，地貌上主要表现为深切河谷、垭口与断层崖等，总体走向 NNW15°～25°，断层面主要倾向 SW，倾角 60°～80°，由一系列呈雁行排列的断裂组成，从卫星影像及地表构造迹象判断，该断裂很有可能向北延伸穿过长江，长度超过 230km。断裂面多平直，具擦痕，以水平擦痕为主。断裂带宽几米至几十米不等,带内破劈理发育,构造岩主要为压碎岩与角砾岩,局部可见断层泥。该断裂可能生成于白垩纪之后,主要活动方式为走滑扭动,NE盘向南顺扭,历史上至少经历过两次扭动,早期以顺扭为主兼压性,晚期以反扭为主兼张性,至今仍有活动迹象。该断裂切割了震旦系至白垩系的地层,切割了深源的石英脉,属于基底断裂。

九畹溪断裂带由九畹溪断裂与路口子断裂组成。九畹溪断裂走向NWW,倾角70°~80°,也是多期活动的断裂,全长约15km,到南部归并到仙女山断裂带中。路口子断裂走向近SW向,倾向NWW或W,倾角67°~69°,也有多次活动,该断裂穿过长江。这两条断裂活动均以扭性为主,早期兼压性,后期兼张性。

震区两条断裂带也是重要的水文地质单元,特别是仙女山断裂带的水文地质特征,与本次地震的发生可能密切相关。仙女山断裂带是一条富水的导水断裂。野外调查表明,在该断裂的中南段出露有多个流量较大的上升泉,其中中段的周坪断层泉出露高程为585m,流量为7.7L/s(1998年10月11日)。南段的大河口溶洞泉出露高程为约300m,流量大时可达几十升每秒(夏季)。根据钻井资料,位于该断裂中段的周坪(W_7)井,井深60m,为自流井,流量为0.08L/s(2003年6月7日);位于该断裂南段的大河口(W_5)井,井深128m,井水自喷,喷高大于1m,流量达6.3L/s。在W_5井抽水试验结果,断层带的渗透系数为0.07m/d。上述结果表明,仙女山断裂带上的现今地下水活动十分活跃。通过周坪附近横穿仙女山断裂带的形变观测隧洞揭露,该断裂破碎带宽十几米,可见大片的地下水渗流及其产生的现今石钟乳、石柱、石幔、石笋等岩溶堆积作用,也说明了仙女山断裂为富水的导水断裂,沿该断裂地下水活动十分强烈。

九畹溪断裂带在地表虽未见较大的泉水出露,但在横穿该断裂的形变观测隧洞中,也可见沿断裂带潮湿、渗水与滴水等现象,说明也存在一定的地下水活动。由此可见,屈原镇M_S4.1级地震位于岩溶较发育且渗透性较强的灰岩地层中,沿着富水性与导水性很强的仙女山断裂带上发生。

(2)震源机制解

震源机制解揭示出震源破裂为NNW向断裂的逆冲左旋走滑错动,P轴压应力方位角为287°,仰角为33°,主要受压应力作用(图9-22)。

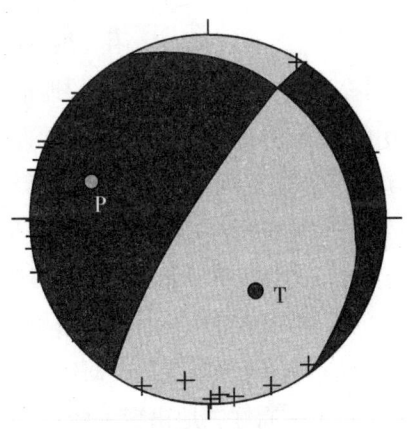

图9-22 秭归县屈原镇4.1级地震震源机制解

(3)地震前的重力场异常

三峡精密重力网2007年11月至2008年3月的重力场复测发现在香溪到茅坪之间的水库北岸存在正异常区,异常幅度达到$30×10^{-8}m/s^2$(图9-23)对于这一异常的成因,研究认为与水库蓄水渗入地下深处有关。这一重力场的中期异常现象是明显的,但异常特征与地震关系较为复杂。异常区的展布方向虽与水库走向一致但与断裂走向不一致,异常区的位置虽偏于水库一侧(长江左岸),但最大异常点与震中区的分布基本一致,异常区形成的时间虽与水库蓄水有关,但与三峡水库第三次蓄水并不同步。因此,仍无法确定该异常为屈原镇 $M_S4.1$ 级地震的前兆异常。

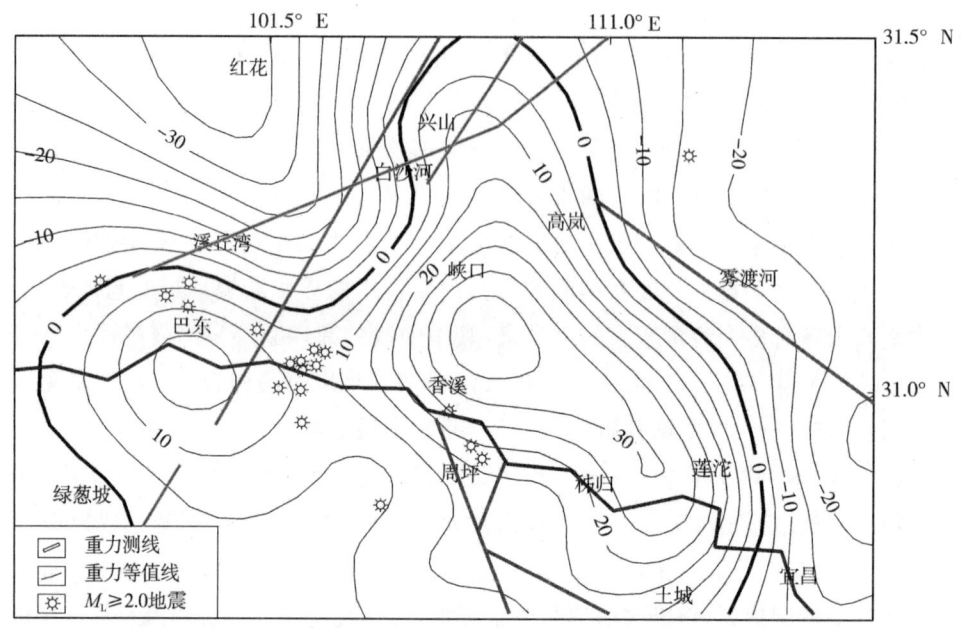

图 9-23　屈原镇 $M_S4.1$ 级地震前的三峡库首区流动重力场异常(据湖北省地震局,2009)

(4)等效应力变化

吴建超等(2012)运用三维有限元方法,在三峡水库蓄水诱发库首区大量地震的大背景中,充分考虑了三峡库首区的地形地势、地壳分层、对地质构造运动和地震活动起着重要作用的断裂带,采用连续介质力学方法处理断裂带的力学特征,通过用 GPS 速度场做位移边界约束和用宏观地貌分析、形变测量、震源物理分析、地应力测量等做受力边界条件,建立了三峡库首区三维线弹性有限元模型。计算得到了三峡库首区 12km 深度范围内的等效应力场,与该地区 GPS 测量结果和震源机制分布特征基本一致。在此基础上,考虑了蓄水所导致的水体荷载和岩石弱化等影响,模拟计算得到了 172m 水位下三峡库首区上地壳中等效应力场的空间分布特征。研究认为,172m 水位试验性蓄水之后,地壳深处 8km 附近沿着新滩、归州和周坪三地出现了较大范围的等效应力高值区,长轴近似呈 NE 向。等效应力的大小约为 900MPa。分析该等效应力高值区附近的地质构造,认为该等效应力高值区与九畹溪断裂、仙女山断裂及新华—水田坝断裂的围限作用相关,同时还可能与该区域的库水渗透作用有密切关系。

库首区等效应力场的变化与屈原镇 $M_S4.1$ 级地震模拟结果表明,沿屈原镇 $M_S4.1$ 级地震的震源深度附近,模型中香溪库段出现的小范围等效应力递增区与 172m 水位蓄水后发生的 7 次 $M_L2.5$ 级以上地震基本一致,其中包括此次屈原镇 $M_S4.1$ 级地震。本次地震的震源深度为

5～8km，位于三维模型的中部，受底面边界条件的影响较小，模拟结果较为准确可靠。

(5)地震成因机理分析

通过以上分析，认为屈原镇 $M_S4.1$ 级地震属于构造型水库诱发地震，主要基于如下特征：

①地震发生在富水而导水的仙女山断裂构造带上，该断裂北部由 2～3 条 NW340°～350° 的小断裂平行排列而成。该断裂早—中更新世有明显活动，晚更新世以来活动不明显。断裂两侧地形、夷平面、河流阶地有明显差异，河床纵坡降亦有较大变化。历史上在该断裂南侧、东侧和北段曾发生过 $M4.9$ 级(1961年)和3.0级(1972年)地震，具有中强地震的孕震条件。

②宏观震中的库岸距小于 1km，震中区没有矿山，也不存在大型水平溶洞。

③震源机制解表明，震源破裂方式为逆冲左旋错动，与塌陷诱发地震常有的拉张型的正断层错动明显不同。

④震源深度为 5～8km，与一般塌陷型地震震源深度不足 1km 存在较大差距。

⑤震中区人感为先上下颠簸后左右摇晃等。

⑥地震发生在该等效应力高值区与东部大范围低值区的过渡带上，等效应力差值约为 400 MPa，属等效应力变化最为剧烈、最易产生应变能积累和应力集中的区域。水库蓄水后，震中区域附近等效应力场发生了较大的变化，应是库水荷载、下渗腐蚀背景下引起的水文地质条件变化及上地壳表层应力状态调整的结果。

综上所述，屈原镇 $M_S4.1$ 级地震的发生，可能是因为三峡水库第三次蓄水引起的水体荷载加剧了仙女山断裂带断层面上的剪应力作用，同时也增大了断层面上的正应力作用，而水库蓄水引起的断层带上水的下渗作用导致了断层带上孔隙压力显著增大和断层面上的摩擦系数变小，最终导致库仑破裂应力显著增大，其结果引发了屈原镇 $M_S4.1$ 级构造型水库诱发地震。

9.3.2 巴东县东瀼口镇 $M5.1$ 级地震

(1)相关地质构造特点

震中区位于扬子地台川东坳陷褶皱束东端，区域性褶皱主要为一系列 EW 向弧形褶皱，背斜多为紧闭背斜，局部有倒转现象；向斜为复式向斜。巴东县城区的地质构造以近 EW 向褶皱为主，断层次之。

本区地层倾向南东，倾角 20°～35°，自 NW 向 SE，地层依次为三叠系下统(T_1)大冶灰岩、嘉陵江灰岩、三叠系中统(T_2)巴东组微晶灰岩和紫红色泥岩、三叠系上统(T_3)九里岗组紫红色砂岩、泥岩页岩夹煤层、侏罗系下统(J_1)紫红色泥岩、砂岩、页岩夹煤线和侏罗系中统(J_2)紫红色泥岩砂岩。

距本次地震震中最近的区域性断裂为周家山—牛口断裂带，距离约 7km，该断裂走向 NE20°，倾向 NW，倾角 60°～80°，为一正断层。震中北部亦见一条次级断裂——大坪断裂，距震中 3.5km，该断裂走向 NEE85°，倾向 SW，正倾滑性质。震中附近三叠系下统地层含煤层,灰岩区岩溶发育。

(2)震源机制解

湖北省地震局监测预报中心科研人员采用湖北省台网 26 个子台及三峡遥测地震台网 16 个子台,共 42 个台站的 P 波初动资料对 $M5.1$ 级主震进行了分析,震源机制解显示断层节面 1 走向 117°,倾角 28°,滑动角 −136°,断层节面 2 走向 347°,倾角 71°,滑动角 −68°,为正断倾滑性质。采用 CAP 方法计算 $M5.1$ 级主震的震源机制解,其结果与中国地震局台网中心结果一致,断层节面 1 走向为 343°、倾角为 80°、滑动角 −34°,节面 2 走向为 74°、倾角为 56°、滑动角 −178°,为正断倾滑型,与 P 波初动结果基本吻合。

根据湖北省台网及三峡遥测地震台网记录资料,同样采用 P 波初动方法对 4 次 $M2.0$ 级以上的地震进行了震源机制解分析(图 9-24),最大余震 $M2.5$ 级地震的震源机制解为逆冲倾滑型,另外 3 个则分别为走滑正断型、倾滑逆冲型以及走滑逆冲型。结合该区地质构造,主震震源机制为正断倾滑型应是比较可靠的。$M2.0$ 级以上较大有感地震的震源机制解存在较大差异,没有统一的破裂方向,说明该区域构造应力场在 $M5.1$ 级主震后发生了调整。

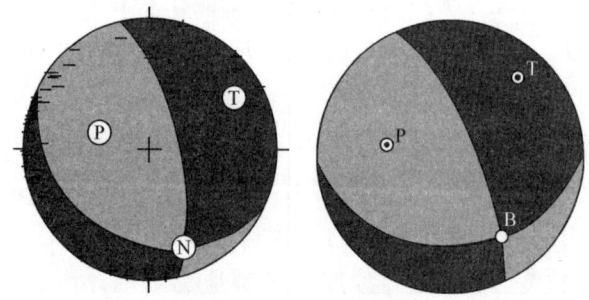

2013 年 12 月 16 日 13 时 4 分 $M5.1$ 级(左为监测预报中心结果;右为台网中心结果)

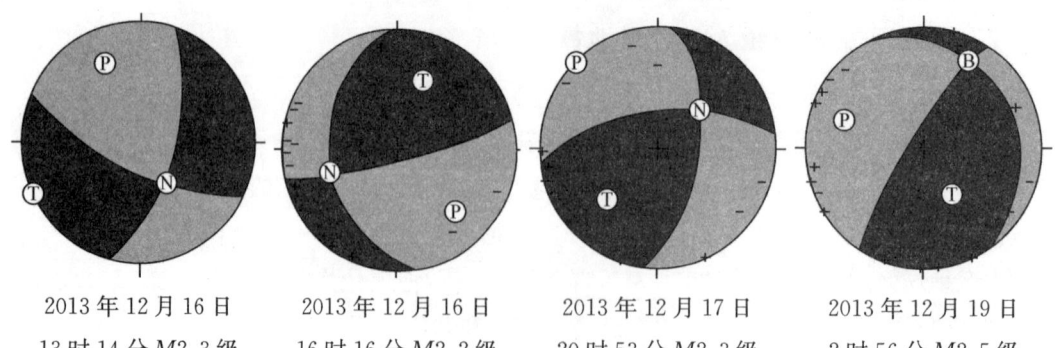

| 2013 年 12 月 16 日 13 时 14 分 $M2.3$ 级 | 2013 年 12 月 16 日 16 时 16 分 $M2.2$ 级 | 2013 年 12 月 17 日 20 时 53 分 $M2.3$ 级 | 2013 年 12 月 19 日 2 时 56 分 $M2.5$ 级 |

图 9-24 $M5.1$ 级主震及 $M2.0$ 级以上余震震源机制解(湖北省地震局监测预报中心)

(3)频谱分析

从波形特征分析,巴东 $M5.1$ 级主震的波形(图 9-25)与 2011 年江西瑞昌阳新 $M4.6$ 级和 2008 年 3 月 24 日竹山 $M4.6$ 级典型的构造地震存在明显差异,相同时间长度的波形相对疏松,与塌陷地震波形有相似特征;$M_L2.0$级以上较大余震波形多具有与构造地震相似的特征,而$M_L2.0$级以下较小余震波形多为塌陷型地震的特征。

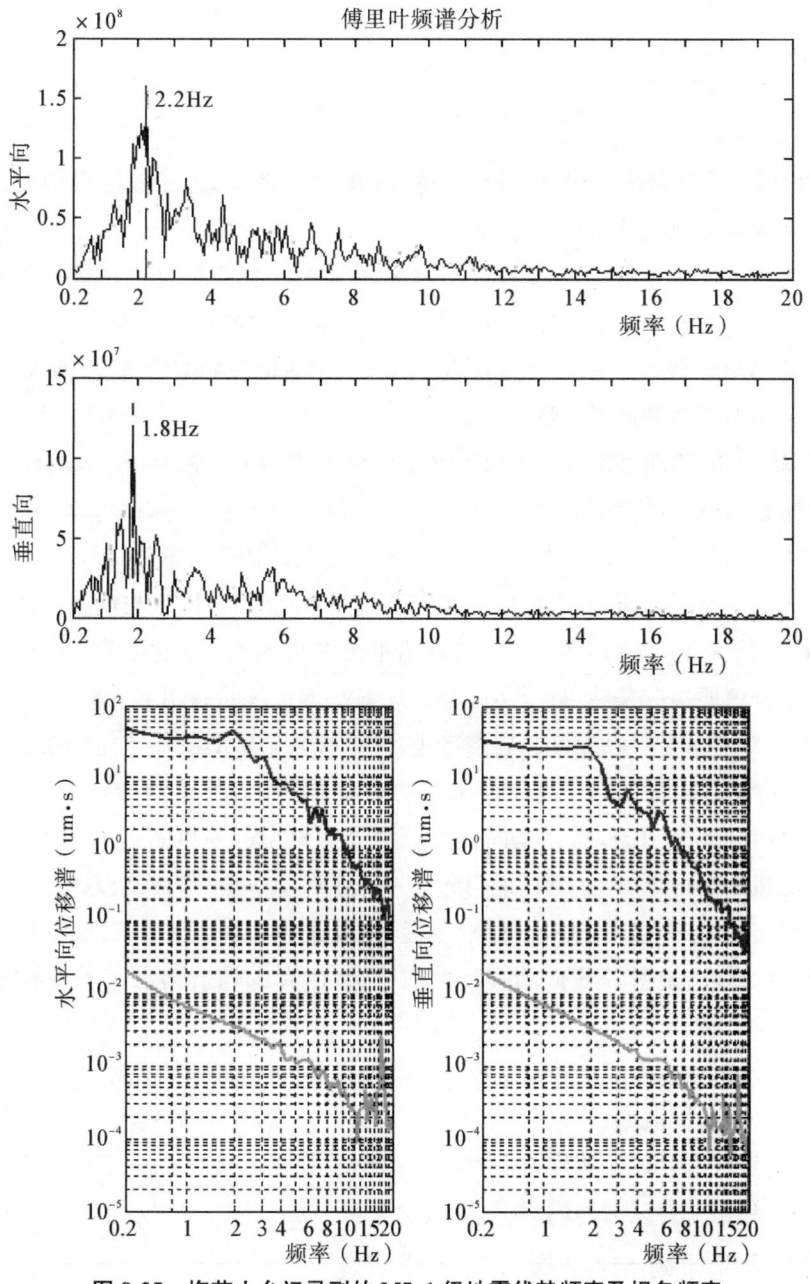

图 9-25 梅花山台记录到的 M5.1 级地震优势频率及拐角频率

(4)成因机理分析

①巴东 $M5.1$ 级主震位于三叠系中统(T_2)巴东组与侏罗系下统(J_1)地层交界处,主要岩性为紫红色泥岩、砂岩、微晶灰岩、页岩夹煤线。余震主要分布在三叠系中统巴东组紫红

色砂岩、泥岩以及上统嘉陵江组的灰岩区内。主震是在175m高水位运行期发生的,距离长江干流4.6km,与水库蓄水相关。该区断裂构造多为张性,为库水向纵深渗透提供了条件。余震主要发生在主震西侧,$M_L1.5$级以上较大余震主要分布在长江以北,距离库岸5km范围内,极少部分极微震发生在长江以南。

②主震震源深度较浅,约为5km,比湖北及周边地区及三峡地区构造地震的震源深度(在10km以上)要浅。

③b值分析结果显示该序列地震较为完整,b值约为0.82,大于该区域构造地震的b值(0.6),具有水库诱发地震的特征。

④从地震波形特征分析,巴东$M5.1$级主震的波形与典型的江西瑞昌—阳新$M4.6$级地震和湖北竹山$M4.6$级构造地震存在差异,相同时间长度的波形相对疏松,与塌陷地震波形有相似特征;$M2.0$级以上较大余震波形多具有与构造地震相似的特征,而$M_L2.0$级以下较小余震波形多为塌陷型地震的特征。

⑤从频谱特征分析,典型构造地震频率成分复杂,具有较大的拐角频率且高频成分丰富;塌陷型地震拐角频率较低且频率成分单一;巴东$M5.1$级主震频率较单一,拐角频率也不高,略大于塌陷地震。$M2.0$级以上余震高频成分发育,频率成分复杂,拐角频率较高,接近构造地震。

⑥从震源机制特征分析,此次地震主震震源机制为正断倾滑型,与塌陷诱发地震常有的拉张型正断错动性质相似。烈度等震线长轴沿近EW向展布,与主震震源机制解近EW向节面一致。结合地质构造条件,分析主震是在近EW向大坪断裂切穿三叠系—奥陶系地层,在库水作用下,对石膏层、软弱岩层、岩溶带进行溶蚀(软化),形成临空面。在重力荷载作用下,断裂上盘下端应力集中,向下垮塌而引起的。即主震是在库水渗透作用下,由近EW向小断层破裂带滑动破裂引起,与北东向高桥断裂及周家山—牛口断裂构造无关。$M2.0$级以上余震震源机制解与主震不一致,说明此次地震序列没有统一的破裂方向。

⑦此次地震与1979年秭归龙会观$M5.1$级地震及2008年11月22日秭归$M4.1$级地震均不同,前者为构造地震,NE向断裂为发震构造;后者为构造型水库诱发地震,NNW向仙女山断裂为发震构造。

综上分析,巴东$M5.1$级主震是在三峡175m高水位运行期,由库水渗透作用诱发的具有塌陷特征的非典型构造地震。$M2.0$级以上的较大余震,从波形和频谱特征等分析,多属构造地震,由主震发生后该区域构造应力场的调整所引起。$M_L2.0$以下较小余震多具塌陷型地震的特征,应是灰岩区岩溶塌陷引起。

9.3.3　秭归县屈原镇$M4.2$级、$M4.5$级地震

(1)相关地质构造特点

此两次地震震中均位于秭归向斜与黄陵背斜的交会部位,处于NNW向仙女山断裂北段和NNE向九畹溪断裂组合形成的仙女山地堑内,其间堆积白垩系下统砂砾岩。秭归$M4.2$级和$M4.5$级地震是在岩溶较发育且渗透性较强的灰岩地层中,沿着富水导水性很强

的仙女山断裂带孕育发生。

通过对三峡数字地震台网近三个月记录数据分析发现,本地震序列为双震型,前一主一余震的分布范围大致为 $30°50′\sim31°00′N,110°42′\sim110°50′E$。

(2)主震前震区地震活动情况

从2月24日开始,在震中区开始出现地震活动活跃趋势。发震前1个月共记录 $M_L\geqslant0$ 级地震140次,其中 0～0.9 级地震 108 次、1.0～1.9 级地震 30 次、2.0～2.9 级地震 2 次,最大地震 $M_L2.2$ 级。主震前 $M_L\geqslant0$ 级地震震中分布见图 9-26,主震前 M-T、N-T、H-T 见图 9-27。从图 9-26 可以看出,震前地震总体上呈 NW 向条带状分布,长轴为 NW 向,短轴为 NEE 向,特别是在短轴方向密集发生。

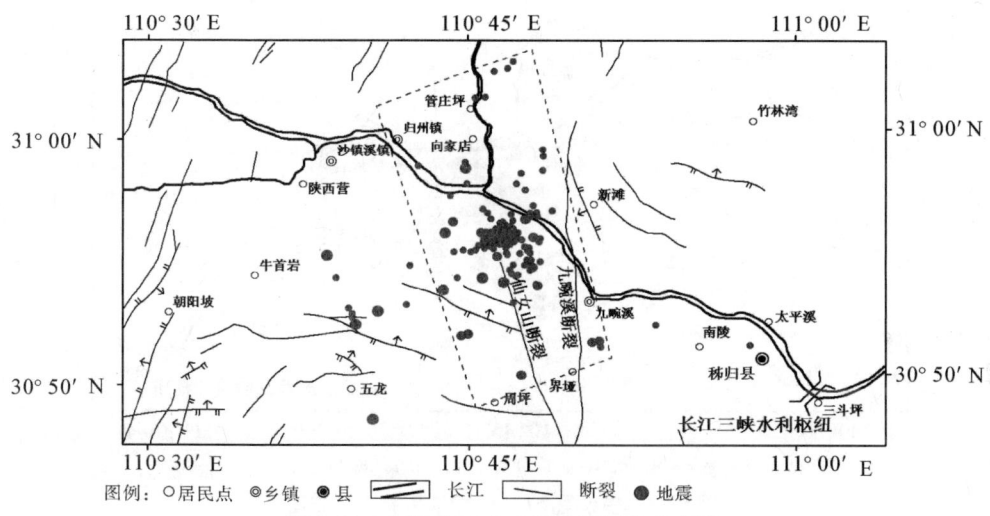

图 9-26 主震前 $M_L\geqslant0$ 级地震震中分布图

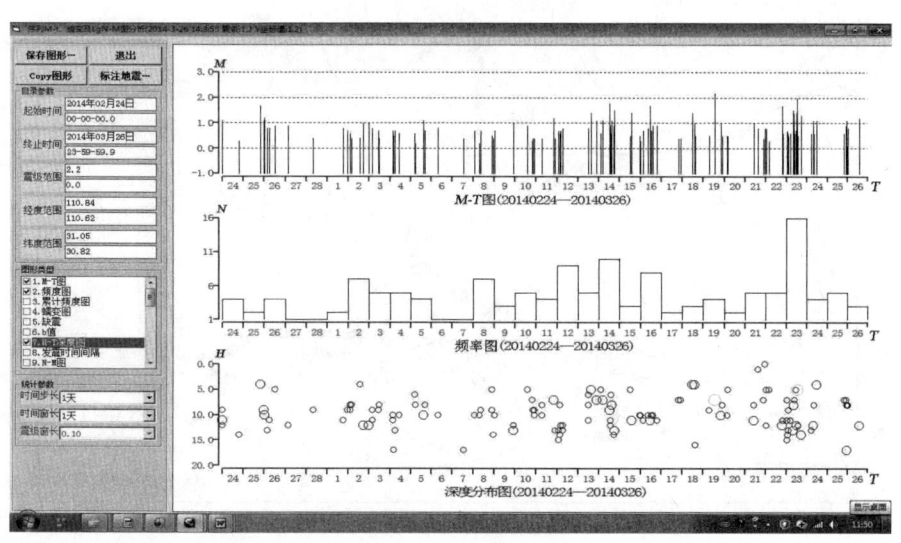

图 9-27 主震前 $M_L\geqslant0$ 级地震 M-T、N-T、H-T 图

(3)主余震记录情况

从 3 月 27 日至 4 月 3 日 12 时,三峡台网在秭归县郭家坝镇共记录到 $M_L \geqslant 0$ 级地震 540 次,其中 0～0.9 级地震 284 次,1.0～1.9 级地震 219 次,2.0～2.9 级地震 32 次,3.3～3.9 级地震 3 次,$M_L \geqslant 4.0$ 级地震 2 次,最大地震是 3 月 30 日 0 时 24 分发生的 $M_L 4.9$ 级。主余震 $M_L \geqslant 0$ 级地震震中分布见图 9-28,主余震 $M_L \geqslant 2.0$ 级地震震中分布见图 9-29,主余震 $M_L \geqslant 0$ 级地震 M-T、N-T、H-T 图见图 9-30,主余震 $M_L \geqslant 0$ 级地震频次衰减 P 值分布见图 9-31。

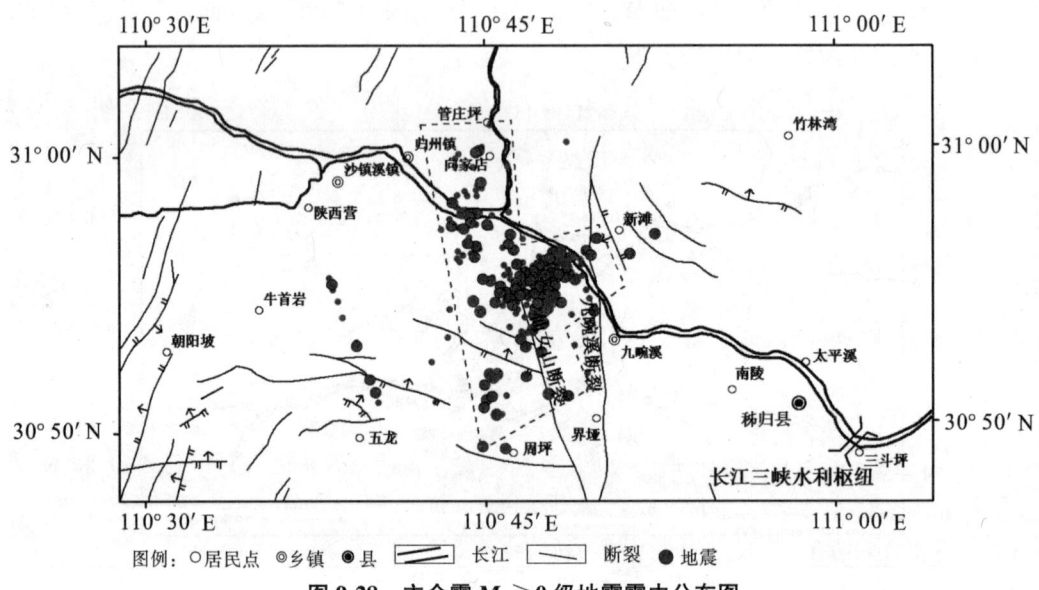

图 9-28 主余震 $M_L \geqslant 0$ 级地震震中分布图

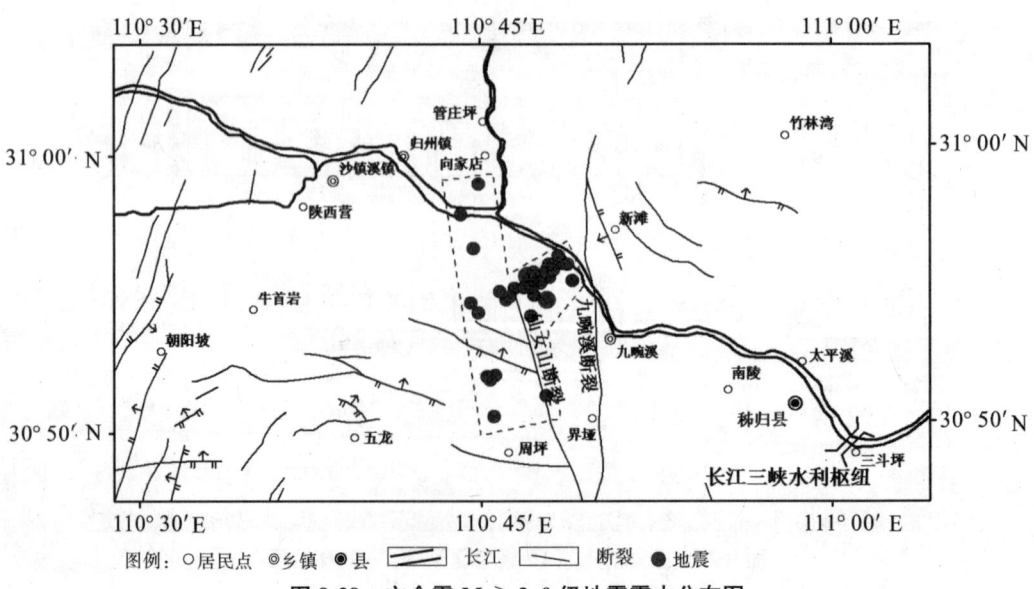

图 9-29 主余震 $M_L \geqslant 2.0$ 级地震震中分布图

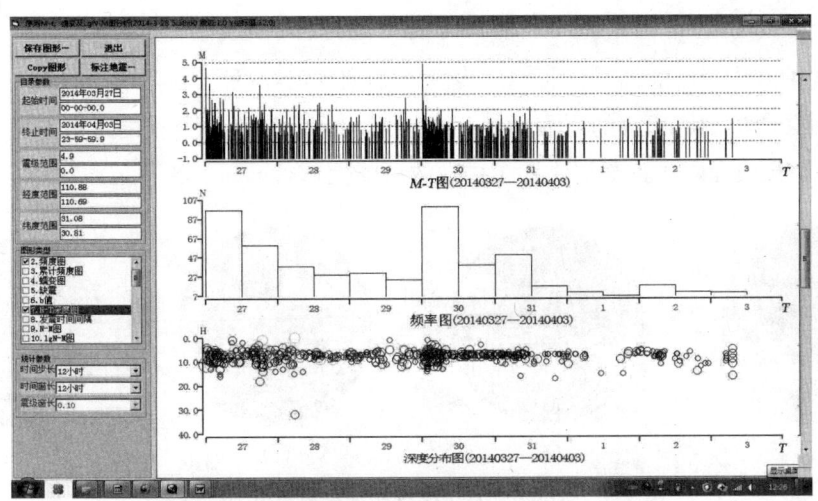

图 9-30　主余震 $M_L \geqslant 0$ 级地震 M-T、N-T、H-T 图

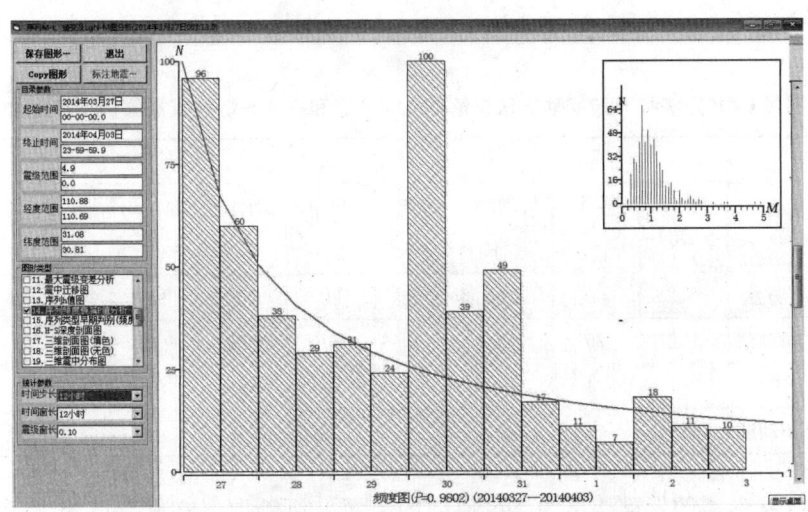

图 9-31　主余震 $M_L \geqslant 0$ 级地震频次衰减 P 值分布

从图 9-28 和图 9-29 出,主余震在空间分布上呈"Y"形,与仙女山、九畹溪断裂构造呈"Y"形十分一致,且两个主震微观震中定位正好在两断裂相夹的地堑中,在断裂的末端,在库水淹没区边缘,距离长江干流都不超过 3km。断裂为张性断裂,有利于库水渗透。地震分布长轴方向与仙女山断裂走向较为一致。短轴方向地震则以长江为界,几乎 99% 的地震发生在江南。80% 的地震距离长江库岸在 5km 以内。

从图 9-30 和图 9-31 可以看出,地震震源深度多在 5~11km 范围内。地震日频次呈现快速衰减趋势。特别是 3 月 30 日 M_L 4.9 级地震之后,地震强度突然下降,M_L 2.5 级以上地震几乎没有,可见近期此区域能量释放充分。

(4) 震源机制解

采用 CAP 法和 P 波初动法,分别进行秭归 M4.2 级和 M4.5 级两次地震震源机制的求解。

对比两种方法得出的结果(图9-32,表9-2)不难发现,两种方法具有很好的一致性,说明这两次地震震源机制解求解的可靠性。两次地震均为带有逆冲分量的走滑型地震,可以排除震中区NNE向九畹溪正断层为发震构造的可能性。

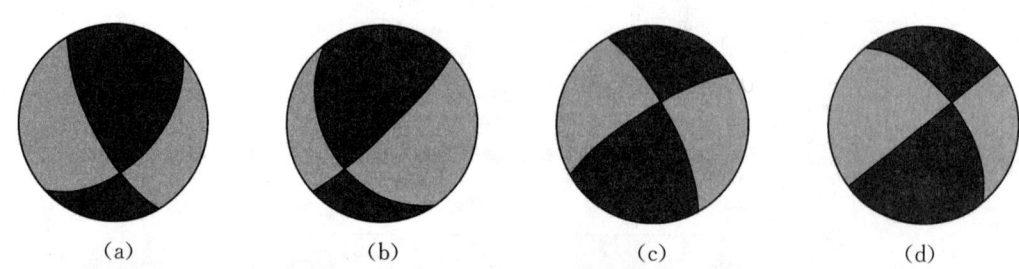

图9-32 M4.2级和M4.5级地震震源机制解结果

(a),(c)利用CAP方法和P波初动法求解的M4.2级地震震源机制;
(b),(d)利用CAP方法和P波初动法求解的M4.5级地震震源机制

表9-2 利用CAP方法和P波初动方法求解的M4.2级和M4.5级地震震源机制解对比

	方法	节面Ⅰ			节面Ⅱ			P轴		T轴	
		走向(°)	倾角(°)	滑动角(°)	走向(°)	倾角(°)	滑动角(°)	方位角(°)	仰角(°)	方位角(°)	仰角(°)
$M4.2$级地震	CAP方法	142	60	0	52	90	150	101	21	3	21
	P波初动法	152	75	13	58	77	164	95	11	15	41
$M4.5$级地震	CAP方法	331	71	40	226	53	156	96	26	13	39
	P波初动法	325	41	12	226	82	130	105	2	15	20

如果M4.2地震的发震构造为NNW向的节面Ⅰ,则断层以左旋走滑为主,兼具少量逆断性质,倾向SW,断层面倾角较大,与NNW向仙女山断裂基本吻合。但从震源深度剖面分析可知,地震主要分布在NNW向断裂的NE侧,而不是SW侧,所以此次地震的发震构造不是仙女山断裂,而是另外1组倾向NE的NNW向断裂。同样,对于M4.5级地震,如果发震构造为NNW向的节面Ⅰ,则断层以左旋走滑为主,兼具逆断性质,断层倾向NE,地震震中应主要位于地表可见NNW向断裂的NE侧。这与精定位后震源深度剖面分析的结果吻合,即倾向NE的NNW向断裂可能为其发震构造。两次地震的P轴方位角分别为95°和101°,即最大主压应力方向为NEE—EW向,仰角较小,应力场近水平挤压。T轴方位角分别为3°和195°,最大张应力方向为NNW—SN向,仰角也较小。李蓉川等(1984)利用三峡地区小震综合节面解得到该地区最大主压应力方向为NE,主张应力方向为NW。可见,秭归两次4.0级以上地震得到的主压应力场与三峡地区现代构造应力场方向一致(高士钧等,1992),受区域构造应力场的控制。结合地震精定位结果综合分析,M4.2级地震的发震构

造可能是 NE 向的节面Ⅱ(走向 54.5°,倾角 63.1°,滑动角 170.7°),而 M4.5 级地震则可能由走向 331°、倾角 71°的逆走滑断层引起。

(5)基于 ETAS 模型的流体触发地震强度检测

王秋良等(2016)对这两次地震序列进行了 ETAS 模型拟合(图 9-33),从拟合结果来看,地震序列活动的流体触发因子 μ 值为 0.454,比三峡水库水位缓慢下降阶段的 μ 值低。蒋海昆等(2012)对三峡水库 2003 年 5 月 135m 水位蓄水至 2009 年 10 月 31 日 175m 水位的蓄水期间各加、卸载阶段流体触发地震所占比例进行分析,得出在库水缓慢卸载阶段,流体对地震活动的触发影响相对于加载期较弱。秭归 M4.2 级和 M4.5 级地震分别发生在第 6 次 175m 试验性蓄水高水位后的水位缓慢下降阶段和缓慢下降后的库水抬升阶段,α 和 p 值分别为 0.86 和 0.99,流体触发地震所占比例 R_b 为 0.09。由此可见,三峡库水对于秭归地震序列有一定的触发作用,但影响相对较小。

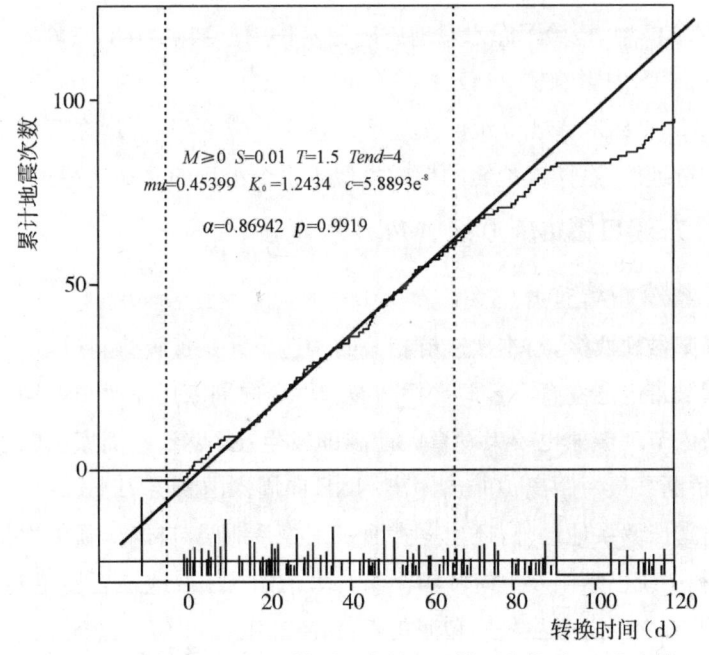

图 9-33 秭归两次地震序列 ETAS 模型拟合结果及模型参数(据王秋良等,2016 年)

(6)地震成因机理讨论

①秭归县发生的 M4.2 级和 M4.5 级地震序列类型为双震型,重新精定位结果显示,M4.2 级和 M4.5 级地震序列主要集中分布在 NNW 向仙女山断裂与 NW、NE 向次级小断层的交会部位,与双震型序列往往与共轭构造相联系的观点相吻合(蒋海昆等,2006)。

②两次 4.0 级以上地震的震源机制解均显示走滑兼逆断性质,故可以排除 NNE 向九畹溪正断层为发震构造的可能。从余震优势展布方向分析,M4.2 级和 M4.5 级地震的发震构造存在差异,分别为走向 NE,倾角较陡的节面Ⅱ和走向 NNW,倾角较陡的节面Ⅰ。通过对

两个地震序列分别进行空间和震源深度剖面分析,可以认为,$M4.2$ 级和 $M4.5$ 级地震分别沿走向 NE 和走向 NNW 的陡倾断层发生。

③野外宏观考察发现,在 $M4.2$ 级地震序列的附近存在 1 条走向 NE50°~60°、高倾角的逆走滑断层,与震源机制解的 NE 向节面产状及性质基本一致;佐证了 $M4.2$ 级地震沿 NE 向断层发生了以右旋走滑为主的破裂,破裂长度约 2.5km。

④震源深度剖面呈现三角形分布,推测在 NE 向断层的右侧存在 1 个走向 NW 的界面约束,该地震触发紧邻的 NNW 向仙女山断层发生逆左旋走滑型的 4.5 级地震破裂。

⑤两次地震的最大主压应力方向均为近 EW,与三峡地区现代构造应力场方向一致,说明可能受区域构造应力场的控制。

⑥整个地震序列发生在三峡水库第 6 次 175m 试验性蓄水高水位运行后的水位缓慢下降阶段,依据 G—R 关系,求得该地震序列的 b 值约为 0.858,与廖武林等(2009)得到的三峡及邻区较深地震的 b 值 0.94 接近,反映了地震序列构造地震的特征。

⑦利用 ETAS 模型,检验了库水对地震的触发作用。结果表明,三峡库水对秭归地震序列有一定的触发作用,但影响较小,仅占 9%。

综上,秭归 $M4.2$ 级和 $M4.5$ 级两次地震是在库水位下降阶段,在区域构造应力场作用影响下发生的构造地震,这两次地震的形成类似于 1 个小型的共轭破裂。

9.3.4　巴东县东瀼口镇 $M4.0$ 级、$M4.1$ 级地震

9.3.4.1　相关地质构造特点

震区位于秭归盆地西缘,与本次震群相关的构造单元是黄陵背斜(地块)和秭归向斜(盆地)、秭归复式褶皱带内还发育 NE 向高桥断裂、NNE 向周家山—牛口断裂和新华—水田坝断裂,此外,区域内节理裂隙也较为发育。地震即发生在 NNE 向周家山断裂和 NE 向高桥断裂之间,距高桥断裂最短距离 10km,距离 NNE 向周家山断层 7km。

震中区除出露侏罗系地层外,还出露大面积三叠系地层,自老至新依次是三叠系下统大冶组、嘉陵江组和中统巴东组及上统沙镇溪组。大冶组(T_1d)地层岩性主要为浅灰、灰黄色薄层微晶灰岩,夹有中厚层微晶灰岩和泥灰岩;嘉陵江组(T_1j)为一套碳酸盐岩沉积,岩性以浅灰色中厚层微晶灰岩及白云岩为主;巴东组(T_2b)地层则为一套厚度较大的软硬相间的紫红色碎屑岩和碳酸盐岩沉积,可以分为五段,一段(T_2b^1)、三段(T_2b^3)和五段(T_2b^5)岩性以灰绿、黄绿、灰色灰质泥岩夹泥晶灰岩、白云岩为主;二段(T_2b^2)和四段(T_2b^4)岩性则以紫红色黏土质粉砂岩泥岩互层、紫红色泥岩夹粉砂岩为主。上统沙镇溪组(T_3S)岩性为灰绿色或是灰色薄层、厚层石英砂岩、粉砂岩、黏土岩夹有煤层,与下伏地层呈平行不整合接触。

9.3.4.2　蓄水前后地震活动特点

(1)蓄水前震群区地震活动情况

1959 年至蓄水前 2003 年 5 月本地震区(31.00°~31.17°N,110.25°~110.59°E)地震很

少,共记录地震 26 次,其中 $M_L \geq 2.0$ 级以上地震 6 次,$M_L \geq 3.0$ 级地震 2 次,震中分布见图 9-34。从图 9-34 可以看出,蓄水前震中区地震相对较少,高桥断裂带上地震活动较弱。但在震中区发生了两个与高桥断裂和秭归盆地相关的 $M2.0$ 级以上地震,分别是 1979 年 5 月 22 日的秭归龙会观 $M_S5.1$ 级地震和 2000 年 6 月 19 日高桥 $M_L3.6$ 级地震。可见,蓄水前震中区是一个地震活动频次较低,但具有发生 $M5.0$ 级左右地震背景条件的区域。

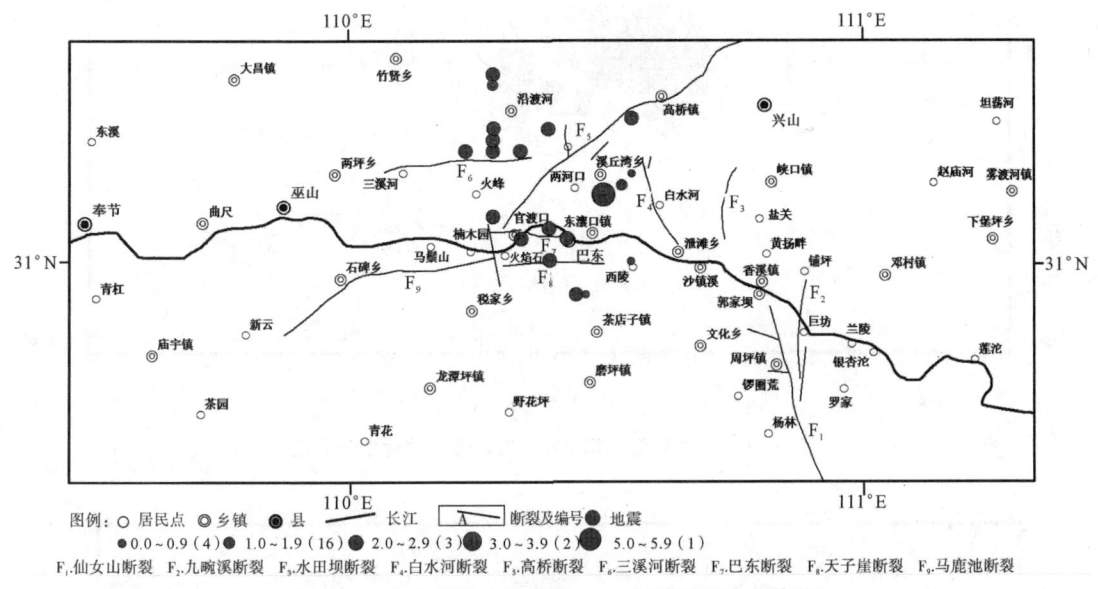

图 9-34　蓄水前震中区 $M_L \geq 0.5$ 级地震震中分布图

(2)蓄水后至本次地震群区域前地震活动情况

蓄水后至本次震群前共记录 $M_L \geq 0.5$ 级地震 7337 次,其中 $M_L \geq 2.0$ 级地震 323 次,$M_L \geq 3.0$ 级地震 19 次,最大地震是 2013 年 12 月 16 日巴东东瀼口的 $M_L5.5$ 级地震。从图 9-35 可以看出,蓄水后震中区水库诱发了大量非构造成因的水库诱发地震(岩溶塌陷型地震、矿坑塌陷型地震、边坡失稳型地震、浅表卸荷型地震),表现出高频次、低强度的特征,震源十分浅。从图 9-36 看出,蓄水后在高桥断裂上下盘发生了 6 次 $M_L3.0$ 级以上地震,较蓄水前有所增加。

(3)震源机制解

为了更深入了解该地震序列的震源特征,在地震精定位的基础上,李井冈等(2018 年)对两次地震的震源机制进行了求解。求得的震源机制解结果为:$M4.0$ 地震矩心深度为 4km,节面Ⅰ:走向 160,倾角 88°,滑动角 45°;节面Ⅱ:走向 67°,倾角 45°,滑动角 177°。$M4.1$ 级地震矩心深度为 2km,节面Ⅰ:走向 155°,倾角 83°,滑动角 27°;节面Ⅱ:走向 62°,倾角 63°,滑动角 173°。此外,利用传统的 P 波初动方法,分别选取湖北省区域地震台网和三峡地震台网震中距 300km 范围内具有清晰 P 波初动、方位角分布较好的地震台站记录进行分析。结果发现,P 波初动得到的震源机制解与矩张量反演结果比较吻合,结合地震精定位后地震序列平面展布和深度剖面分析,判断 M4.0 级和 M4.1 级发震节面应该为走向 NEE 的节面,倾向 SE,运动性质接近纯走滑。

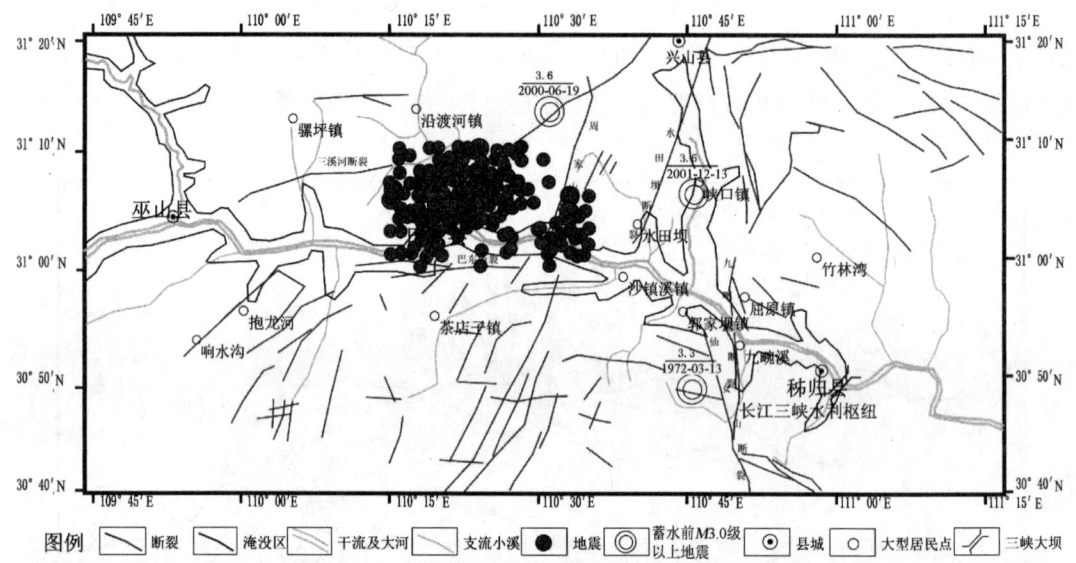

图 9-35　蓄水后震中区 $M_L \geqslant 2.0$ 级地震震中分布图

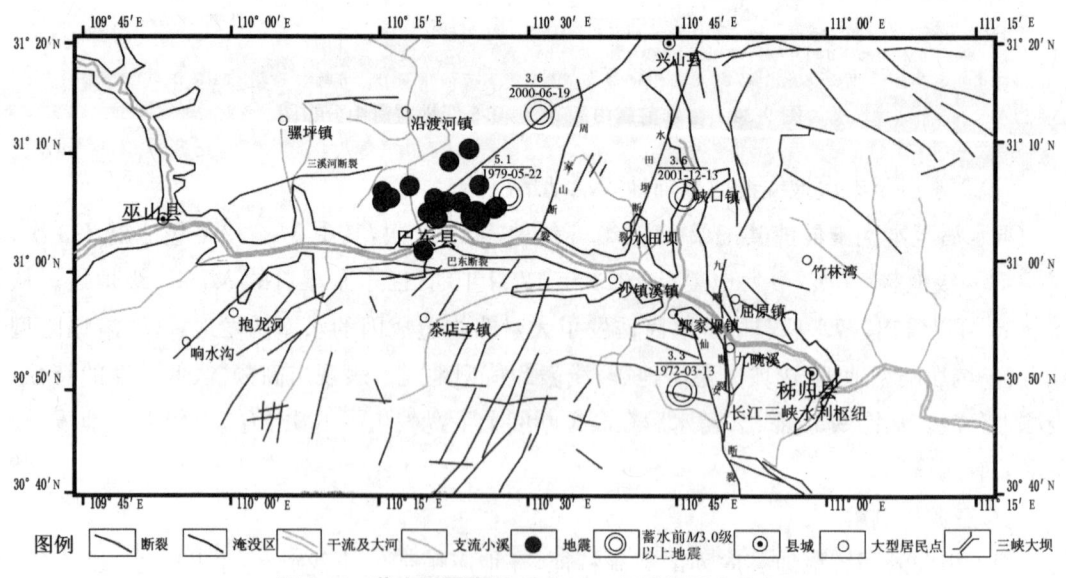

图 9-36　蓄水后震中区 $M_L \geqslant 3.0$ 级地震震中分布图

(4) 地震类比分析

库蓄水后,本次地震震中周边 1°以内共发生 4 次 4.0 级以上地震(表 9-3),许多地震的震源机制与地震成因进行了研究。2008 年 11 月秭归 M4.1 级地震具有⋯⋯性质,是仙女山断裂受库水渗透和载荷变化影响下的构造地震。2013 年 12 月巴东⋯⋯震与水库蓄水有关,为具有塌陷特征的构造型地震。2014 年 3 月秭归 M4.2

级、4.5级地震为走滑兼逆冲型地震,是在区域构造应力场作用下产生的构造地震,水库蓄水对地震发生有触发作用。

对比本次地震与表9-3中地震的震源机制、震源深度发现,本次地震与以上秭归地震震源参数相差较大,而与巴东$M5.1$级地震的震源参数较为相似。本次地震与巴东地震相距仅约8km,比表9-3中的其他秭归地震要近。在地质构造上,表中的秭归地震都分布在秭归盆地与黄陵背斜的交界地带,其周边发育仙女山断裂与九畹溪断裂;本次地震发生在秭归盆地以西,两者的构造背景有一定的差别。因此本次地震与表中的秭归地震成因应该有所不同,与巴东$M5.1$级地震成因类似。

表9-3 震中周边1°以内部分4.0级以上地震震源参数表

地震事件	震中位置 北纬(°)	震中位置 东经(°)	震级	深度(km)	节面Ⅰ（断层面）	节面Ⅱ	震源参数来源
2008年11月秭归地震	30.98	110.78	$M_S4.1$	7.0	213°/81°/110°	326°/22°/25°	赵凌云等
2014年3月秭归地震	30.92	110.80	$M_S4.2$	7.7	45°/79°/158°	139°/68°/12°	吴海波等
	30.91	110.82	$M_S4.5$	9.1	46°/68°/164°	142°/76°/23°	
2013年12月巴东地震	31.09	110.40	$M_W4.9$	4.6	169°/80°/32°	73°/58°/168°	Huang等
本书研究地震	31.06	110.48	$M_W4.3$	5.1	166°/75°/32°	68°/59°/163°	未确定断层面

为了解周边近期几次大于4.0级地震余震特征,将本次地震与库区秭归、巴东一带发生的与水库诱发相关的地震以及2011年9月1日在湖北与江西交界处瑞昌—阳新发生的$M4.6$典型的构造地震进行了比较(图9-37、表9-4)。

通过对比这四次地震的余震序列后发现,本次地震与巴东$M5.1$级地震以及秭归$M4.2$级地震的余震序列展现出类似的分布规律,而与阳新地震的余震震级分布特点有较大的差别。这说明本次地震与阳新地震形成机理可能不同,与巴东$M5.1$级以及2014年3月秭归地震形成机理可能相同,本次地震可能与水库蓄水有关。

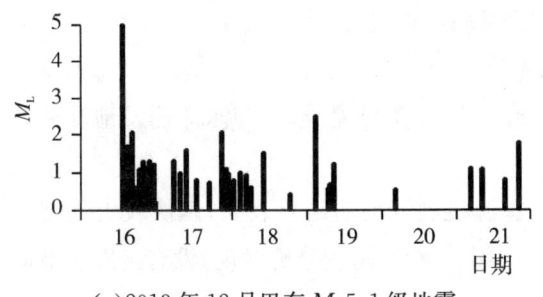

(a) 2013年12月巴东$M_S5.1$级地震

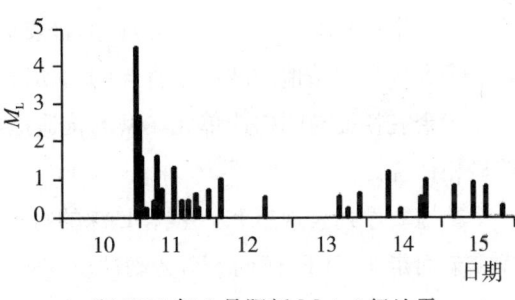

(b) 2011年9月阳新$M_S4.6$级地震

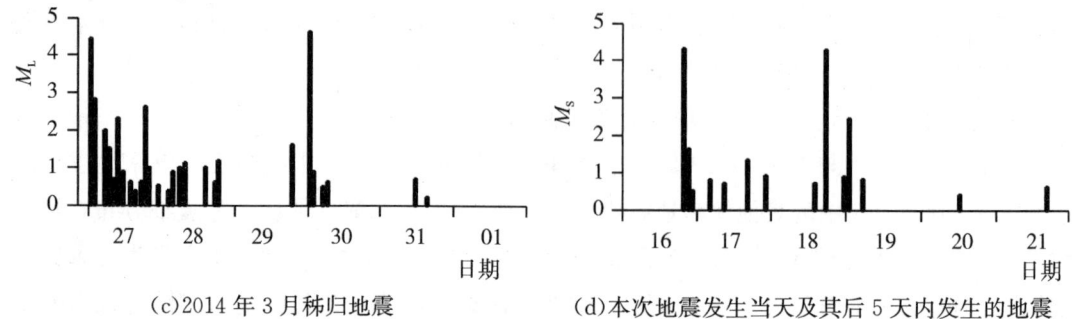

(c) 2014年3月秭归地震　　　　　(d) 本次地震发生当天及其后5天内发生的地震

图 9-37　4次地震 M-T 对比图

表 9-4　　　　　周边几次大于 4.0 级地震余震特征对比表

地震时间 (年-月-日)	震级 M_S	余震分布 (次/5d 内)	余震特点
江西瑞昌—湖北阳新 2011-09-10	4.6	49	当天最大 2.7 级,余震整体递减
巴东县东瀼口镇 2013-12-16	5.1	71	主震后 2 天发生 2.5 级、多次发生 2.0 级余震
秭归县郭家坝镇 2014-03-27	4.2	49	3 天后发生 M_S4.5 级、其间多次发生大于 2.0 级余震
本次(巴东县东瀼口镇) 2017-06-16	4.0	17	最大 4.2 级,余震变化大,为双震型

(5) 地震成因机理探讨

通过对本次地震群实地宏观调查、地震学研究及资料的对比分析,主要表现出如下特征:

①2017 年 6 月 16 日巴东 M4.3 级地震序列为一发生在褶皱构造翼部的地震活动。地震精定位结果显示,整个地震序列呈 NE 向展布,震源深度较浅,M4.0 级和 M4.1 级地震的震源深度分别为 3.8km 和 2.4km,震源深度浅。

②整个地震群震中分布成椭圆形;极震区烈度偏高,衰减快。

③大多数台站地震波形垂直向的初动符号向下。

④余震特征与同构造单元典型的构造地震相比,存在明显差异,但与水库诱发地震存在明显相似性。

⑤地震序列表现出 NW 浅、SE 深的特征。震源机制解反演结果表明,两次较大地震的发震节面走向 NEE,倾向 SE,运动性质为走滑。震中区断裂构造分析发现,没有与发震节面吻合的断裂构造。

⑥结合地震定位结果和地质剖面分析,M4.0 级地震发生在三叠系岩溶及裂隙发育的

厚层灰岩中,而 $M4.1$ 级地震及大多数小震活动则主要发生在巴东组红层(软弱滑脱层)中。微观定位震中位置处于滑坡体和宝塔河、麂子岩煤矿区。

地震发生时,三峡水库正处于低水位腾库容期间,库水卸荷使库区原来由于荷载压实作用产生的压应力出现了局部回弹,进而引起部分裂隙的扩张,造成部分裂隙发育的岩体发生失稳滑动。此外,裂隙的扩张也为流体的渗透扩散提供了有利通道。流体渗透扩散一方面使孔隙压力增大,有效应力降低;另一方面则使软弱地层发生软化和泥化,使岩体发生顺层或切层的失稳滑动,造成了先后两次 $M4.0$ 级、$M4.1$ 级地震的发生,而余震主要与洞穴塌陷有关。

从上述特性分析,认为本次地震群属于岩层滑动与洞穴塌陷性地震的可能性大。

9.3.5 秭归县沙镇溪镇 $M4.5$ 级地震

本次地震序列分布在长江北岸的巴东—秭归交界附近,附近沿长江北岸分布有多个滑坡。余震精定位显示,黄腊石滑坡体和柴湾岩滑坡体为余震密集区。地震发生前,三峡水库水位在 171m 附近(图 9-38)。

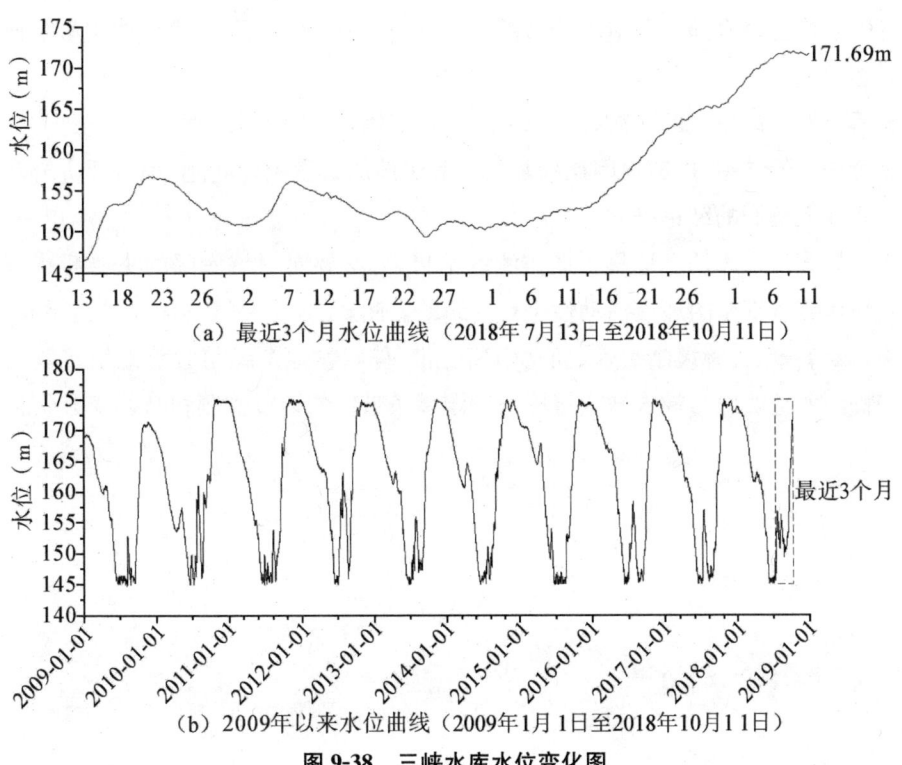

(a) 最近3个月水位曲线(2018年7月13日至2018年10月11日)

(b) 2009年以来水位曲线(2009年1月1日至2018年10月11日)

图 9-38 三峡水库水位变化图

此次地震与 2017 年 6 月 16 日、18 日湖北巴东东瀼口 $M4.0$ 级、$M4.1$ 级地震具有相似的区域地质构造背景和地震参数特征,结合本次地震序列、震害分布特征等结果分析,本次地震活动属于三峡水库蓄水过程中正常的应力释放,可能为岩层滑脱作用产生的地震。

9.4 主要结论

①长江三峡水库湖北段地震主要集中分布在香溪河附近的仙女山断裂北端及九畹溪断裂、泄滩乡以西的长江两岸和巴东北岸神农溪及附近地区,震源深度小于10km,平均在4km左右。

②库区地震活动频次与库水位升降过程明显呈现正相关。

③库区巴东县段神农溪两岸地震明显呈现出3条线性分布,通过对比该地区碳酸盐岩的分布特征,应是水库蓄水后库水从神农溪两岸等地下暗河渗入从而诱发地震。

④而仙女山断裂过江段、九畹溪断裂和泄滩乡、沙镇溪镇西部地区等的地震可能与仙女山断裂带、牛口断裂或顺层节理等不连续结构面软化,导致岩体失稳从而诱发了水库诱发地震。

⑤在秭归县文化南和杨林、巴东县东瀼口镇以东等地存在煤矿开采引起的矿山塌陷诱发地震,在三峡库区两岸存在着一些矿坑塌陷型地震。

⑥在褶皱构造发育部位及滑坡分布部位,可能存在由水库蓄水、腾库作用影响而产生的岩层滑脱型地震。

⑦分析三峡库区发生的几次大于4.0级地震成因,单一成因的地震事件很少,一般为多种因素联合作用的结果,地震成因比较复杂。关于地震诱发机理问题,仍需要进一步详细研究才能获得令人信服的结论。

鉴于三峡库区水库诱发地震长期监测的结果,有必要对三峡库区的主要断裂带和不同构造单元块体接壤部位的地震活动性进行持续的监测,尤其是要继续加强对高桥断裂带、周家山—牛口断裂带、九畹溪断裂带、仙女山断裂带、秭归盆地东缘与黄陵地块接壤的香溪河条带区和秭归盆地西缘与神农地块接壤的东瀼溪条带区的地震监测和断裂变形监测工作。

第10章 水库诱发地震的对策研究

10.1 概述

水库建成蓄水,坝前水位将有明显和迅速的抬升,水库区将出现规模宏大的人工水体,库区水文地质条件会发生重大变化。根据国内外水利水电建设的实践,在水库开始蓄水的这一时期,正是水库诱发地震的最敏感时段,合理的水库诱发地震对策是工程建设人员最为关心的问题之一。

在施工期间和蓄水初期,若发现库坝区及邻区的地震活动明显增强,这是不是水库诱发地震的表现?随着水位增高,库容加大,水库诱发地震的发展趋势如何,对大坝安全和库区环境有什么不利影响?在地震频频发生的情况下,有没有必要和按什么标准对水工建筑物预先进行加固,是否需要采取延缓蓄水进度,调整水库调度运行方式等措施?对库区内的震中区,是否需要向当地居民提供经济补偿或扩大搬迁范围?这些都是施工和运行管理部门必须给予合理回答的问题。这时,水库诱发地震对策研究已不仅是一个理论问题,而成为建设者在施工和运行过程中必须予以解决的实际工程问题。

从广义上讲,水库诱发地震的对策研究,是针对具体工程的水库诱发地震问题开展调查分析、危险性前期评价、抗震设计、地震活动监测、工程实际抗震能力验证、实时趋势预测、采取工程对策和社会对策的全过程。具体而言,它应包括以下几个部分:

①工程可行性论证阶段对诱发地震环境的前期研究和水库诱发地震危险性评价。

②初步设计阶段对重点库段诱发地震危险性的复核,具体发震地点和最大震级预测,对大坝和库区环境进行影响评估与工程抗震设计。

③施工和蓄水初期(技施阶段)对库区及其影响范围内地震活动的监测预测,大坝和重要水工建筑物竣工后的原型动力试验及实际抗震能力验算。

④在发生震情后的识别和趋势预测、论证大坝和水工建筑物采取补充抗震措施的必要性并提出具体建议,论证库区采取防震抗震措施的必要性,为有关部门的决策提供技术依据。

⑤经数次设计水位考验后,提出水库诱发地震的最终鉴定意见,为有关部门决定缩减或撤销水库诱发地震监测预测工作提供技术依据。

本章从水库诱发地震对策研究的发展过程入手,重点论述蓄水初期不同情况下应进行的工作和采取的对策。

从狭义上讲，水库诱发地震对策也可以直接理解为发生水库诱发地震后所需要采取的抗震措施和应急手段。这里除了对自然条件和建筑物实况的正确了解和评价外，还牵涉诸多政治、经济和社会因素，往往难以套用以往的固定模式。对于已建工程实践中曾经遇到的几个需要注意的问题，我们将在第10.5节中做一些讨论。

10.2 早期的水库诱发地震对策研究

10.2.1 20世纪六七十年代的水库诱发地震对策

水库诱发地震研究的早期，一般是等到地震发生之后才着手组织开展研究和监测工作。20世纪60年代初期新丰江水库开展的工作，是我国水库诱发地震研究的初创阶段，也是世界上首次进行大规模综合研究的尝试。从实质上说，新丰江的水库诱发地震研究，是在施工和蓄水初期对已经出现频繁的水库诱发地震且已经采取了重大的工程应急加固措施的情况下，作为一种补救性措施而开展的回顾性研究，并在此基础上预测水库诱发地震今后的发展趋势及应进一步采取的对策。与国外某些学者不同，我国从一开始就十分注意水库诱发地震研究的综合性和实用性，围绕确保大坝安全这个主要目的，地质、地震、形变监测、水工抗震等各个领域协同作战，从不同的角度探讨水库诱发地震发生发展的特点和规律及其对大坝和其他水工建筑物可能带来的影响。新丰江的经验对20世纪70年代初期发生的丹江口、参窝等工程的水库诱发地震和在这之后我国20余年的水库诱发地震对策研究具有深远的影响。

10.2.2 20世纪80年代初期的水库诱发地震对策

代表20世纪80年代初期我国水库诱发地震对策研究水平的典型震例是乌溪江水库。它也是在出现了水库诱发地震之后才开展研究的震例。工程和科研人员总结了新丰江和我国另外10余例震例的水库诱发地震研究的经验，首先肯定了新丰江水库诱发地震开展多学科综合研究的思路是正确的。作为一个工程地震问题，水利水电工程的抗震安全性评价工作主要由以下3个部分组成。

①工程场地的客观自然条件及其工程评价，水库诱发地震活动的特殊规律及其发展趋势的预测。

②水工建筑物本身及其与介质（地基、库水）相互作用下的抗震特性。

③抗震对策的研究及各种方案的综合经济比较。

为此，工程设计单位组织了水利水电、地震、地质、高等院校等部门，开展了深入细致的多学科综合研究，大体上可归纳为以下5个方面。

①地质学研究，其中包括区域地质和地震背景研究、库区地质条件复核、震中区地震地质和工程地质条件详细调查3个层次，以查明诱发地震的构造环境、发震构造和应力条件。

②地震学研究,包括库坝区及相邻地区地震活动整体规律的研究、对以往确定的地震基本烈度进行复核、震中区水库诱发地震活动特征的连续监测和研究、地震宏观调查等。在震中区组织了两次短期的小孔径密集台阵观测,重点研究了水库诱发地震的时空分布规律和震源机制变化。

③在大坝浇筑(填)到设计高程之后,采用多种人工激振手段,进行大坝原型振动试验,现场实测大坝在顺河和垂直河流两个方向的自振特性。

④按照已建成大坝的实际断面和经试验求得的各项参数,检验建成初期和混凝土达到设计强度后大坝的实际抗震能力。

⑤按不同的抗震设防要求,对大坝的加固方案进行初步研究,作出所需经费的估算和比较。

在上述工作基础上,召开了两次专题科研讨论会,各研究单位和设计部门对水库诱发地震的发展趋势取得一致看法,认为水库诱发地震对坝区的极限影响不会超过当地的地震基本烈度Ⅵ度,而经核算证明大坝实际上能够承受Ⅷ度地震力的作用。根据上述结果,采取了明确的工程对策,即大坝可暂不采取加固措施,也没有必要推迟蓄水进程,但应继续严密监视水库诱发地震活动的变化。经过蓄水多年和数次超过设计水位的考验,证明此项综合研究是成功的,其结论符合实际情况,既确保了大坝建设的安全和按时投产,又节省了加固工程所需的大量补充投资。

10.2.3 水库诱发地震的前期预测和抗震设计

随着水库诱发地震震例的积累,特别是丹江口和参窝两座大型水库蓄水后在库区发生破坏性地震的事实使人们逐渐认识到,水库诱发地震并非某种罕见的个别现象,而是重要的库区工程地质问题之一。出现诱发地震之后才开始采取应急措施,临时布设地震观测台网,匆忙组织补充地震地质调查,往往带来一定的被动。应该努力做到防患于未然,在勘测设计阶段就进行必要的前期研究和预测,大坝的抗震计算中也必须考虑水库诱发地震的附加动荷载。从20世纪70年代期开始,大型工程在勘测设计阶段普遍进行了水库诱发地震可能性的评价,特别重要的项目和地震地质条件复杂地区的工程还开展了水库诱发地震的前期论证及其危险性预测,并在施工之初就设置地震单台或简单的台网,开展天然地震和水库诱发地震的监测工作。这样,水库诱发地震研究就由马后炮式的回顾性研究转为在设计阶段早期就开始的前瞻性研究,而抗震对策也从发生水库诱发地震后的被动应急加固转为事先在抗震设计中采取必要的预防措施。这是水库诱发地震对策研究和实际应用的一个重大进展。

10.3 工程专用的水库诱发地震监测台网

自20世纪70年代末以来,一批高坝大库在施工或部分蓄水的过程中,发生了多起水库诱发地震事件,它们是:乌溪江(初震为1979年5月,下同),乌江渡(1980年1月),龙羊峡(1981年11月),东江(1987年11月)和鲁布革(1988年11月)。它们中有许多是当时该类坝型中最高的大坝，引起了有关部门的高度关注。同一时期的白山、潘家口、石头河、紧水滩等水库蓄水后没有发现诱发地震活动，其中白山和潘家口库坝区范围内记录到少量微震，对其性质的判别及是否需要采取某种对策也有过一些争论。

这些水库蓄水前大部分未设地震台或只有一个单台，没有收集到可靠的天然地震背景资料；虽然发现震情变化后多数工程设置了固定或临时的地震台网，仍然很难判断出现的地震是否为诱发地震活动，不利于进行正确的趋势预测和采取恰当的工程抗震措施。

有鉴于此，20世纪80年代中、后期，一些大型工程结合水库诱发地震前期论证工作的结论，在施工初期就开始筹建地震台网，对库首及预测的水库诱发地震危险区进行系统的连续监测。

水电工程专用的水库诱发地震监测台网是对库坝区天然地震活动和水库诱发地震活动进行常规监测的主要手段，有以下3个方面的作用。

①在水库蓄水或围堰挡水之前，监测拟建水库地区，特别是坝区和库首部位等重点库段的天然地震活动情况，积累天然地震活动的本底资料；监测大规模施工带来的干扰信号（爆破后效、开挖卸荷等）。

②水库蓄水或围堰挡水之后，继续监测上述范围内地震活动性的动态变化情况，用以捕捉可能出现的水库诱发地震，并排除其他干扰信号。

③在证实已发生了水库诱发地震的情况下，地震台网将与设在震中区的临时加密台阵相配合，为水库诱发地震成因探讨、趋势预测和工程对策研究提供重要的基础资料。

二滩遥测地震台网的建设始于1989年，1992年6月投入正式运行，是继三峡工程专用地震台网之后我国大型工程在大规模土石方开挖前就开始监测工作的又一个水库诱发地震研究专用的地震台网。随后，又有隔河岩、小浪底、四川大桥水库、天生桥一级等工程设置了先进的遥测地震台网。

三峡工程的区域测震台网建立于1959年，对了解鄂西地区天然地震活动规律发挥了重大作用。自20世纪90年代中期以来，为深入研究坝区和库首天然地震本底情况，了解施工早期的工程震动特点，对原有的人工台网进行改造，撤销了部分远台，加密了库首的台站，并逐步改建成遥测台网。目前，一个包括覆盖整个库区的数字式遥测地震台网、以坝区和库首段为重点的地形变监测和活动性断层位移监测站网、库首区地下水位地震前兆监测井网三大系统的规模宏大、技术先进的三峡工程水库诱发地震监测系统已经建成，并一直在严密监测三峡地区地震活动情况。

从勘测设计阶段的水库诱发地震前期研究和预测，进而发展到在施工初期组建专用的水库诱发地震监测台网，对库首及预测的水库诱发地震危险区进行系统的连续监测，是水库诱发地震对策研究和实际应用的又一次重大进展。

10.4 库坝区抗震安全监测预测系统

施工期和蓄水初期是坝前人工水体形成的时期，对于大型水库，在此期间内，由于围堰挡水、中孔导流、提前发电、分期蓄水和正式蓄水等阶段的不同,坝(堰)前水深和淹没范围会出现几次突跳性的变化,库盆岩体将在很短的时间内经受库水载荷及孔隙压力的剧烈变化,有可能引起库区出现某些有害的工程地质作用。已有震例资料表明,国内外绝大多数水库诱发地震的初震和主震也正是发生在这个阶段。因此,人工水体的形成时期实际上是整个抗震安全研究中最为敏感的阶段,这时发生的震情变化及其可能发生的间接影响直接关系到施工的安全和进度,也关系到投产和运行初期的调度安排。

20世纪90年代初期投产的一批大型水电工程中,又有多处发生了水库诱发地震,它们是四川铜街子工程(初震为1992年4月,下同),广西岩滩工程(1992年5月),湖北隔河岩工程(1993年4月),福建水口工程(1993年5月)。另外,漫湾和东风两座水电站蓄水后也有一定的微震活动,但并未超过以往天然地震的活动水平,尚不足以肯定其为水库诱发地震。

这些水库蓄水前均已配置了地震监测手段(从单台到先进的遥测地震台网),及时发现了地震活动的变化。但由于没有专门的分析预测力量,在社会各方面的不同说法中很难及时拿出论证充分的可信结论供工程领导决策。人们发现,地震监测(特别是台网)取得的测震资料在及早发现震情变化、确定地震的空间和时间分布等方面具有极重要的价值;同时也进一步认识到常规监测台网只能提供地震活动的基础资料,诸如地质构造、外动力地质作用、水文地质条件,至于地形、水位、降雨等影响水库诱发地震判别的多种因素,都要由地质和其他专业人员配合,直接到现场调查收集,进行综合归纳,并与测震资料结合分析,才能得出可信程度较高的结论。

三峡工程建成国际领先水平的水库诱发地震监测系统,其中包括常规测震台网、强地面运动监测站网、活动性断层位移监测站网、具有地震前兆研究性质的大地及库盆形变监测系统和地下水位监测井网等。还有多种用于其他安全保障目的的自然条件监测系统和工程运行监测系统取得的资料也与抗震安全保障有密切关系。然而,它们一般是由不同专业、不同单位建设和管理,其资料的分析利用则由各主管单位分头负责,互不联系。

近十几年的水库诱发地震对策研究经验表明,如果只限于配置先进的观测手段,各自收集某一个方面的原始数据,而没有专门的技术机构和熟悉工程情况的有经验的专家严肃负责地研究地震活动特征,监视其动态变化,及时进行震情趋势预测,评价对大坝和库区环境的可能影响,提出必要的对策建议等,就无法充分发挥那些经过千辛万苦长期积累的海量数据所应起到的作用。库区一旦出现震情异常,仍然难免会给施工进度安排或水库运行调度决策带来很大的被动,甚至有时会造成巨大损失。特别应该指出的是,信息技术的飞速发展为我们组织和开展实时自动处理监测数据、多系统集成的资料综合分析、紧急情况下的快速报警和大坝抗震安全核算等工作提供了技术上的可能性。

因此,从更高层次上满足大型水利水电工程抗震安全保障的要求来看,把各种监测手段(监测系统)和多学科的研究预测有机地集成在一起,形成一个综合统一的抗震安全保障系统,已是必然的发展趋势。

结合二滩等水库工作的经验,以三峡水库为例,在各种监测手段的基础上,组建以库首区为重点的"抗震安全监测预测系统"是十分必要的。该系统组成、工作流程及与其他监测系统的相互关系框图如图 10-1 所示。

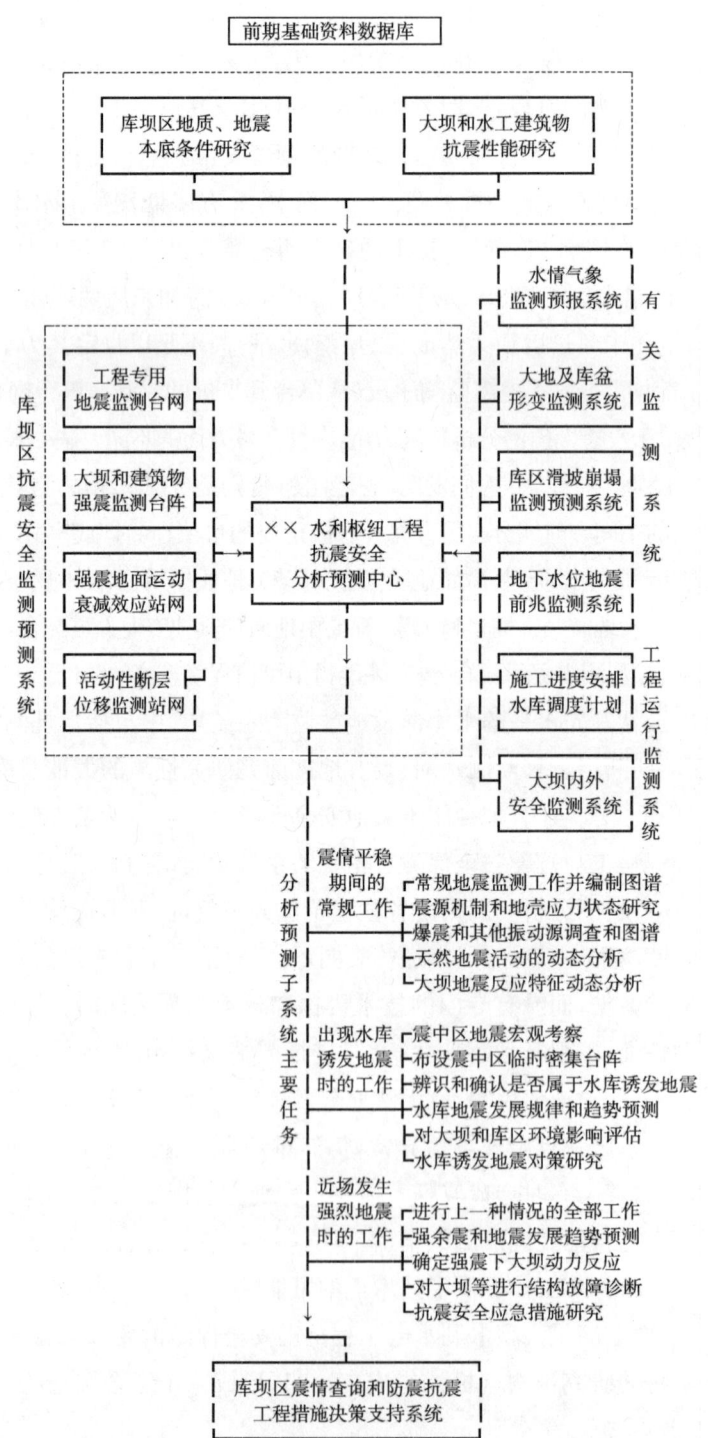

图 10-1　库坝区抗震安全监测预测系统工作框图

框图内容简单说明如下：

10.4.1 抗震安全监测预测系统

抗震安全监测预测系统(在框图中部用虚线框出的部分)是直接为工程抗震安全保障和库区防震减灾服务的主要技术手段,主要由 5 个子系统组成：

(1)地震监测子系统

以工程专用遥测地震台网为主,地震监测工作目前由长江水利委员会长江三峡勘测研究院有限公司经改造的模拟遥测台网承担,2000 年 6 月新的数字式遥测地震大台网全系统联调完毕,2001 年底正式投入运行。

(2)结构物地震反应监测子系统

配置在大坝坝体和重要水工建筑物上的强震监测台阵,在各项工程竣工后陆续布设并投入监测。

(3)强地面运动监测子系统

主要是利用地震台网配备的数字式地震仪,通过分析其记录的地面运动加速度量,研究不同震级情况下三峡地区地面运动的衰减规律。

(4)断裂活动监测子系统

活动性断裂位移监测站网于 1999 年底建成试测,2001 年底投入正式运行。

(5)分析预测子系统

从图 10-1 可见,分析预测子系统处在工作框图的中心位置上,在实际运作中,就像水文观测站网与水情测报中心之间的关系一样,在地震监测等 4 个监测子系统与抗震安全分析预测子系统之间,前者提供连续完整的测震资料、大坝地震响应资料、断层位移资料等,后者则在地震地质和工程地震学科理论的指导下,以实测资料为基础进行综合分析,得出依据充足、可信度较高的预测和安全性评估意见,向有关部门提供能直接为工程抗震安全服务的对策措施建议。从这个意义上讲,分析预测子系统乃是整个抗震安全监测预测系统的核心。换言之,只有建成高水平的分析预测子系统(三峡工程抗震安全分析预测中心),才能将现有先进的遥测地震台网和其他高水平的监测手段有机地集成为一个世界一流水平的抗震安全监测预测系统,满足水工建筑物、库坝区环境和社会各界对三峡工程抗震安全提出的极高要求。

三峡工程抗震安全分析预测中心的主要任务,表示在框图的下方,并在第 10.5 节中做进一步的论述。

10.4.2 前期基础资料

在框图上方用虚线框出,是进行抗震安全分析和预测研究的基础,大体可分为两大部分：一部分是对建设场地及其外围自然条件的认识,即有关库坝区地质、地震本底条件的研究;另一部分是对大坝及其他重要水工建筑物抗震设计和实际抗震性能的了解。经多年的勘测设计工作,三峡工程的基础资料比较齐全,为水库诱发地震分析预测和工程抗震对策研究工作提供了十分有利的条件。

10.4.3 其他有关的安全监测系统

其他有关的安全监测系统如流域或库坝区较大范围的水情气象监测预报系统、大地(及库盆)形变监测系统、库区滑坡崩塌监测预测系统,以及大坝内外应力应变等多种监测系统等,都是工程安全保障体系中所必不可少的。它们并非直接为抗震安全目的而设置,然而其观测资料在水库诱发地震成因类型的判别、其发展趋势的预测、近场中等强度以上地震对水工建筑物的影响、抗震对策的研究等方面都有一定的参考意义。在抗震安全监测预测系统的分析预测工作中有必要主动收集这些监测系统的有关资料,将其纳入抗震安全分析预测的信息源中。

工程的施工进度安排和水库调度计划直接影响坝前或围堰前人工水体的出现、库水附加载荷及孔隙压力变化的量级和速率,有关的信息也是水库诱发地震分析预测中不能随意忽略的重要因素。

地下水位地震前兆监测系统在三峡地区主要是用于探索弱震环境中水库诱发地震和天然地震的前兆表现具有一定的科研意义。断层活动监测和大地形变监测在探索地震前兆方面也可以发挥一定作用。

(4)防震抗震工程措施决策支持系统

作为抗震安全监测预测系统与工程决策部门之间的连接枢纽,分析预测中心将建立三峡工程库坝区震情查询和防震抗震工程措施决策支持系统。这是一个基于地理信息系统的巨型动态数据库,包括前期勘测设计和专门性抗震研究的基础资料,库坝区范围内可能引起地震次生灾害及组织防震减灾工作所需的地理、地质、水文气象和人文方面的资料,不同时期各单位和各方面专家有关三峡地区水库诱发地震和天然地震的工作成果和分析意见,三峡工程各种监测系统的实时动态监测资料,分析预测中心专业人员定期提交的震情分析和趋势预测成果、对特殊地震事件的实时分析评估意见和对策建议、近场发生中等强度以上地震(坝区有感)后对大坝和重要水工建筑物结构抗震安全性的验算结果等,通过远程通信网络,供工程主管人员和上级有关部门随时调用防震抗灾决策所需的各类信息。同时,在发现库区地震活动性参数的变化超过规定阈值或库坝区发生中等强度以上破坏性地震时,立即向有关部门和指定的主管人员发出警报。

10.5 施工期和蓄水初期的水库诱发地震对策

库坝区和周围地区的震情变化,包括水库诱发地震和近场天然地震两个方面,大致可以归纳为震情平稳、地震活动明显增强和在近场范围内发生强烈地震三种情况。现结合图10-1的框图,对蓄水初期出现这三种不同情况时应进行的工作和采取的对策分述如下。

10.5.1 蓄水后水库诱发地震的判别标志

蓄水后若是在库区或邻近一定范围内发生了地震，如何去分辨它们属于区域天然地震活动的正常表现，还是出现了震情异常（主要是指地震活动明显增强）；如属后者，怎样判别它们是否属于水库诱发地震，这不仅是一个科学理论问题，也是十分现实的工程问题。只有明确地将震情异常与天然地震活动的正常波动区分开，将水库诱发地震与其他天然地震区分开，才能按照不同的情况开展有的放矢的研究，对地震活动的发展趋势做出可信的预测，提出大坝抗震和环境保护等方面合理的对策措施。

水库诱发地震的判别一直是争议很大的问题。有些研究者曾把距大坝或水库几何中心25～50km 以内的地震一律认定为水库诱发地震。这种观点与蓄水前后库盆及两岸山体中水文地质条件的变化不相符合，也没有得到国内外许多典型震例的实际资料的证实。

R. B. Meade 于 1981 年进行过一项研究，对世界上若干著名的水库诱发地震的证据加以审视和重新评价，得出了一些有意思的看法。他在一篇论文（1991）中指出："研究的出发点是要回答两个问题。其一，自水库蓄水以来，地震活动是否有所增加？其二，地震是否发生在水库使地壳变得脆弱的时段？"这个思路是正确的，但是在应用于具体判别时，还需要根据从实际震例分析中了解到的水库诱发地震特征，归纳出某些量化的判别标志。Meade 的判别中，只采用有感地震记录和将水库影响范围确定为距库边线 20km 以内和深度 20km 以内，这样的标准不一定精准。

近 30 年来，国内外通过使用小孔径密集台网观测，对水库地区的地震活动进行详细研究，已积累了相当数量的震例资料，揭示了水库诱发地震在时间和空间分布上区别于天然地震的某些特点。自 1970 年以来，我国在全国范围内建立了区域性的地震台网，大部分国土可以监测 M_L1.5～2.0 级的天然地震，已有近 30 年的连续观测资料，许多大型水库在施工阶段又专门设置了库坝区的小孔径地方台网，能得到蓄水前后完整的微震记录。这些条件使我们有可能更加具体和更加细致地回答 Meade 所提出的两个问题。

可以认为，水库诱发地震与天然地震（包括构造地震、火山地震、天然岩溶塌陷地震和其他类型的塌陷地震等）的区别主要表现在：地震活动与蓄水的时间相关，震中分布与人工水体的空间相关、地震活动的强度变化，以及地震的序列特征等方面。

一个地区的天然弱震活动，在时间和空间上具有一定的随机性。当有足够长的资料序列时，可以用多年平均的地震年频次和地震能量年释放率，以及它们的最大年变幅、地震分布的空间图像及其变化、震级频次关系（b 值曲线）等来表征该地区天然地震活动的特点，称之为库坝区的天然地震本底。只有当人为工程活动引起的地震活动性变化明显超出天然地震本底的正常波动范围时，才有可能是诱发地震的表现。总结二滩和其他大型水利水电工程水库诱发地震研究和预测的实践，并结合三峡地区 40 年台网观测取得的地震活动性资料，在此提出一套可操作性较高的量化标志，用于判别三峡库首区水库诱发地震的发生和平息。

(1)水库诱发地震与蓄水过程的时间相关

①水库诱发地震发生在出现水库、施工围堰等所形成的人工水体之后(但其水位必须超过河流的天然洪水位),蓄水以前地震活动性的变化属于天然地震活动的正常波动。

②鉴于三峡为不完全年调节水库(即蓄水后几乎每年都能蓄满),水库诱发地震序列的主要部分应发生在蓄水位达到最高设计水位 5 次之前,其后出现的地震活动属于水库诱发地震的可能性很小。

③在发震初期,水库诱发地震与库水位的升降有比较明显的相关性(正相关或负相关),但达到最高设计水位之后,这种相关性逐渐减弱,不能作为判别标准。

(2)水库诱发地震与水库淹没及影响范围的空间相关

①在断裂不发育或断裂规模较小的库段,水库诱发地震的主震和地震集中区处在距库边线 3~5km 或不超出该河谷的第一分水岭。

②区域性现代活动断裂穿过水库或平行库边通过的库段,水库诱发地震的初震、主震和地震集中区距库边线不超过 10km,在此范围以外的地震活动,即使沿上述断裂发生,属于水库诱发地震的可能性也很小。

③在岩溶管道系统发育地区,库边线应将在大型岩溶管道系统中形成的充水范围地下水库考虑在内。

(3)水库诱发地震活动的强度变化

①蓄水后出现的地震活动的年频次,按可比震级计算,超过天然地震本底值(实测的多年平均值)5 倍,其中后者适用于天然地震活动性相对较高的局部地段。

②构造破裂型水库诱发地震的能量年释放率应比天然地震本底值(实测的多年平均值)高出 2~3 个数量级;在天然地震活动性相对较高的局部地段至少应比台网观测期间已发生的最强天然地震序列的释放能量高出一个数量级,但可以低于该地区特征地震的强度。

③构造型水库诱发地震中的减弱亚型,其地震的年频次和年释放能量应连续数年接近或低于多年观测系列中的最低值,且与库水位的高低呈明显的负相关。

④岩溶塌陷型、地表卸荷型及其他外成成因的水库诱发地震,其年频次应超过天然地震本底值 5 倍,但年释放能量不是有效的判别标志。

(4)水库诱发地震的序列特征

①水库诱发地震中微小地震的比例相对较高,b 值一般高于多年统计的天然构造地震的 b 值,有可能达到 1.0 或更高。

②水库诱发地震可能有若干独立的地震序列,每个序列往往具有相对频繁的前震和余震,前、余震序列的 b 值都高于当地的天然地震,而且前震序列的 b 值有可能高于余震序列的 b 值。

③有些外成成因水库诱发地震表现为孤立型的地震事件,或样本很小,b 值统计不是有效的判别标志。

(5)水库诱发地震活动的平息

蓄水后曾发生较强烈诱发地震活动的水库,当水库淹没及影响范围内的地震年频次和年能量释放率逐渐回落,在设计高水位运行的情况下,仍然不超过天然地震本底的正常波动范围,累计达到5年者,即可认为水库诱发地震活动已经平息,库区已恢复为正常的天然地震活动。

(6)其他

由于水库诱发地震有多种成因类型,在不同情况下,上述各项标志的含义会有所区别。例如:

①构造型水库诱发地震(增强亚型)的年频次和年释放能量都应高于天然地震本底。

②地表卸荷型水库诱发地震的频次极高而总释放能量较小。

③岩溶塌陷型水库诱发地震的年频次较高而释放能量不一定很大,在天然地震活动水平较高的库段,当地多年平均值可能低于此类型水库诱发地震的年频次的10倍。

因此,需要结合所研究水库地区的总体地震地质条件,特别是震中区实地宏观调查的资料,进行综合分析,才能作出可信度较高的判别。

10.5.2 震情平稳期间的常规工作

"震情平稳"是指人工水体形成过程中,地震台网监测区内的地震活动处在多年正常波动允许的范围内,也可称之为"正常情况"。

在正常情况下,水库诱发地震监测预测系统的主要任务是:对库坝区及其邻近地区进行常规地震监测;积累地震活动的本底资料和波动范围;记录和积累地震在坝区自由场和水工建筑结构上的动力反应特征资料及其异常变化。

主要工作如下:

①常规地震监测的分析工作并编制不同类型和地区的地震波形图谱。

②利用测震资料开展震源机制和地壳应力状态研究。

③爆破、岩爆、滑坡崩塌和其他振动源的调查,积累天然地震和爆破振动资料并编制典型波形图谱。

④天然地震活动的动态分析,研究库坝区的天然地震本底。

⑤大坝完建后进行原型激振试验,以取得大坝实测的动力响应特征等资料。

⑥大坝完建并布设强震反应台阵之后,开展坝体地震反应特征动态分析。

⑦定期提交工程区综合地震目录和震情分析简报;及时提交各项专题研究报告;凡有可能导致库水位重大变化的运行阶段(如水库重大检修前后超常规的快速大幅度放空和回蓄等)之前,结合该阶段水位变动的具体情况,应业主要求编写并提交专门的预测报告,作为有关部门进行抗震安全评估的一项基础技术文件。

10.5.3 地震活动明显增强的情况

库坝区范围内发生较平时更强的地震,或较频繁的微震,特别是在无震少震地段发生一些当地明显有感的地震时,即属于地震活动明显增强的情况,其具体的量化指标参见第 10.5.1 节关于蓄水后水库诱发地震的判别标志。这时需尽早组织初步的现场宏观地震地质考察,若地震密集区距遥测台网有效控制区较远,必要时可增设少量临时地震台以准确测定地震的空间位置。这些早期取得的第一手资料对今后追踪地震的发展以及辨识其是否属于水库诱发地震极为重要。

经现场考察和初步分析判断,认为属于诱发地震的可能性较大,且有逐渐加剧的趋势时,则应立即开展以下工作:

①震中区地震宏观考察,包括居民的感觉、建筑物破坏情况、地表地面破坏情况、余震序列情况;震中区及邻区详细的地震地质条件调查。

②在震中区布设临时小孔径密集台阵,与遥测地震台网配合进行强化地震观测;开展地震序列时、空、强动态及震源机制的专门研究和统计分析。

③在上两项工作的基础上,辨识是否发生了水库诱发地震。在确认发生了水库诱发地震的情况下,进行水库诱发地震趋势预测和水库诱发地震对大坝及库区环境影响评估。

④库区地震活动明显增强的情况下,尽快提出震情分析初步报告;进行必要的野外工作和分析研究后,提交正式的《地震(或水库诱发地震)活动趋势预测及其对工程和库区环境影响评价报告》。

⑤确认水库诱发地震有增强趋势并可能达到较高震级的情况下,通过现场的大坝原型激振试验、室内振动台模型试验和详细的动力分析计算,查明大坝及水工建筑物的地震响应特点和实际抗震能力。

⑥在掌握自然条件和工程特性两个方面规律的基础上,配合设计和工程部门,确定是否有必要和按什么标准对水工建筑物预先进行加固,是否需要采取延缓蓄水进度、调整水库调度运行计划等措施,是否需要向震中区居民提供经济补偿或扩大搬迁范围,并拟定水库诱发地震的抗震安全对策,提交给业主作为工程决策的技术依据之一。

10.5.4 近场发生强烈地震的情况

若在距大坝 20km 以内发生了 $M_S \geqslant 4.5$ 级的破坏性地震(包括天然地震和水库诱发地震),即属于近场发生强烈地震的情况,必须立即根据大坝强震监测台阵的记录发出安全报警,组织各专业的综合小组对大坝和其他关键水工建筑物进行现场抗震安全检查,提出地震对大坝和其他重要水工建筑物影响的评估速报,配合业主及有关部门研究抗震应急措施。

在进行以上紧急处置的同时,尽早组织详细的现场工作,进行强余震预报和地震发展趋势预测,为进一步制定工程抗震措施提供技术依据,包括以下几项具体工作。

①确定强震下大坝及其他重要水工建筑物的动力反应,按强震监测台阵的实测资料复核大坝的抗震安全性。

②强化余震观测和分析工作,开展强余震预报和地震发展趋势预测。

③进行第一点所列的有关工作。

④对大坝及其他重要水工建筑物进行结构故障检查和诊断。

⑤工程抗震措施研究并提出建议。

⑥根据国家有关规定,邀请国家专业部门和地方行政部门,联合对工程和库区受到的影响和损失进行实地调查,作出客观评估,为业主采取补偿措施和商务谈判提供技术依据。

⑦在上述详细工作完成后,提交正式的《地震活动趋势预测报告及水库诱发地震对工程和库区环境影响评估及对策研究报告》。

10.6 关于某些应急工程措施的讨论

三峡工程举世瞩目,社会关注度高,水库蓄水运行后,一旦发生震情异常,除正常的技术工作外,还会出现方方面面的社会反映,要求立即采取应急工程措施的呼声高涨,各种各样的方案和建议纷至沓来,往往会增加决策的难度。甚至库坝区某处发生个别轻微有感地震,或外围远处的个别中强震,有时也会引发一些毫无根据的流言,引起局部地区居民的惊恐不宁,影响正常生产生活。现根据我国发震水库所遇到的若干具体情况和处理经验,针对国内外某些流行的做法,就有关水库诱发地震对策研究问题和应急工程措施进行一些讨论。

10.6.1 关于水工建筑物抗震设防标准

对于在大坝的抗震设防研究中如何考虑水库诱发地震的影响,国内外通常有两种流行的做法。

一种做法是采取保守决策的策略,凡重大工程一律用世界上已发生的最大水库诱发地震来进行抗震核算或预先加固。有人曾提出,三峡工程应按花岗岩分布区也可能发生6.0级以上水库诱发地震来考虑,这将导致大坝必须按Ⅸ度设防,比坝区的地震基本烈度高出Ⅲ度。也有人建议,小浪底水库应按在大坝上游10km发生6.3级水库诱发地震来考虑设防,同样也将导致在基本烈度Ⅵ度的地区要按Ⅸ度设防的后果。

还有一种常见的做法是基于水库诱发地震不会超过当地的最大历史地震,或者水库诱发地震对坝址的影响不可能超过坝址的地震基本烈度的观点,对水库诱发地震的前期研究和预测工作没有充分重视,而在蓄水后一旦出现震情,又匆忙采取重大加固措施或推迟施工进度,往往造成不必要的经济损失。这两种说法都不符合已发生水库诱发地震的工程的实际情况:世界上超过6.0级的4个水库诱发地震震例中,至少有3处的震级远远超过了当地记载的最大历史地震,发生中等强度水库诱发地震的事例中,大部分也都大于附近已知的天然地震;新丰江、丹江口和参窝库坝区,按第三代地震烈度区划,均属于Ⅵ度区,但水库诱发地震主震的震中烈度分别是Ⅷ、Ⅶ和Ⅵ度,均大于或等于当地的基本烈度,新丰江坝址也受到了Ⅷ度的影响。虽然这种情况是少数,但却是对工程安全的一种现实威胁,绝不能因为其出现概率较小而掉以轻心。

上述两种不进行技术论证就提出的"对策"并不妥当,虽然目前对水库诱发地震的机理还有争论,预报问题也没有彻底解决,但通过几十年的强化研究,人们对水库诱发地震的类型、易于诱震的地质和地震条件、不同条件下可能出现的最大震级等都有了许多了解;对不同类型大坝的抗震特性和抗震设计,以及在水库诱发地震作用下可能出现的反应等诸多方面也积累了不少经验。因此,在条件许可的情况下,应该尽可能多做一些调查研究和复核验算,这样提出来的地震趋势预测和工程对策建议才能尽可能地符合实际情况,满足工程要求。

在我国水库诱发地震研究的历史中曾有过正反两个方面的经验。新丰江水库诱发强震时,其上游的枫树坝水电站正在勘测设计中,因它们在同一条区域性的东江大断裂沿线,加之枫树坝附近又测到少量微震,决定将大坝按Ⅷ度设防。该坝建成蓄水20余年,地震活动水平既没有增强,也没有在新的库段出现诱发地震。1988年重新复核地震基本烈度时再次确认大坝仍为Ⅵ度区。乌溪江水库大坝的坝型为梯形支墩坝,与新丰江的单支墩坝同属于轻型坝型,但吸取了新丰江的经验,结构设计中在坝垛间的下部设了加劲撑墙,并进行横缝灌浆。坝区原定为Ⅵ度区,未进行抗震计算。出现水库诱发地震后,立即面临是否也需要大规模加固的问题。之后通过现场试验和动力计算,确认该坝的抗震性能比新丰江大坝有了很大改进,实际上已能承受Ⅷ度地震力的作用。同时开展的详细地质和地震研究的成果也为最终大坝不加固的决定提供了有力的依据。

总之,由于已经记录到水库诱发地震造成大坝损坏的工程实例,工程人员不能掉以轻心,应该慎重考虑本工程发生水库诱发地震的可能性,选取合理的设防标准,以防患于未然。然而,不顾具体的地震地质条件,一律用世界上已发生的最大水库诱发地震作为设防标准的做法,显然落后于当前世界水库诱发地震研究的水平,也是明显不合理的。盲目地、无条件地采取越保险越好的决策策略,就可能造成不必要的经济损失,同时也会延误工期,不利于我国的建设和发展。

10.6.2 库区的抗震设防标准

有些研究者在评价水库诱发地震对库坝区的影响时,往往把对大坝和重要水工建筑物的抗震要求套用到枢纽地区次要建筑物,甚至套用到库区环境评价和沿库工业民用建筑的抗震设防标准上去,这样做也是不妥当的。

大型工程中挡水建筑物的抗震标准,应根据水工抗震规范的要求,按地震基本烈度加Ⅰ度(或按100年0.02超越概率的峰值加速度,大致相当于5000年一遇)的标准设防,枢纽区的其他建筑物则应按其不同的等级分别选取相应的设防标准;发生"极端水库诱发地震"这样的特殊情况,只能用于校核大坝和某些重要水工建筑物的抗震安全性,不宜套用到枢纽区的一般建筑物。

至于水库沿岸的一般工民建和居民点,虽然也需要讨论它们在遇到上述极端情况下可能出现的反应,但在考虑设防标准时只能根据建筑物的不同类型,在地震基本烈度的基础上,根据有关国家标准《建筑抗震设计规范》(GB 50011—2016)进行设防,不应随意提高。

根据《中国地震动参数区划图》(GB 18306—2015)的规定和坝区地震危险性分析研究成果，整个三峡库首区包括三斗坪坝区在内，地震基本烈度均为Ⅵ度。从各方面多年的水库诱发地震危险性综合预测结果来看，整个库首区没有必要因水库诱发地震而采取补充的防震抗震措施，只有当九畹溪—仙女山断裂和高桥断裂近库段沿线出现重大震情变化且有明显恶化趋势的情况下，才需要考虑在当地一定范围内采取适当的临时应急措施。

10.6.3 关于库岸稳定性

三峡水库的库岸稳定条件总体上看还是较好的，一些危险性较大的滑坡和危岩体如链子崖、黄腊石等都开展了深入研究，实施了必要的治理工程。然而，国内外存在一些水库诱发地震研究人员和有关人士担心在库水和水库诱发地震的联合作用下会促使老滑坡复活，或引起库岸新的垮塌，从而造成某些次生灾害。鉴于三峡工程的特殊重要性和国内外各界的关注，有必要对水库诱发地震与库岸稳定的关系做进一步讨论。

意大利瓦依昂水库的库容为1.7亿m^3，大坝高达262m，蓄水后发现微震活动增加，3年多以后发生了蓄水以来的最大地震，震级达到4.0级，此后又过了一个月，发生了灾难性的大滑坡，2亿多立方米土石下滑，填塞了水库，巨大涌浪越过坝顶，冲毁了下游一个城镇，2000多人丧生。一些研究者认为，正是这次4.0级地震及此前发生的数百次微震"破坏了地层的均衡"，从而导致滑坡发生。但另一些研究者对此有完全不同的解释。如著名的奥地利学者缪勒博士就曾指出，在勘测阶段就有人已发现，该水库左岸存在着一个巨大的活动性滑坡，但并未引起有关工程人员的注意；蓄水使该滑坡的缓慢活动逐渐加快，并最终导致整体性的剧冲型下滑，而记录到的微震活动正是滑坡发展过程中产生的地震效应。

事实上，除了上面这个有争议的例子以外，在国内外一百多个诱发了地震的水库区，迄今还没有看到有关水库诱发地震引起库岸大规模滑坡的报道。新丰江水库主震的震中烈度达到Ⅷ度，由那时至今的50多年中，记录到大小水库诱发地震30余万次，其中包括若干次5级以上的地震，但一直未见有相关的大规模边坡失稳的报道。近年来发生诱发地震的一些高坝大库，也没有出现大的边坡失稳现象。其中，在乌溪江、乌江渡和龙羊峡3座水库进行了比较细致的研究。

浙江乌溪江水库，蓄水后在高山村一带出现了水库诱发地震，最大震级为$M_S2.8$级，震中烈度达到Ⅴ度；该库诱发地震的特点之一是伴随有大量的微震和极微震，最多时一天之内记录到1000多次极微震。震中区下游数千米处水库左岸曾发生一个坐落式平推滑移型滑坡，达1万多立方米，进行了专门的地质调查和研究工作，证明它属于正常的岸坡再造现象，与水库诱发地震无关。除此之外，没有发现其他明显的地表形变现象。

贵州乌江渡水库，下坝村位于河谷左岸，村后三叠系的灰岩陡壁高达数百米，卸荷作用强烈，蓄水前陡壁顶部张开的垂直裂缝长超过150m，并且还在发展中。蓄水后该村恰好处在水库诱发地震的震中区，对村后陡崖进行了详细的补充地质调查，提交了专题研究报告，证明水库诱发地震对天然的岸坡卸荷作用未产生明显的影响。

青海龙羊峡水库，库首部位南岸沙沟两侧的6号和7号地段发育有成群的古滑坡，20世纪40年代，在查纳沟左岸的巨厚第四系松散地层中发生了剧冲型的查纳滑坡，其后缘在微弱胶结的第四系湖相地层中形成高400m的陡壁。这一带的库岸稳定性经过了长期的细致研究，还布设了完善先进的监测系统。自1981年11月围堰挡水期间发生水库诱发地震以来，10余年来已记录了数百次微震和弱震，地震主要分布在曲沟、沙沟和龙羊峡峡谷的进口段，也就是说，恰好与这些古滑坡及现代滑坡处在同一个地区。1990年4月，在库尾NW方向，距大坝60km的塘格木农场一带发生了6.9级的强烈地震，大坝附近的宏观地震影响烈度为Ⅴ度，设在坝基的强震仪记录到的加速度为0.04g，龙羊峡电厂的地震台网记录到该次地震的余震5000多次；1994年在同一地区又发生了6.0级强震和数千次余震。滑坡监测系统的实测资料表明，十余年来相对频繁的微震以及个别强震造成的Ⅴ～Ⅵ度的地震影响，对6号和7号地段的岸坡稳定均未带来明显的不利影响。

即使在强烈的天然地震中，大规模的滑坡、崩塌也主要出现在Ⅶ度以上地区，而且绝大多数发生于第四系松散堆积物中。李钟武等统计了我国几次著名强震中地震滑坡的发育情况，在炉霍、昭通和松潘、平武3次强烈地震中，183处地震滑坡中只有1次发生在Ⅵ度区内（表10-1）；从岩性分布上看，5次大地震中，基岩滑坡只占1%～11%，山区绝大部分地震滑坡发生在各类坡残积层中，平原地区绝大部分地震滑坡则发生在河流冲、洪积层及人工填筑土中（表10-2）。

表10-1　　　　　　　　　地震烈度与地震滑坡发育程度统计表

地震区	Ⅵ度		Ⅶ度		Ⅷ度		Ⅸ度		Ⅹ度	
	个数	%	个数	%	个数	%	个数	%	个数	%
炉霍					4	3.0	37	27.0	96	70.0
昭通			7	25.0	4	14.3	17	60.7		
松潘、平武	1	5.6	9	50.0	8	44.4				

注：中国地震局地质研究所，1996年1月，《长江三峡工程地壳稳定性与水库诱发地震的深化研究》。

表10-2　　　　　　　　　不同岩性中地震滑坡分布统计表

地震区	龙陵		松潘、平武		炉霍		昭通		唐山	
	体积(万m³)	%	个数	%	个数	%	个数	%	个数	%
基岩	125	2.0	2	11.0	1	0.7	1	3.5		
各种类型坡残积层	5394.3	97.7	16	89.0	113	82.5	27	96.5	4	<10
河流冲、洪积层及堤坝	1.5	0.3			23	16.8				90

注：中国地震局地质研究所，1996年1月，《长江三峡工程地壳稳定性与水库诱发地震的深化研究》。

根据以上震例资料，结合三峡库区的实际地质、工程地质条件，在研究区统计大于1000

万 m³ 的滑坡、崩滑体和坠覆体共 36 处(干流 19 处支流,支流 17 处),干流危岩体 3 处。其中 7 处处于较不稳定状态,5 处于不稳定状态,1 处于正在变形状态,约占总数的 1/3。3 处危岩体有 2 处前缘被库水淹没,均处于不稳定状态。这些处于不稳定状态和较不稳定状态的滑坡、崩塌、危岩体在水库蓄水后稳态将会不同程度恶化,一旦 $M_S > 4.0$ 级水库诱发地震叠加,可能会激化不稳定体的失稳造成灾害。尤以距大坝最近的,链子崖危岩体、新滩滑坡、黄土坡滑坡、树坪坠覆体、大坪坠覆体、黄腊石坠覆体危险性较大。认真开展研究和先期进行一定的整治加固工程是完全有必要的。然而,过分地担心和假设万一发生水库诱发地震所引发边坡大规模失稳而导致的灾难性后果似乎还缺乏足够的依据。

10.6.4　风险度和经济分析

当某座水库蓄水后的确导致地震活动性的增强,并被判断为水库诱发地震时,有些专家往往引用苏联努列克水库作为先例,建议推迟下闸蓄水的日期,或者控制库水位上升的速度,以此作为降低诱发大震危险性的一种对策。

原则上我们并不应该笼统地反对这类对策措施,但必须采取极为慎重的态度。在已知的大部分水库诱发地震震例中,主震对大坝的影响烈度远远低于建筑物的抗震能力。而另一方面,发生大震的时间和强度,与震中区附加水头和水位上升速率之间的关系相当复杂,也可以说,两者之间并未发现明显的相关性。有的学者就此曾指出,一些快速蓄水的水库,如我国的乌江渡、乌溪江等,并没有发生强烈的水库诱发地震,而那些较强的水库诱发地震,如赞比亚与第 1 章的 Kariba 水库、印度 Koyna、埃及阿斯旺以及我国丹江口等水库,也并非出现在最快速蓄水的阶段。因此,即便把蓄水推迟一段时间或控制水位上升速率,也不一定能达到控制发震时间和降低能量释放强度的效果。对于一项大型水电工程来说,将工期或蓄水进度推迟一年,所造成的投资积压和收益推迟带来的经济损失将是以亿元为单位计算的。贸然采取这样的措施将会付出极大的经济代价,却不一定能有效地降低工程在抗震安全上所承受的风险度。因此,在没有经过充分论证或并非万不得已的情况下,最好不要轻率地建议采用类似对策。应该在进行详细的地质、地震工作和查明大坝的实际抗震能力之后,再根据具体情况分别对待:大多数水库可以无须采取任何补充抗震措施;少数水库也可能需要适当控制蓄水的进程或速度;极个别的工程则必须采取比较彻底的抗震加固措施。

10.6.5　地震社会学问题

在地震引起的次生灾害中,有一类是由于人们对地震现象的社会反映所造成的,在减灾抗灾工作中越来越受到重视。目前国内外对此都有许多讨论,并形成了一个新的分支——地震社会学。

水库诱发地震同样会引起各种社会反映,尤其是三峡工程,由于种种原因,水库诱发地震问题曾受到国内外一些人士的特别关注,若处置不慎,有可能带来很大的负面影响。归纳以往震例中的经验,可以提出以下注意事项。

①有必要编制《灾情信息共享与发布技术规范》，建立基于云技术的应急协同信息系统及基于云技术的应急产品制作与信息服务平台，实现震灾后信息的分时段准时发布功能。由权威部门定期在公开场合向国内外发布正式的库区震情通报，这是增加工程安全状况的透明度、宣传普及地震和水库诱发地震科学知识、安定人心的重要措施；另一方面，对于尚未经专家分析评估的、有关日常微震活动的原始测震资料，必须严格通过正规渠道报送少数有关部门和单位，防止扩大传播范围，严禁利用职权或私人关系索要或传播测震资料，严禁以任何方式泄露"震情通报""趋势预测"或"防震措施"等非正式的推断、工作假设或个人意见。需知许多造成严重损失的地震谣传，往往就是这类"小道消息"以讹传讹而散布开来的。

②水库蓄水后震情有所变化时，工程部门、地震专业部门应配合地方政府，积极做好普及地震知识、纠正各种错误传闻、追查恶意谣言等措施防止不良影响。

③在发生强烈有感地震之后，工程领导部门和有关地方政府要互相配合，及时在一定范围内介绍震情和今后的可能趋势，建立《应急处置模型库和辅助决策数据库》，必要时组织防灾工作以安定民心，保障生产生活的正常进行。

④当地震造成一定损失时，应按照国家规定，由主管部门组织地质、地震和其他专业人员，在地震宏观调查的基础上进行灾害评估，建立《地震灾害协同评估技术规范》。对于当地群众的各种经济要求，应通过正常渠道和法定程序予以合理解决。

最后，必须再次强调，由于每项大型工程都有其特殊的地形、地质和其他自然条件，大坝和水工建筑物各具特色，在抗震方面需要解决的问题也各不相同，发生水库诱发地震后，很难列出统一的应急方案，必须由业主或设计单位补充编制有针对性的专题研究计划，组织地质、地震、水工、施工、环保等有关部门，共同开展多方面的论证，才能制定出合理恰当的对策方案。

第11章 水库诱发地震监测台网设计

11.1 概述

水库诱发地震具有震源浅、地震烈度大、破坏性强等特点,这些地震活动对库区环境、工程建筑物、库区人民心理均会产生不同程度的影响,因此,在水利水电工程建设中都十分重视水库诱发地震的监测和研究。特别是 2008 年 5 月 12 日四川汶川 8.0 级大地震后,水利水电工程的地震危险性分析和抗震设计引起了世界各国的高度重视。为了确保工程运行安全和库区人民生命财产的安全,为水库调度运行和防震减灾决策提供地震活动性依据,对于规模大、地震地质条件复杂、地震活动性高的大型水利水电工程,有必要在水库区建立专用地震监测系统,实时监视库区地震活动动态。

在众多的地震监测手段中,测震、地壳形变、地下水监测是效果最为明显的手段,测震效果最佳,是水库诱发地震监测的必备手段,而其他均为选择性手段。

目前,我国已成功研制了达到国际先进水平的数字化地震仪和与其相配套的数据分析处理软件,并在国家地震台网和水电工程台网建设中普遍应用,实践证明效果较好。自 1958 年以来,在地震监测技术快速发展的同时,有关水利水电勘测设计部门在长江三峡、黄河小浪底、汉江丹江口、清江水布垭以及金沙江向家坝、白鹤滩、溪洛渡、乌东德等特大型或大型水电工程专用地震台网的设计、建设和运行管理工作中,培养了大批科技人才,为进行其他水库诱发地震监测系统的设计、建设和运行管理打下了坚实的基础,并提供了有力的技术保证。

11.2 台网技术系统设计

11.2.1 技术系统的测震学指标

根据水库区的地震监测环境和目前国内外的地震观测技术现状,台网短周期微震观测技术系统需满足以下测震学指标:

①采用全数字地震观测技术。
②三分量观测。
③数据采集器分辨率为 2^{-23},线性度优于 1%。

④微震观测系统响应选用速度平坦型,响应频带选择 1~40Hz。

⑤采用大动态 24bit 数据采集,动态范围不低于 100dB。

⑥数字化采样率不低于 100SPS。

⑦时间服务误差不大于 5ms。

⑧网内发生 $M_L \geqslant 0.5$ 级地震后,系统能触发报警和自动测定地震基本参数,并对 $M_L \geqslant 2.5$ 级地震能快捷(15min 以内)地进行地震速报。

11.2.2 技术系统的总体构成

以三峡水库、丹江口水库数字遥测地震监测系统为例,该系统一般由数字地震台网、数据传输系统、台网中心三大部分组成(图 11-1、图 11-2)。

各部分又由硬件和软件组成。地震监测系统的主要技术要点如下:

①重点监测区的确定和主要技术指标。

根据水利水电工程水工建筑物布设及有关水库诱发地震研究结果,参照其他重大工程专用地震台网建设经验,一般将水利水电工程库区地震监测分为重点监测区和一般监测区两类。重点监测区的监控范围为库首区及距坝址较近的水库诱发地震潜在危险区,通常包括坝址下游 5km 至坝址上游 40km 范围;一般监测区为重点监控区周围地区及水库诱发地震预测库段地震潜在危险区。

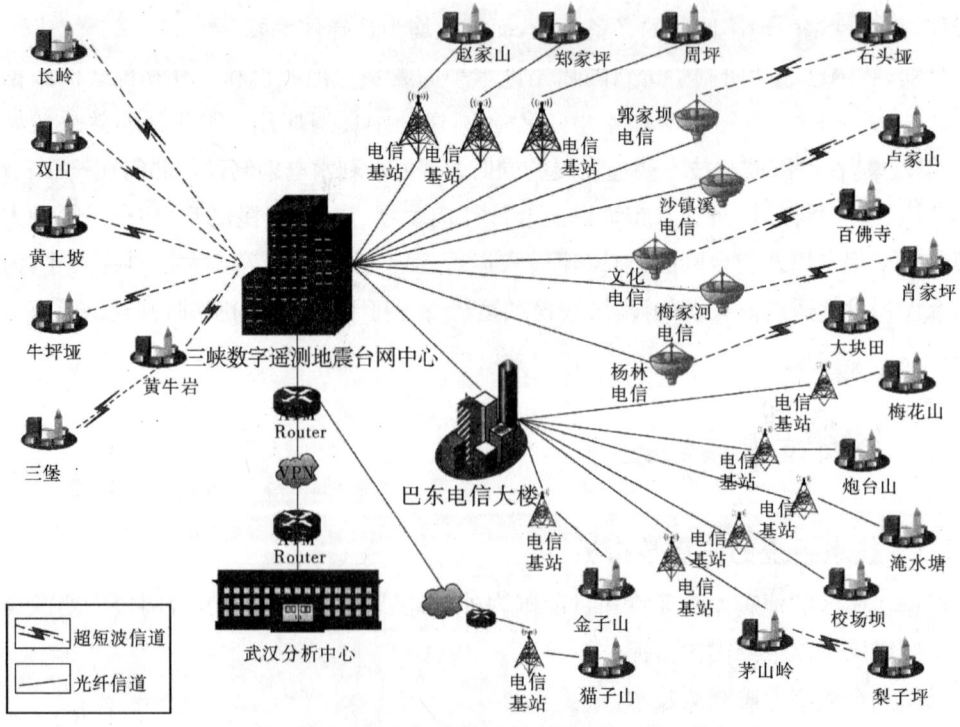

图 11-1 三峡水利枢纽水库诱发地震监测系统总体框图

第11章 水库诱发地震监测台网设计

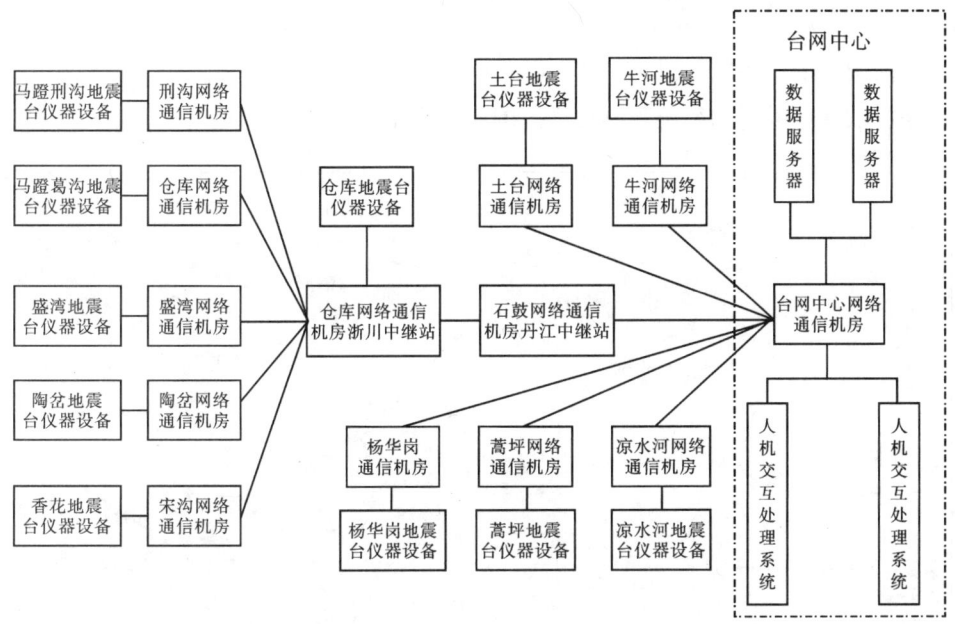

图11-2 丹江口水库诱发地震监测台网技术系统框图

一般来说,在重点监测区内,台网的有效地震监测下限为$M_L 0.5$级,震中定位误差小于等于2km。在一般监测区内,台网的有效地震监测下限为$M_L 1.5$级,震中定位误差小于等于5km。

②采用全数字地震观测技术。

③数字地震监测台网由高灵敏度固定台网、高灵敏度流动台网和强震台站三部分组成。高灵敏度固定台网的地震台站个数应满足重点监测区地震监测能力的要求。另设立一定数量的流动台网及强震地震台站。

④地震观测数据传输方式,根据台站周围实际情况,目前水电工程地震台网信号传输方式一般采用无线超短波(或微波)、有线光缆或网络传输等方式混合组网。各台站的数据在工程建设营地汇集后采用卫星传至台网中心(图11-3)。

⑤地震数据记录和储存采用磁介质方式,也可采用加密云盘。

⑥地震资料分析处理软件,应具备计算机自动处理和人机结合处理两种方式,并且还应具备地震事件自动触发报警功能和系统故障报警功能。

⑦主力设备为地震计、数据采集器和数传电台。数据采集器选用24位数采集,地震计选用与24位数采集相配套的产品。

⑧野外地震台站和中继站采用太阳能电池—蓄电池供电。附近有交流电源(220V)通过的台站,应架设交流电源线路,将交流电作为辅助供电(主要在非雷电季节使用)。台网记录中心以交流供电为主,并配备UPS电源作为备用。

⑨各站点应安装避雷针或避雷塔。交流电源进线口和信号收、发天线端口应采取避

措施。

⑩时间服务采用 GPS 或北斗授时，误差小于 1ms。

⑪高灵敏度地震监测系统观测动态范围应优于 100dB。

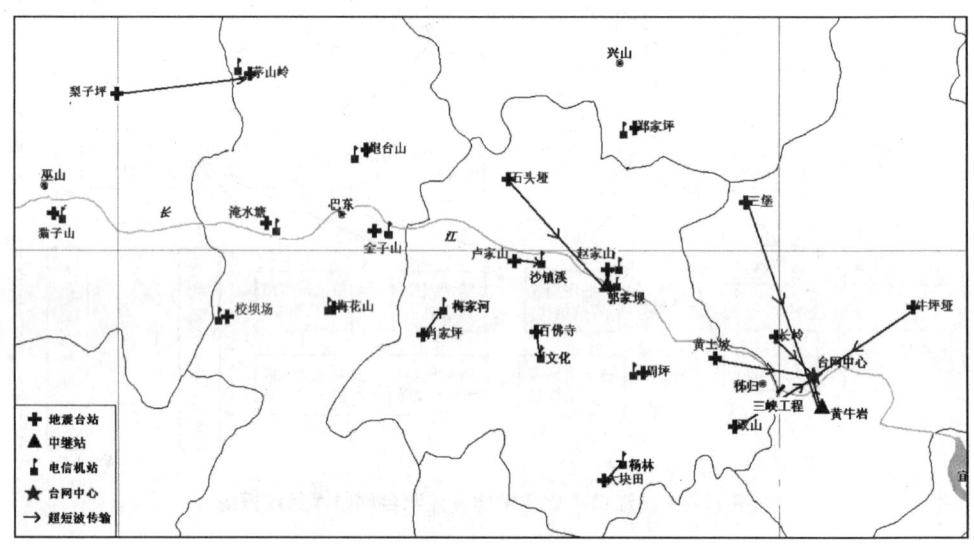

图 11-3　三峡地震监测台网信号传输平面图

11.2.3　台网中心数据记录方式和地震数据处理

地震信息的记录方式采用连续磁介质记录，事件波形数据文件用光盘长期保存。数据处理流程见图 11-4。数据处理的主要功能与指标如下：

①实时收集各遥测台站传输回台网中心的数据，并将这些数据送入计算机系统进行下一步处理。

②以计算机系统为核心，分别以连续和事件触发方式记录地震波形数据，供后续实时处理使用。

③对实时波形数据进行自动事件检测，并对检测出的事件在 5min 内自动分析处理出地震参数。

④在计算机自动分析处理地震事件结果的基础上，采用人机结合的方式，对地震事件参数进行精确修正。对于发生在重点监测区内 $M_L \geqslant 2.5$ 级地震在 15min 内向有关单位进行速报。

⑤每天对前一天记录到的实时记录数据进行浏览，在此过程中截取计算机误判和漏判的地震事件进行分析处理。

⑥对记录清晰完整的网内和网缘较大地震，采用人机结合方法，进行震源机制解和波谱分析工作。

⑦定期编成地震观测报告。地震目录和原始地震事件波形建立数据库和刻录成光盘以

长期保存,并进行各种数据服务和数据管理工作。

⑧自动监测系统运行情况,作出必要的指示或报警。

⑨采用公用通信(电话和电子邮件)方式向有关单位通报有关信息。

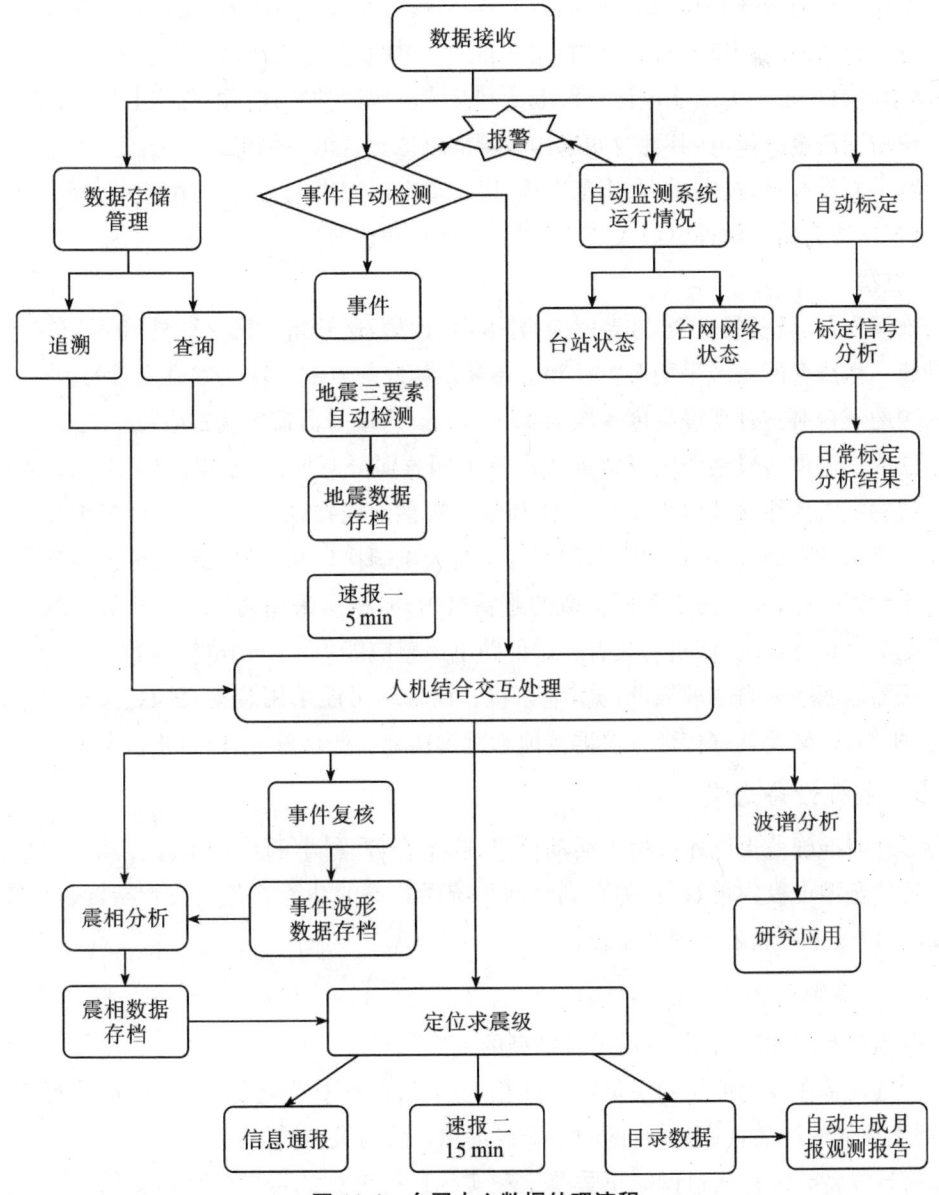

图 11-4 台网中心数据处理流程

11.2.4 电源供给与避雷

连续稳定的电源供给是仪器设备正常运行和地震事件完整记录的必要保□果的好坏,又直接关系到人员、设备的安全和工作的连续性,按照有关要求,必□靠的电源供给和行之有效的避雷措施。

(1)供电方式

地震台网常用供电方式主要有交流电浮充供电、太阳能电池—蓄电池供电等。

遥测地震台多位于农村和偏远山区,如采用单一的交流供电时,可能得不到保证,另外,交流供电还存在电源线路长、容易引起雷击等问题。如采用太阳能电池—蓄电池供电方式,在遇到较长时间的阴雨或下雪天气时,也可能产生电源不足的现象。为了确保台网正常运行,遥测地震台拟采用太阳能电池—蓄电池和交流电源两种方式择时供电,即在冬季和非雷电季节使用交流电源供电,其他时间采用太阳能电池—蓄电池供电。

台网中心设备多、耗电量大、用电方便,以交流电浮充供电为主,并配以适量的酸性蓄电池和UPS电源为辅。两种电源系统应兼容,并可自动切换。

(2)避雷

为确保人员、设备的安全,选台时应合理利用地形,避开雷击区。此外,还需采取相应的避雷措施。地震台网一般采用避雷针和安装其他相应装置的方法达到避雷目的。

遥测地震台避雷针架设高度一般为12~15m。房屋等需避雷物都应位于此避雷装置的保护范围内。避雷装置地线同仪器地线应按不同方向分开埋设,不得共用一个接地体。为确保建筑物避雷地线接地电阻小于10Ω和仪器避雷地线接地电阻小于4Ω的要求,应在接地体周围增加减阻剂、金属碎屑和石墨粉等。交流电源接口和信号线路均应安装避雷装置。

对于台网中心,除楼房本身所采取的避雷措施外,机房采用防静电地板和金属天花板,这些设施都应良好接地,使机房具有一定的防电磁感应能力。采用电源避雷器,大功率交流参数稳压器以滤除来自电源线路的雷电干扰。设备尽可能采用装箱式和装架式,所有设备的外壳、机箱、机架要良好接地。仪器接地和避雷接地要严格分开,以防止雷电干扰。

11.2.5 系统设备选型

为了及时准确地提供库区地震活动信息,除了合理、科学的台网布局设计外,观测系统仪器设备的选型也极为重要,它关系到台网系统所具备的功能和各项技术指标是否能达到设计要求,以及是否满足工程的需要。

11.2.5.1 选型原则

根据当前实际情况,台网系统设备选型的主要原则是:

①所选设备在技术性能和质量等指标相近的情况下,优先选用价格便宜、功耗小、维护方便、利于环保的产品,以降低台网的投资成本和日后的维护费用。

②所选设备必须是通过国家正式鉴定和实际运行考核的定型产品,具有高稳定性和可靠性,标准化程度高,配套齐全,技术先进,使用方便,便于运行管理和维护。

③所选用设备的生产厂家必须具备良好的售后服务和长期供应设备、配件及维护技术的能力。

11.2.5.2 台网系统设备构成和主要设备选型及技术指标

根据台网观测的需要,确定台网系统设备总体构成见图11-5。

第11章 水库诱发地震监测台网设计

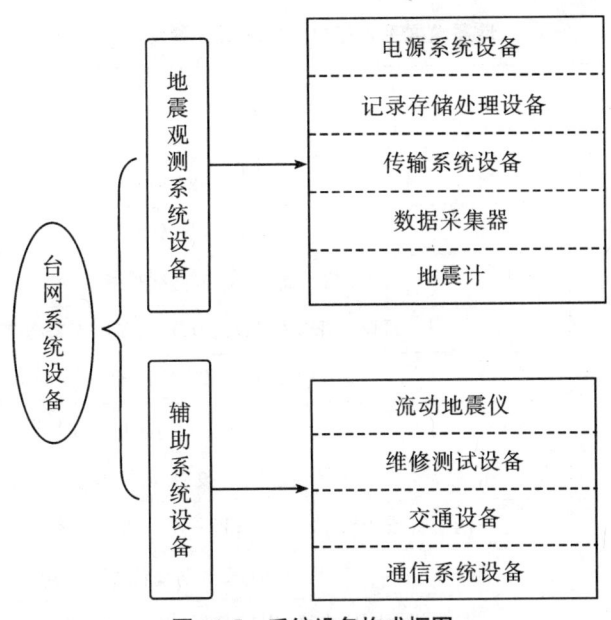

图 11-5 系统设备构成框图

(1)地震计

地震计是地震台网建设的主要设备,其短周期地震计的主要技术指标参考见表 11-1。

表 11-1　　　　　　　　　　地震计的主要技术指标参考表

结构	三分向一体,电磁换能,力平衡电子反馈,外部开锁摆
等效自振频率	1Hz
频带宽度	2～70Hz
最大输出信号	±8V(双端差动)
失真度	总谐波失真度小于-80dB
灵敏度	2000vs/m(双端输出)
横向振动抑制	优于<1%
动态范围	>120dB
最低寄生共振频率	大于100Hz
标定线圈内阻	100Ω
标定灵敏度	1.2V·s/m
输出阻抗	<100Ω
供电电压	9～18V,单电源供电
静态电流	<50mA,供电电压12V时

(2)数据采集器

数据采集器是地震监测的主力设备,应选用24位数采集,其主要技术指标参考见表 11-2。

表 11-2　　地震数据采集器主要技术指标参考表

项目	指标
数据采集通道数	3路/6路
输入信号满度值	±5V,±10V 或±20V;双端平衡差分输入或±2.5V,±5V 或±10V
A/D 转换	24 位
动态范围	>130dB(采样率为 50Hz 时)
数字滤波器	FIR 数字滤波器,包括线性相移和最小相移
输出采样率	1Hz、10Hz、20Hz、50Hz、100Hz、200Hz、500Hz
标定信号发生器	16 位 DAC,程控波形输出,±5mA
标定信号类型	方波、正弦波、伪随机二进制码
授时	GPS 接收机,授时/守时精度<1ms
通信接口	两个标准 RS232C 串行口,一个标准 10M/100M 以太网接口
自启动功能	具有自检、自动复位、重启功能
通信协议	支持 TCP/IP 协议,支持基于网络协议的实时数据传输,支持 WWW 远程管理,支持 FTP 远程数据传输与管理
记录功能	支持连续数据和触发事件数据同时记录
记录容量及介质	内置 20GBUSB 硬盘或 2G 的 Flash 存储器
记录格式	可选压缩格式,支持 SEED 格式
工作温度	温度-20℃~+55℃
供电电源	直流 9~18V,标准 12V,内置可充电电池
平均功耗	<2.5W(包括硬盘工作耗电)
外形尺寸	200mm×300mm×88mm

(3)数据记录存储和资料分析处理设备

台网中心数据记录存储和资料分析处理是由若干计算机联网组成的网络系统,系统可分成硬件和软件两大部分。硬件主要由若干台计算机、打印机、网卡、光盘刻录机等组成,这些设备属通用产品,可在市场选择当时档次较高的品牌机,特别是实时机应选用质量好的工控机。

软件系统主要由数据收集、实时处理、交互分析、数据管理等专业软件组成。软件系统必需可靠、实用和安全,并且具备如下功能:

1)实时处理软件功能:

①多路地震波形数据收集。

②地震波形数据记录。

③地震事件检测。

④自动地震震相识别、地震定位。

⑤地震台站数据采集器监管。

⑥系统运行状态监控。

⑦支持基于 TCP/IP 协议的远程系统监视。

⑧自动存储系统管理。

⑨地震事件报警和系统运行状态报警。

⑩通过网络接收客户端发送的实时波形数据、触发信息、定位结果、台站状态信息、网络通信信息、系统运行信息。

⑪根据客户端的请求向客户端发送实时波形数据、触发信息、定位结果、台站状态信息、网络通信信息、系统运行信息。

⑫根据用户名、密码、客户端 IP 地址、请求数据类型进行客户认证。

2)交互处理软件功能：

①波形数据浏览、数据编辑。

②提供基线校正、滤波、仪器仿真等多种地震数据处理方法。

③交互震相分析。

④地震精确定位。

⑤以震中分布图显示定位结果。

⑥打印波形数据和震中分布图。

⑦提供外挂定位程序接口。

⑧支持 SEED 格式等多种文件格式转换。

3)地震数据库软件功能：

①保存地震定位结果、地震事件文件信息、台站参数、仪器响应参数、震源机制解结果。

②具备自动地名检索功能和多种数据输入方法，便于保存数据到数据库。

③提供多种数据检索方法检索数据，以表格、电子地图的方式显示查询结果。

④按规范要求的格式打印地震目录、观测报告、台站要素表。

⑤具备信息发布模块，可同时以 FTP、电子邮件的方式群发地震目录、观测报告。

⑥通过 WWW 服务器和 FTP 服务器实现远程动态数据查询和波形数据文件共享。

(4)电源设备

电源设备主要有太阳能电池、蓄电池和浮充电机等，这些设备国内有很多厂家生产，且质量均较好，可满足台网的需要。蓄电池拟采用免维护电池。

11.2.6 地震台站和信号传输主要设备

根据台网技术系统设计要求，地震台站需配置短周期地震计、宽频带地震计、加速度计、地震数据采集器、光纤收发器，各种专业电源、太阳能电池板、蓄电池及避雷设施等。数字遥测地震台站和信号传输主要设备配置见图 11-6 至图 11-8。

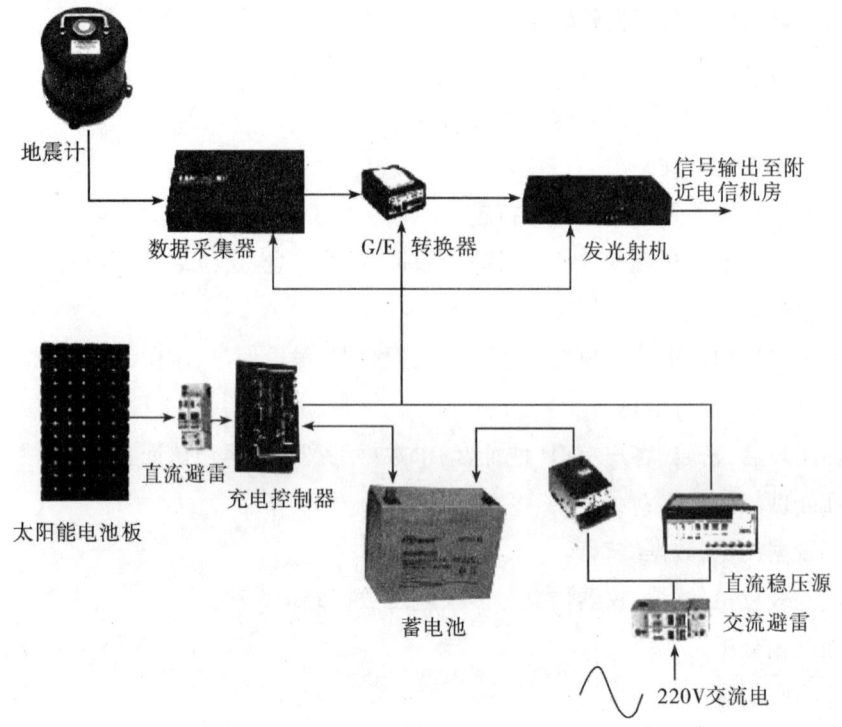

图 11-6 遥测地震台站主要设备配置图

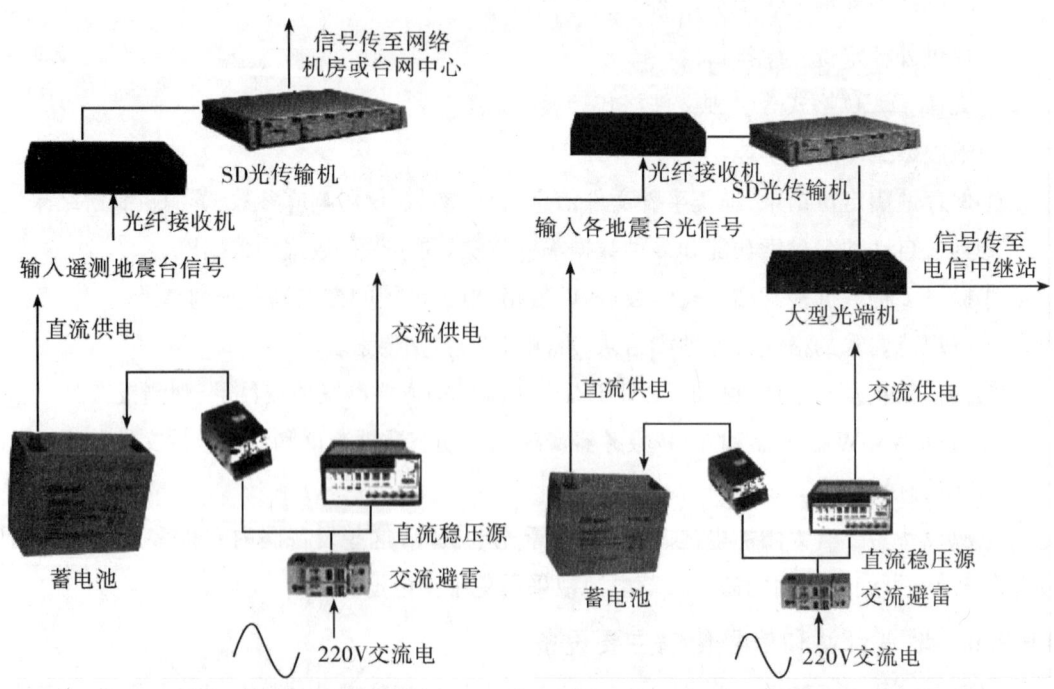

图 11-7 地震台站附近电信机房信号传输主要设备配置图

图 11-8 中继站信号传输主要设备配置图

11.2.7 台网中心设备及其配置

台网中心需配置以太网交换机、光纤收发器及专业电源、工程控制接收机、地震数据分析机、地震告警器、数据服务器及各种专业电源等，主要设备配置见图11-9。

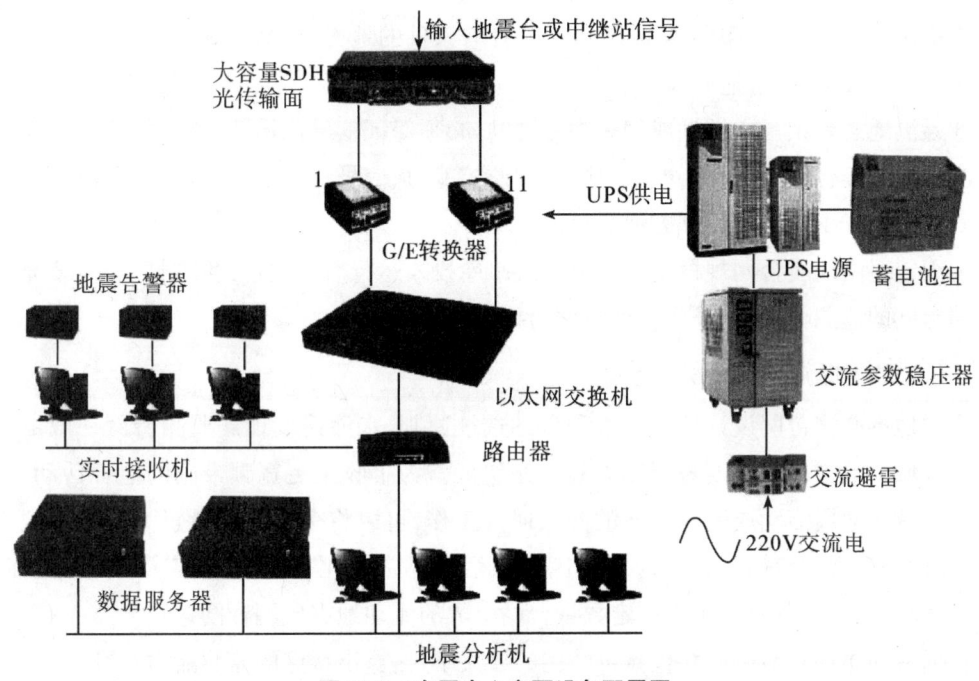

图11-9 台网中心主要设备配置图

11.2.8 辅助设备、备用设备和流动台设备配置

为了确保台网正常运行和进行一般日常仪器设备检查维修，以及在库区出现震情变化后能及时加密地震台站观测，地震监测系统有必要配置部分辅助设备、备用设备和流动台设备，主要是短周期地震计、地震数据采集器、免维蓄电池、直流稳压电源、宽频带地震计、加速度计、浮充电源、直流电源避雷器、交流电源避雷器、以太网交换机、收发器专用电源、地震告警器、发码机、收码机等。

11.3 高灵敏度固定台网设计

11.3.1 台网设计和台站选址的原则

台网设计和台站选址应遵循的主要原则：

①地震台站个数应满足重点监测区地震监测能力的要求（即坝址下游5km至坝址上游40km库段），并确保台网地震监测能力达到$M_L \geq 0.5$级，定位精度优于1km。

②遥测地震台站在平面空间上尽量均匀分布，并且形成多个三角形，避免"死区"出现，

相邻台站一般为 10~20km。

③在台站布设时，要考虑加强对坝首、库区主要断裂和水库诱发地震危险区的监控。

④遥测地震台的布设应考虑库浪、泄洪振动干扰对台基可用放大倍数的影响。

⑤遥测地震台址要选择在坚硬完整的基岩上，同时要避开公路干线、大片森林和矿山等振动干扰源，可使用放大率不小于 10 万倍。在有条件的地方，台站最好不要选在山顶上，应选在避风的山坡上，并且避开风口。

⑥遥测地震台站与中继站或记录中心之间，必须保证信号传输信道畅通。

⑦遥测地震台址的选择要同时兼顾台网监控能力、信号传输效果和交通条件等因素，以便达到建设投资少和维护管理方便的目的。

⑧固定遥测地震台网规模不宜太大。在水库投入运行后，一旦发生震情变化，要充分发挥流动台网的监测作用，弥补永久性台网监控能力的不足。

11.3.2 台网地震监测能力评估

根据地震监测台网设计技术要求和台站选址原则，水库诱发地震监测台网一般由分布在监测区域的数个高灵敏度短周期微震台站组成。为了收集更宽频带内的地震活动信息，做好水库诱发地震活动成因等方面的深入研究工作，可以将个别台站设置为宽频带观测台站，并兼设强震观测台站。为了应对库区地震活动异常变化，加强极微震活动跟踪监测工作，地震监测系统还备有一个由一定数量台站组成的流动地震监测台网。

根据台网布局和地震监测仪器可使用的放大率，估算出台网的监测能力。

理论上，1 个三分向地震台即可粗略地定出地震震中位置，3 个台站可以精确地定出地震震中位置，4 个以上(含 4 个)台站不但能精确地定出地震震中位置，而且还能确定震源深度(h)。一个地震台网的监测能力一般是指在某一地区 4 个以上(含 4 个)地震台都能记录到同等最小地震震级的能力，即通常所说的有效地震监测下限。

台网地震监控能力的大小主要取决于各台站可使用放大率的大小，也就是各台站监测某一震级地震的最大距离。在传统的地震震级确定中，对于位移平坦型特性地震波记录，可采用里氏震级公式求出各台监测某一震级的最大距离，其垂直向震级公式：

$$M_L = \log A_\mu + R(\Delta) + 0.17$$

式中：A_μ——横波 S 波最大地动位移，单位为微米；

$R(\Delta)$——短周期地震仪的起算函数，Δ 为震中距离，可通过 $R(\Delta)$ 查表得出；

M_L——体波震级。

其中：

$$A_\mu = \frac{Y_{\max}}{V}$$

式中：$Y_{\max}$——在地震记录图上纵波 P 初动可分辨时记录到的 S 波最大振幅；

V——S 波所对应周期的仪器放大率。

根据地震记录图分析经验,当背景干扰振幅平均为 0.2mm,P 波振幅为 0.5mm 时为清晰可辨,S 波与 P 波振幅比一般为 3~4。取振幅比为 4,即 S 波可分辨的最小振幅为 2.0mm。因此,S 波振幅 $Y_{max}=2.0$mm,各台站可使用放大率(假设 $V=10$ 万倍)代入公式:

$$R(\Delta)=M_L-\log\frac{Y_{max}}{V}-0.17$$

由此可求出不同震级 M_L 所对应的起算函数 $R(\Delta)$,并查表得到相应的可监测的最大震中距 Δ。

三峡地震监测台网各台站观测环境较好,台基地脉动干扰较小,环境地噪声水平(Enl)都在 10^{-8}~10^{-7}m/s 范围内,大多在 10^{-8} 量级,期望的放大倍数可达 10 万~15 万倍。根据上述方法计算出各台站监测不同震级地震的最大震中距 Δ,绘制出台网监测能力等震线见图 11-10,从图 11-10 可以看出,前期预测的主要水库诱发地震潜在震源区和所确定的重点监测区均在台网 0.5 级地震监控范围内,在重点监测区周缘的一般监测区,台网的监测能力为 M_L0.6~1.5 级。由此可见,台网规模是合适的,台站布局合理,满足设计要求。

图 11-10 三峡地震监测台网台站分布和地震监测能力图

11.4 台网信道设计

地震台网信道设计主要是结合所在地地形环境,选择一种合适的通信方式,既要保证地震数据通信的连续稳定,又要便于维护管理,同时做到建设费用成本最小化。

11.4.1 信道设计原则

根据行业规范中规定的各项技术指标要求,结合地震监测水库库区的地形地貌等实际

情况,在水库数字遥测地震台网的信道设计过程中,应遵循以下原则:

①台站附近有光纤经过的台站,地震信号传输方式尽量采用有线光纤专用网络传输。

②在保证信号传输质量的前提下,尽量减少信号中继次数,达到减少中间环节所造成的误差和节省建设成本开支的目的。

③保证数据的可靠运行率达到有关技术指标要求。

④应确保地震数据传输过程中的安全可靠。

11.4.2 信道设计组网方式

目前,在水电工程地震监测台网设计中,信道设计组网一般有三种方式:一是无线超短波或微波信道组网,二是有线光纤(或网络传输)信道组网,三是前两种信道混合组网。

无线超短波或微波信道组网的优点是自成体系,稳定性好,维护管理工作不受外界因素制约。缺点是遥测台站多位于偏远高山区,对信道路径要求较高,工作条件艰苦,台网建设困难,维护管理难度大,并且传输信号易受天气变化(如大雾)或同频干扰,信号传输质量有时得不到保证。

有线光纤信道是地震信号传输的最好方法,其最大优点是信号传输质量好,不受气候变化影响,数据线路透明化,便于日后的维护管理,该通信方式已经有足够成熟的技术支持和较多的应用案例。缺点是要求台站附近有公用光缆通过,该传输方式在偏远山区很难实现,线路维护受电信部门制约,协调工作量大。随着我国有线光纤信道覆盖范围大幅增加和技术的成熟,以及服务质量的提高,目前在地震监测台网信道设计中,有条件的地区一般优先选用有线光纤信道。

随着地震监测 IP 技术和公共网络技术的发展,目前在一些地震科研、短期地震监测项目中,也采用了 CDMA 或 GPRS 传输方式,该传输方式的优点是维护管理方便,缺点是台站附近必须有网络信号,并且信号传输不稳定,受网络忙闲的影响,当网络较忙时(上网高峰)可能丢失数据,并且网络出现故障后,维修要受网络公司的制约,因此,在具有地震应急要求的水电工程地震台网建设中一般不采用 CDMA 或 GPRS 传输方式,但对于少量采用其他信号传输方式有困难,并不影响到地震速报的台站,也可采用少量的 CDMA 传输方式。

11.4.3 台网信号的传输方式

水库诱发地震监测台网地震信息传输采用有线光纤网络组网时,将地震台站信号通过光纤收发器,发送到最近的光纤网络机房,再由网络供应商将接收到的信号直接送回水库诱发地震监测台网中心(图 11-11)。地震台站采集的数据在用光纤传输前,先进行压缩,以 IP 数据包格式流通,由于数据量不大,对于网络的带宽要求不高,一般选用 2M 光纤左右网络就足以满足传输所需要的带宽。传输方式可选择 PDH 光纤传输或 SDH 光纤传输,但相比之下,SDH 光纤传输是严格同步的,从而保证了整个网络稳定可靠,误码少,且便于复用和调整。

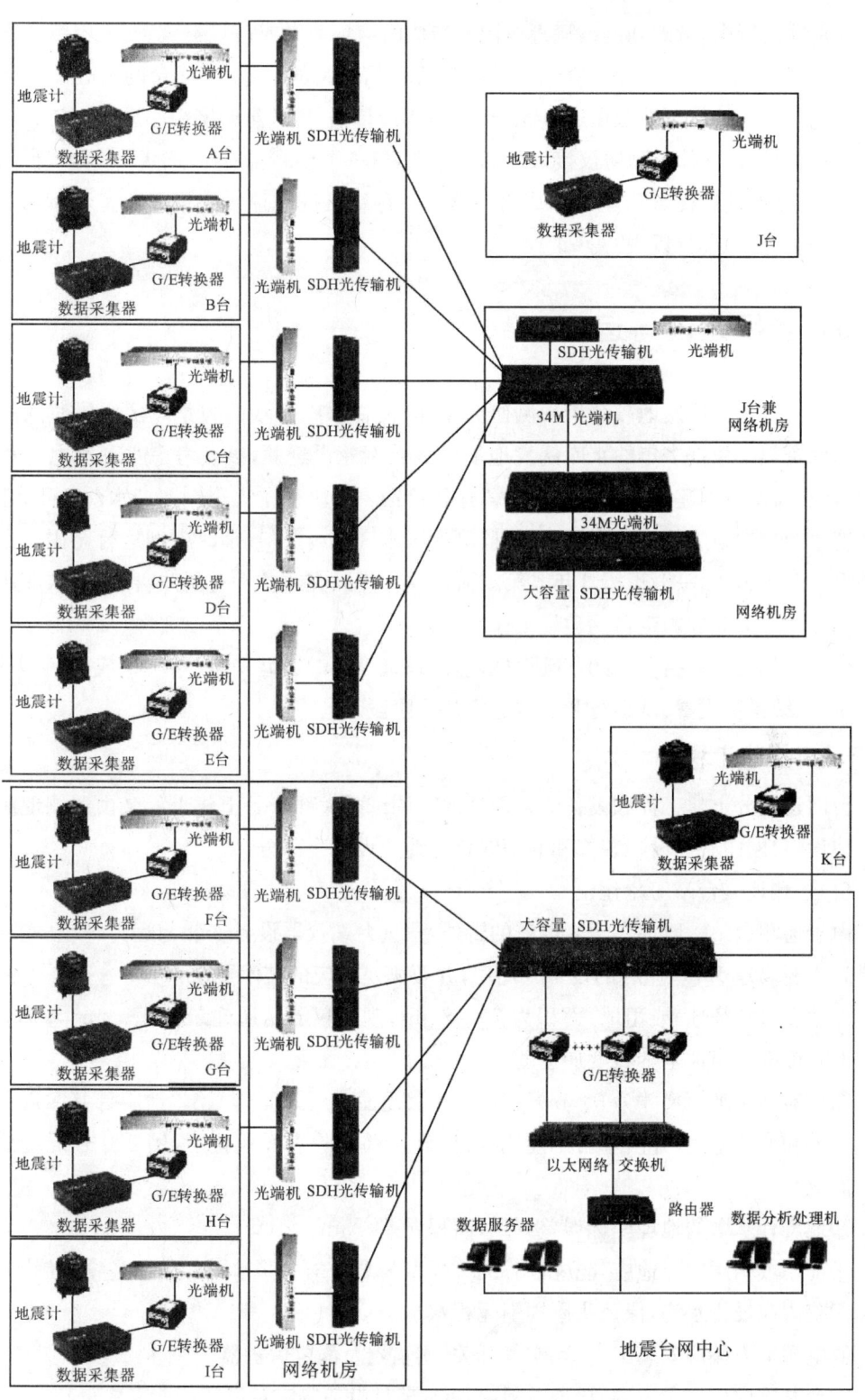

图 11-11 某水库诱发地震监测台网拓扑图

在传输过程中,考虑到网络病毒等因素造成的信息丢失或信息被监听,甚至设备损坏等情况,各台站设备在接入光纤网络后,不参与公共信息网的信息共享,台网中心和各台站形成星形局域网。地震台站数据通过光纤设备 E1 口传输,传送至台网中心后,将 E1 口信号转换为网口信号,以 TCP/IP 协议接入数据服务器,每一个台站都有唯一的 IP 地址,台网中心可以通过 IP 地址远程访问各个台站的信息。各台站数据在地震台网中心汇集后,以 VPN 方式,再转发至地震分析中心。

11.5 台网建设与运行

为了做好水库诱发地震分析预测研究工作,需在水库蓄水前收集库区一段时间的地震活动本底资料。根据多年的水库诱发地震监测台网建设经验,以及考虑水利水电工程交通条件,地震监测台网建设一般分两个阶段进行。第一阶段是在工程围堰挡水前 2 年,建成一个由若干个台站组成的临时台网,以便监测库区本底地震资料,临时台网运行至固定台网建成并投入运行为止,一般运行 3 年。第二阶段是在库区交通条件有所改善后,在水库正式蓄水前约 1 年以前完成固定台网建设工作。

台网建设主要包括台网的基础设施建设、系统设备的选型采购、系统集成、安装联调、系统标定、系统参数设置、试运行和考核运行几个阶段。

11.5.1 土建工程

台网建设分土建工程和设备的采购、安装、调试两大部分。土建工程又由遥测地震台站房屋建设、台网中心建设与装修和通信线路光缆架设三个部分。

(1)遥测地震台站房屋建设

由于遥测台站一般都在无人值守的野外,根据台站仪器设备安装与运行环境的要求,每个台站需要修建 $12m^2$ 左右的设备专用房,并要满足相应的技术要求:

①地震台站征地(或租地)面积为 70~80m^2,观测仪器房屋建筑面积 12m^2 左右。房屋抗震设防标准为当地基本烈度加 I 度。

②仪器基墩平面尺寸为 0.6m×0.6m,基墩顶面高出地面 0.4m。地震计基墩周围应留有隔振槽和调试空间,开凿基岩不能用爆破,施工前清除表面风化层,用 200 号混凝土一次浇灌而成。

③地震计基墩的地理坐标误差≤1″,高程误差≤5m。

④征用或租用的土地应建立围墙,围墙高度为 2.5m,并采取可靠的防盗窃措施。

⑤院内应设排水沟,保证房屋周围无积水。

⑥电源输入端应安装配电盘、空气开关、避雷器及漏电保护器。

⑦台站院内应布设地网,接地电阻<10Ω,满足设备避雷及设备接地需要。

⑧台房墙体上端应预留 3 个进线孔。

(2)台网中心建设与装修

台网中心基础设施建设与装修的主要技术要求如下：

①台网中心应具有固定的机房以及必要的值班、资料分析、设备调试维护、配电、资料存放等工作室。

②台网中心仪器设备地线的接地电阻要求<4Ω。各种地线应按不同方向分开埋设，不得共用同一个接地体。电源复接零地线按当地供电部门要求执行。

③台网中心应配置通信线路避雷器和交流供电线路避雷器。

④机房的温湿度、防尘、防噪、防静电应满足设备的工作环境要求。

⑤设备机房应铺设专用的防静电地板。

⑥台网中心的数据信号线缆和供电线缆应分开布设，并用专用线槽进行封装。

⑦台网中心应安装专用配电盘，将照明用电与设备用电分开。

(3)通信线路光缆架设

除有特殊情况外，台站至机房的光缆线一般由电信部门负责架设。

11.5.2 仪器设备安装、调试

遥测地震台网仪器设备安装、调试是一项技术比较复杂的系统工程，安装、调试工作是整个台网建设过程中非常重要的一环。仪器设备安装、调试的主要步骤如下：

①仪器设备出厂前测试。

②仪器设备运达后及时开箱检验和单机调试。

③系统联机预调和系统标定。

④系统设备实地安装及统调。

⑤系统设备技术指标测试和精调。

通过上述5个步骤的安装调试及反复微调，直至满足有关规范要求为止。

11.5.3 试运行和考核运行

(1)试运行

台网仪器设备安装调试和系统标定结束后，台网进入试运行阶段。试运行的主要目的是通过运行，发现台网建设和仪器设备存在的问题，并通过仪器设备和软件的精细调试或更换或调整建设方案等手段，使试运行期间暴露出来的问题得到解决，使之达到合同和有关规范的要求，为下一步的考核运行打下坚实的基础。试运行时间一般为3个月。试运行期的主要任务和要求如下：

①监测系统日常运行管理、观测资料分析处理、地震速报、仪器设备和软件的精细调试或建设方案调整。不达标的产品应及时退换。

②每天根据计算机自动统计得出的各台站误帧数据，计算各台站每天运行率和台网每天平均运行率。台网平均运行率要求达到95%。

③根据每月地震记录波形情况,计算波形完好率,波形完好率要求达到95%。

④根据各台仪器设备每天自动发送来的脉冲标定信号,量取各台仪器设备每天脉冲标定信号的幅值和周期,并绘制曲线图。幅值和周期的变化与前一天相比不能超过5%。

⑤填写台网运行值班日志、台网中心机务值班日志、台站维护维修记录。

⑥每天在连续记录波形数据中截取自动检测过程遗漏的微震事件。

⑦编写监测范围的地震月报。

⑧每月提交一份台网运行报告。

⑨对各台站地脉动干扰背景进行一次测试计算,要求环境地噪声水平小于1.0×10^{-7}m/s,不符合标准的要整改。

⑩根据重点监测区的放炮和地震记录情况,对台网定位精度进行检验。如达不到标准(震中精度优于1km,深度精度优于2km),则需对分析软件设置参数或模型进行修改。

⑪对各台站系统幅频特性、仪器的传递函数、系统的动态范围进行一次标定。

⑫对记录的实时观测数据和地震事件数据及各种产出资料进行电子存档。

在台网试运行期间,台网技术系统各项技术指标达到规范和设计要求一段时间后,可申请台网进入考核运行。

(2)考核运行

考核运行时间一般为3个月。在考核运行期间,台网使用的仪器设备型号、种类和台站位置以及使用的软件一般不能改变。考核运行是对台网建设质量、仪器设备性能、工作人员管理水平、台网规章制度和质量保证体系等工作的全面考核。考核运行期满,并且质量达到有关要求后,经有关单位组织验收,台网进入正式运行。

第 12 章 结论与展望

12.1 主要结论

水库诱发地震危险性评价是坝址地震危险性评价的组成部分之一。本书运用了地震地质学、构造地质学、水文地质学、数学地质、遥感与信息技术、地貌及第四纪地质学、大地测量学等的最新成果并进行集成,以长江三峡库区初期蓄水首发地震活动比较强烈的巫山—巴东库段为重点,进行了地质学、地震学等方面的详细解剖,对三峡水库初期蓄水地震活动成因进行了深入分析,运用地震地质类比法、数学模型法,特别是人工神经网络模型,对可能诱发水库地震的地段和强度进行了评价和预测。通过研究,得到如下结论:

①长江三峡工程区位于扬子准地台上扬子台褶带,该区西部为四川台坳,北部为大巴山台缘褶带,其中尚包含神农架和黄陵两个古老地块。研究区属板内隆升蚀余中低山—中高山山地地貌,长江3个峡谷段两侧皆为槽地和盆地,宽谷相隔。水系为典型的峡谷水系,层状地貌发育,自古近纪末以来,在三峡地区形成三期五级夷平面、六级河谷阶地和多层岩溶。本区碳酸盐岩类分布面积近半,岩溶强烈发育,岩溶类型繁多。高程200m以下大概可分出4层溶洞系统。区内神农架和黄陵两个古老地块出露前震旦系变质岩,库区沉积盖层出露齐全,从震旦系至第四系均有出露,厚度近万米。本区主要由 NE—NEE 向弧形褶皱和同向断裂组成,但断裂规模一般不大,一般为盖层断裂,部分地壳断裂。断层活动性较弱,研究表明,其在中更新世有过明显活动,其后活动性弱。水文地质条件受岩性、构造和地貌因素控制可分为5种类型,即松散堆积层孔隙含水层区(Ⅰ)、碎屑岩裂隙及层间含水层区(Ⅱ)、碳酸盐岩类岩溶地下水区(Ⅲ)、岩浆岩变质岩网状裂隙含水层区(Ⅳ)和断裂带地下水含水带(Ⅴ)。在三峡水库干流1300km、支流3679.5km的库段,共发现体积10万 m^3 以上的滑坡、崩塌、危岩体684处,总体积30.4亿 m^3,平均线密度为 0.14 个/km。区内地震活动主要受所在地区断裂构造的控制,具有较明显的区域性特征和条带状特征,但整体活动性较弱,地震活动的似周期为300年左右。利用震级—频次关系和极值理论统计分析,在未来100年内,本区有可能发生 5~6 级地震 1~2 次,发生 6 级以上地震可能性较小;而黄陵背斜两侧远安—钟祥、秭归—渔洋关和兴山—黔江 3 个地震带在未来100年内发生 5 级以上地震的可能性都较小。

②三峡水库于2003年5月25日开始初期蓄水,至2003年6月10日蓄至135m,日均升

幅 3.24m。在库区水位上升到 135m 或在 135m(初期 4 个月)和 139m 上下波动的过程中,库区地震活动频次也出现了起伏变化。

通过对三峡水库蓄水地震活动特点的初步分析,可以看出以下特点:

a. 地震在蓄水初期特别是蓄水开始的前 20 天频次最高。从 2003 年 6 月 9 日凌晨开始突发密集的小震群,当天记录到可定位地震 15 次,6 月 12—19 日,巴东一带地震达到高潮,8 天记录到可定位地震 74 次,6 月 20 日以后地震活动逐渐减弱;截至 7 月 31 日,全区共记录到可定位地震 175 次,8 月记录到的可定位地震仅 40 次,且分布较为分散。2003 年 6 月 1 日至 8 月 31 日,全区共记录地震总数 2868 个,其中有 215 个是可定位地震,占总数的 7.5%。地震活动主要随着时间的推移,地震频次已大幅降低。

b. 地震震级非常小。自三峡水库蓄水至 2006 年 3 月 31 日止,在库首及邻区,共记录到能确定震中位置的地震 2223 次,其中 1.5 级以下的地震就有 1954 次,占总数的 87.9%,3 级以上地震仅 3 次,最大震级为 2005 年 9 月 22 日巴东东瀼口镇北 $M_L3.3$ 级地震,没有超过蓄水前库区天然地震本底强度($M_L5.5$ 级)。2005 年后,在秭归县、巴东县三峡库区一带,又先后发生大于 4.0 级以上地震 7 次,最大地震为 2013 年 12 月 16 日发生于巴东县东瀼口镇的 $M_L5.1$ 级地震,同样,未超过蓄水前库区天然地震本底强度($M_L5.5$ 级)。这说明三峡水库经过多年运行,诱发地震的强度仍在该地区天然地震本底强度之内。

c. 地震具有集中分布的特点。产生水库诱发地震活动的主要地区是长江干流上的巴东宝塔河—巫山培石库段和长江支流香溪河畔的三闾—香溪库段。特别是在巴东宝塔河—巫山培石库段,蓄水前地震活动很稀少,但在水库蓄水位由 80m 上升至 128.8m 以后,该区地震活动频发,并在约 6 个月内该库段形成了宝塔河—麂子岩、东瀼口雷家坪、信陵镇火焰石、楠木园—培石 4 个地震活动密集区,后来随着地震活动的频次不断增加和各震区空间的逐步扩展,4 个震区空间逐步相连,形成了一个较大的地震活动密集库段,后期发生的几次大于 4.0 级的地震,也均位于秭归—巴东县一带,此库段构成了三峡水库蓄水后地震活动的主体空间,其地震活动频次约占整个研究区的 50%。

③三峡水库蓄水至 135m 水位时,水库诱发地震主要发生在西起巴东县培石,东至秭归县牛口,总长约 42km 的库岸段。在大地构造上,本段库区位于扬子准地台川东坳陷褶皱束的东端,其褶皱构造及主要断层多呈近 EW 向,全区发育二叠系碳酸盐岩夹碎屑岩含煤系地层,三叠系下统大冶组、嘉陵江组碳酸盐岩强岩溶地层,三叠系中统巴东组粉砂岩、泥页岩、泥灰岩软弱地层,以及上三叠—中侏罗统砂岩、粉砂岩含煤系地层。

官渡口镇以东主要为巴东组粉砂岩、泥岩组成的纵向—斜向宽谷河段,两岸山体高程 800～1200m,库岸地带发育官渡口、赵树岭、黄土坡、黄腊石、大坪、范家坪等大型崩滑体。

西瀼口(新官渡口镇)、雷家坪(新东瀼口镇)位于 EW 向官渡口向斜的轴部偏北翼的构造部位,长江岸坡主要呈缓倾顺向坡或斜向坡,由于移民新建城镇大量的顺坡向梯坎状开挖和前缘临空,给原本稳定的自然坡体也增加了不稳定的因素。

东瀼溪至宝塔河发育数套煤系层组，自20世纪60年代以来，有麂子崖、宝塔河、冯家湾3个国有煤矿在海拔200～600m一带的不同高程部位开采煤层，造成采空区地下水位下降、地表形变及巷道矿震等环境地质问题。

官渡口以西进入长江巫峡河道，两岸主要分布二叠系—三叠系下统灰岩、白云岩，岩质坚硬性脆，地质构造部位位于楠木园背斜部位，岩溶较为发育，在高程600m以下的长江第一岸坡地带，多见陡崖峭壁及位于陡崖上的岩溶洞穴，两岸高程1600～1700m及高程1000～1100m分别发育云台荒期和周家垴期夷平面。

楠木园以南高程1600m左右的分水岭剥蚀夷平面上，岩溶漏斗、溶蚀洼地及落水洞密集发育，经管道岩溶系统沟通与长江的水力联系，其出口部位多在库区135m水位线以下或附近，前期研究成果中就已提出，本段具备诱发3.0级岩溶型水库诱发地震的可能。

峡谷段出口附近的李子坪和火焰石两地，发育二叠系梁山组与龙潭组的煤层，形成多个局部的地下采空区，且部分采煤巷道位于135m蓄水位以下，为蓄水后的巷道塌陷型发震创造了环境条件。

④三峡水库初期蓄水期间，对地形变、重力、断层活动、地下流体等变化情况进行了强化观测，取得了以下成果：

a. 从两次水准观测的垂直位移结果来看，江北水准点位移量较大，江南水准点位移量较小。兴山—周坪段、马粮坪—三斗坪段位移量普遍偏大，前者平均下沉约30mm，后者平均下沉约20mm。水准观测结果还表明，三峡水库蓄水至139m，对库区地壳形变有明显的影响，监测成果基本反映了地壳形变的规律。

b. 监测结果表明，三峡库区因蓄水而造成的水平形变小，表明块体内部水平相对构造运动微弱；水库蓄水导致的垂直形变较为明显，垂直变形的主要区域集中在坝址至香溪近岸库段，垂直沉降为10～35mm。三峡水库蓄水前各种应变背景在$10^{-10}/a$～$10^{-9}/a$量级，属相对构造运动十分稳定的地区。从GPS形变测量结果与数值模拟结果的比较来看，蓄水所引起的形变短期内属上地壳的弹性响应，三峡库区近期因蓄水导致大规模形变而诱发中强地震的可能性不大。

c. 周坪洞体定点连续监测站横跨仙女山断裂，位于断裂北端，即所谓"狭义的"仙女山断裂。该断层北起长江南岸的荒口，南经周坪至马家湾，长约20km，距三峡大坝坝址约19km，走向大致为NW340°，倾向SW，倾角30°～60°，为三峡库首区可能诱发水库诱发地震的主要敏感断裂。从现有资料来看，周坪洞体观测各项对三峡库区内发生的3.5级以上地震有较明显的反应。2003年6月1日，三峡水库正式蓄水以后，仪器状态总体上基本稳定，但水管倾斜仪和伸缩仪均有一定的反映，体现了蓄水后断层变化的基本趋势。

d. 从长江三峡库首区域重力场时空变化来看，最显著的特点是2003年4—7月，重力变化沿长江大幅上升，其中最大处位于老秭归镇附近，水荷载效应较为明显。

e. 三峡井网不仅对地壳应力应变的响应能力强，而且对发生在其周边的中等地震的前兆有较强的监测能力。但监测结果表明,三峡水库蓄水对多数井台的大多监测项目动态的影响并不明显,这可能与震源体受水体荷载作用引起应力强化与库水下渗和孔隙压力增强引起强度弱化的过程需要较长时间有关。

⑤研究认为,三峡水库蓄水初期所出现的地震与水库蓄水密切相关,是典型的水库诱发型地震。经过现场调查和地震学研究,三峡库区水库诱发地震的成因类型主要为内成成因型和外成成因型2个大类,其中内成成因型中主要为断层破裂型亚类,外成成因型水库诱发地震又分岩溶塌陷气爆型、矿坑塌陷型和边坡岩体卸荷松动型3个亚类。现场调查和研究分析认为,蓄水初期以外成成因水库诱发地震为主,少量构造破裂型水库诱发地震。在几个主要震区中,宝塔河—麂子岩震群主要为矿坑塌陷型,雷家坪震区主要为浅表应力调整诱发的地壳表层卸荷型地震,不排除有少量受构造控制的断层破裂型地震,火焰石地区主要为矿坑塌陷地震,楠木园—培石震区主要为岩溶塌陷气爆型地震,高桥断裂沿线地区即靠近库区的西南部分主要为受断层控制的断层破裂型水库诱发地震,其西侧碳酸盐岩地区主要为岩溶塌陷气爆型地震,断裂北段远离库区的地震则为天然地震成因。

⑥目前,在水库诱发地震的预测中,估算最大震级的方法较多,常用的有工程类比法、地震地质类比法(以下简称地质类比法)、经验公式法、地震学方法和数学模型法等,它们分别适用于不同的精度和工程论证的不同阶段。本书在利用前人资料和论证结论的基础上,针对三峡水库蓄水初期诱发地震的特点,通过更为详细的现场调查和研究,应用数学模型法中的统计预测方法、灰色聚类方法和人工神经网络方法对库首区诱发地震的可能性和最大震级进行了预测,主要结论如下:

a. 总体上,用原理各不相同且分别进行独立计算的数学模型和人工神经网络进行预测,其结果的符合程度较高。在诱震条件研究的基础上,本书对三峡水库库首区划分出35个预测单元,应用3种预测方法进行预测,其结果差别不大,特别是数理统计模型和人工神经网络模型的差别很小,说明应用比较广泛且得到广泛承认的统计预测和预报精度较高的神经网络来预测三峡库首区的地震趋势有一定的意义。在预测条件比较苛刻的情况下能得到这样的结果,说明诱震因素的选择是合适的,在一定程度上也反映了诱震机理的基本特征。

b. 在确定不发震和发生微震($M_S<3.0$级)两种诱发地震类别的预测单元中,统计预测和人工神经网络占了近70%,绝大部分基本相同。这表明在预测单元划分详细的情况下,能较满意地判定不可能发生水库诱发地震的库段。

c. 判定最大震级为强震和中强震的预测单元,主要在一些透水性好的断层活动带和碳酸盐岩地区。如巴东断裂规模较大,由数条主断面组成,特别是破碎带宽度大,张性角砾岩厚度也大,有3处与库水相通,透水条件好,南盘岩溶发育强烈。该断裂在内外动力作用下有明显的蠕变现象。高桥断裂位于秭归盆地西北缘,断裂成带多条断裂面平行展布,为切穿基底的断裂,并主要位于岩溶化碳酸盐岩地层中,构成有利的渗透条件,是水库诱发地震重点监测的断裂。

⑦作者采用8因子分析法所得出的预测结论与前人预测成果基本一致,没有出现大的偏差,相互之间得到了较好的印证,局部地段存在差别,例如:

a. 坝址至庙河段,预测该库段可能发生的水库诱发地震类型主要为浅表裂隙错动型,预测其最大(极限)地震震级不会超过3.0级,比前人预测的4.0级减小了1.0级。

b. 秭归盆地高桥断裂西南附近,诱发构造型水库诱发地震的可能较大,判断该断裂诱发最大(极限)地震的震级为5.5级,比前人预测的5.0级增加了0.5级。

⑧2006年9月下旬,水库蓄水至156m水位时,水库淹没范围将进一步扩大,库容大大增加,库深还将增加十几米,诱发新的地震高潮的可能性较大,估计诱发地震范围会进一步加大,震级也可能增强,但不会超过本成果预测水平,特别是以下地段有可能诱发新的地震。

a. 新淹没的大型溶洞暗河地段,如巴东火焰石链子溪的樟树沟洞,洞口(底)高程137m,洞深数千米(据访问),形状怪异,封闭条件好,易于聚能,有一定的可能诱发岩溶塌陷型和气爆型微震。巫峡中135~160m高程溶洞分布较多,也具备同样诱发地震的条件。

b. 库水位为156m时,淹没和部分淹没的大型滑坡、崩塌体在库水的长期浸泡软化作用下,加上暴雨季节地表水的叠加作用,可能造成滑坡、崩塌体的整体或局部滑移而诱发微震。

c. 目前,库水位在156m以下时,水库周边还有一些煤矿采空区,如盐关、香溪、耿家河等煤矿,库水位抬高后会淹没这些煤矿的采空区,有可能引发新一轮的地震高潮。

d. 与水库水相连通的区域性断层应是水库诱发地震监测的重点。

九畹溪断裂在水库两岸充水,巴东断裂3处与库水相通,高桥断裂是活动性发震断层,也与库水相通,天子崖断裂东端部分与库水相通等。水库正常运行之后,库水渗入断层破碎带且不断地发生物理化学作用软化断层带物质,当库水位不断增高逐渐积累能量时,在特定的条件下有可能诱发M_S3.0~5.0级地震。

EW向巴东断裂和NNE向高桥断裂应予足够重视,两断层有多处与库水相通,在断层活动历史上,后期显张性,巴东断裂县城南面的亩田湾处,断层角砾岩带宽百余米,在库水的长期浸泡软化下,力学强度降低,较大可能产生诱发地震,应注意监测其活动性。此外,对高桥断层也应坚持长期监测。

e. 水库蓄水至设计高程(175m)时,其地震趋势是:在仙女山断裂、九畹溪断裂、高桥断裂、巴东断裂等敏感性断裂带和沿线有可能发生内成成因的断层破裂型地震,除此之外,还有可能在以下地段诱发外成成因水库诱发地震。

Ⅰ. 牛肝马肺峡(含九畹溪)、巫峡(含大宁河小三峡和小小三峡)、瞿塘峡的岩溶发育地段。初期蓄水已淹没两层溶洞,水库运行后,库水下渗进入深循环阶段,在库水不断增高时,有一定可能诱发M_L3.0级左右的岩溶型地震。重点仍应放在巫峡(含大宁河地段),因之前阶段在该地区已记录有数十个地震,虽据分析判断,这些地震大部由采石放炮引起,但也不能完全排除岩溶型诱发地震的可能性。由于岩溶地区人口稀少、地理位置偏僻,应在政府部门的统一组织和地震业务部门的具体指导下建立以村站为单元的群测群防系统。

Ⅱ. 三峡水库周边分布较多煤矿（含废弃矿），库水位不断抬高，逐渐淹没这些煤矿采空区，可能诱发 $M_L3.0$ 级左右的塌陷型地震。

Ⅲ. 库水位增高至正常蓄水位 175m 时，将淹没或部分淹没滑坡和崩塌体，特别是那些处于不稳定或较不稳定的滑坡，在库水波动带冲刷和长期浸泡软化作用下，加上暴雨季节地表水的叠加作用，则可能造成滑坡、崩塌体的整体和局部滑移，在位移没有发生前的应力调整过程中，岩体微破裂、局部岩体剪断都可能诱发微震。震级一般应在 $M_L2.0$ 级左右，如新滩滑坡和千将坪滑坡地震达到 $M_L2.0 \sim 3.0$ 级。

12.2 展望

20 世纪 60 年代接连发生破坏性水库诱发地震之后，在国内外掀起了一个水库诱发地震研究的高潮，但至 20 世纪 80 年代后期，水库诱发地震方面的研究又渐入低谷，明显的主要表现为发表的相关文献显著减少。与之相反的是，与水库诱发地震研究相关的基础研究工作在此期间有了长足的进展，水利工程建设要求进行水库诱发地震危险性评价的需求在持续增长，特别是我国将在天然地震活动强度高、新构造活动强烈的西南地区修建一系列大型水库，给现有的水库诱发地震危险性评价理论和方法提出了新的课题，也给广大的地震工作研究者提出了新的更高的要求。

与水库诱发地震相关的基础学科研究主要取得了以下进展，其成果对于水库诱发地震机理和危险性评价研究具有重要的借鉴作用。

(1) 岩体结构控制理论的提出

1988 年，孙广忠提出了岩体结构控制理论，其要点是岩体结构对岩体力学性质的影响大于岩石材料的影响，地应力和地下水是结构面力学性质的两个控制性因素，岩体强度是不同结合程度的多块体的残余强度等。1979 年谷德振论述了水文地质结构的水库诱发地震意义。从岩体结构、水文地质结构及其组合特征以及地应力条件方面考察水库诱发地震地质模型，这将会成为水库诱发地震地质模型研究的一个主要发展方向。

(2) 各向异性岩体有效应力定律研究

水库诱发地震的孕震过程，是渗流场—应力场耦合作用的过程，在水库诱发地震震源深度范围内，流固耦合中对岩体结构失稳起主导作用的是有效应力定律。在均质各向同性介质中有效应力定律表示为 $\sigma e = \sigma - \alpha P$，这里 α 是一个 $0 \sim 1$ 的系数，称之为有效应力系数。近年各向异性岩体有效应力定律的研究表明，α 值可以在更大的范围里变动，这一点对于研究水库诱发地震的失稳过程具有重要的意义。

(3) 流固耦合数值模拟技术的进展

在水库诱发地震研究中，在区域地质背景调查基础上，重视库区岩体结构、水文地质结构的研究，形成符合实际的岩体结构模型和水文地质结构模型，采用渗流场—应力场耦合理论进行数值模拟计算研究诱发地震机理并进行水库诱发地震危险性评价预测,这种工作思路将成为水库诱发地震研究中的主流趋势之一。

(4) 水库诱发地震评价方法的继承与创新

随着计算机技术和信息技术的高速发展,使进行复杂的计算成为可能,水库诱发地震评价的数学模型将会越来越多、越来越精确,但值得注意的是,无论哪一种数学模型,都必须密切结合所评价水库的工程地质条件和可能存在的特殊诱发地震因素,计算模型的实用性取决于所考虑的诱发地震因素的真实性,因此,在对评价水库诱发地震地质条件详细把握的基础上,与现代科技相集成,将是今后水库诱发地震评价的主要方法。

主要参考文献

[1] 丁原章,常宝琦,肖安予,等.水库诱发地震[M].北京:地震出版社,1989.

[2] 谷德振.岩体工程地质力学基础[M].北京:科学出版社,1983.

[3] 国家地震局地质研究所.中国诱发地震[M].北京:地震出版社,1984.

[4] 胡毓良.水库诱发地震研究的进展[A].现今地球动力学研究及其应用[C].北京:地震出版社,1994:623-628.

[5] 孙广忠.岩体结构力学[M].北京:科学出版社,1988.

[6] 夏其发.水库诱发地震评价[J].中国地质灾害与防治学报,2000,11(2):39-45.

[7] 龚宇,伍先国.铜街子水库诱发地震最高震级判定及最大可能震级估计[J].四川地震,1996,3:48-56.

[8] 杨主恩,林传勇,高振寰,等.东江水库诱发地震的地震地质背景研究[J].地震地质,1995,17(3):242-252.

[9] 易立新.水库诱发地震理论及三峡水库诱发地震预测研究[D].北京:中国地震局地质研究所,2001.

[10] 易立新,王广才,李榴芬.水文地质结构与水库诱发地震[J].水文地质工程地质,2004,2:29-32.

[11] 王青云,高士军.丹江口水库诱发地震研究[J].大地测量与地球动力学,2003,23(1):103-106.

[12] 彭立国,陆明勇.灰色系统理论在地震预报中的作用[J].大地测量与地球动力学,2004,24(2):120-123.

[13] 郭德科.灰色系统 GM 模型在地下水动态异常识别中的应用[J].地震研究,1996,19(1):58-64.

[14] 陆明勇,杨凌,张秋文,等.台湾地区强地震序列的 GM 模型[J].华南地震,2000,20(2):22-26.

[15] 邓聚龙.灰色控制系统[M].武汉:华中科技大学出版社,1985.

[16] 傅立.灰色系统理论及其应用[M].北京:科学技术文献出版社,1992.

[17] 张秋文,张国安,王乘.水库诱发地震危险性定量预测与评估系统开发研究[J].水电能源科学,2001,19(4).

[18] 国家地震局地震研究所.中国诱发地震[M].北京:地震出版社,1984.

[19] 李安然,王清云,韩晓光,等.三峡水库诱发地震的总体环境组合条件[A].中国科学院三峡工程生态与环境科研项目领导小组.长江三峡工程对生态与环境的影响及其对策研究论文集[C].北京:科学出版社,1987:552-555.

[20] 虞庭林.水库区地壳稳定性与地震预测研究的途径和方法[J].国际地震动态,1993(5):1-4.

[21] 马宗晋,张秋文,李安然,等.基于数字流域的水利水电工程诱发地震定量预测与评估[J].水电能源科学,2001,19(3):8-11.

[22] 张秋文,李安然,王清云,等.水库及其周缘地区诱发地震危险性评定的一种模型及其应用[J].地震地质,1998,20(4):361-369.

[23] 张秋文,李安然,王清云,等.水库及其局缘地区诱发地震危险性评定方法及其软件系统研制[A]//中国地震学会第七次学术讨论会论文摘要集[C].北京:地震出版社,1998:25-25.

[24] 于品清,孔凡健.水库诱发地震地质构造条件的讨论[J].地壳形变与地震,1983,3(3):71-81.

[25] 王清云,高士均.隔河岩水库诱发地震的环境条件[J].地壳形变与地震,1998,18(3):73-79.

[26] 郭逢英,刘峰,黄声明,等.水口库区的地形变观测与诱发地震[J].地壳形变与地震,1999,19(增):170-174.

[27] 高士钧,甘家思,王清云,等.清江隔河岩水库诱发地震的条件与地震活动特征[J].地壳形变与地震,2001,21(3):93-100.

[28] 刘忠书,等.按水库诱发地震分类探讨三峡水库诱发地震的可能性[J].地壳形变与地震,1995,15(2):51-58.

[29] 常宝琦.岩土力学·地震工程·水库诱发地震:论文集[M].广州:华南理工大学出版社,1995:151-152,185,270.

[30] 丁原章,等.水库诱发地震[M].北京:地震出版社,1989:154-155.

[31] 李胜乐,严尊国,等.长江三峡水库蓄水后的首发微震群活动[J].大地测量与地球动力学,2003,23(4):75-79.

[32] 陈蜀俊,等.长江三峡水库诱发地震的成因类型[J].大地测量与地球动力学,2004,24(2):70-73.

[33] 韩晓光,饶扬誉.长江三峡水库巴东库段地震成因分析[J].大地测量与地球动力学,2004,24(2):74-77.

[34] 李峰,薛军蓉,韩晓光.三峡库区巴东马鬃山地振动观测与成因讨论[J].大地测量与地球动力学,2004,24(2):78-82.

[35] 王清云,等.长江三峡工程库首区诱发地震危险性研究[J].大地测量与地球动力

学,2003,23(2):101-106.

[36] 李安然,等. 中国东部四个水库诱发地震的环境因素[J]. 中国环境科学,1993,(4):68-79.

[37] 高士钧,等. 长江三峡地区地壳应力场与地震[M]. 北京:地震出版社,1992,147-154.

[38] 薛军蓉,李峰,王育. 三峡水库蓄水初期9次微震震源机制解特征[J]. 大地测量与地球动力学,2004,24(2):48-51.

[39] 张秋文,王乘,李安然,等. 水利水电工程及其周缘地区诱发地震危险性小区划研究[J]. 岩石力学与工程学报,2004,23(17):2925-2931.

[40] 丁原章. 新丰江水库诱发地震的诱发条件[J]. 地震战线,1978(4):1-5.

[41] 李安然,韩晓光,徐永健. 初探水库诱发地震的形成机理及其诱发环境[J]. 华南地震,1987,7(2):81-89.

[42] 虞庭林. 水库区地壳稳定性与地震预测研究的途径和方法[J]. 国际地震动态,1995(5):1-4.

[43] 国家地震局. 中国地震烈度区划图(1990)概论[M]. 北京:地震出版社,1996.

[44] 王清云,高士钧. 丹江口水库诱发地震研究[J]. 大地测量与地球动力学,2003,23(1):103-106.

[45] 张秋文. 湖北清江姚家坪水库诱发地震可能性分析[J]. 地壳形变与地震,1995,15(增):50-56.

[46] 张秋文,李安然,王乘,等. 基于GIS的长江三峡工程可视化水库诱发地震预测数据库构建[J]. 地震地质,2003,25(2):126-135.

[47] 王清云,张秋文,李峰. 长江三峡工程库首区诱发地震危险性研究[J]. 大地测量与地球动力学,2003,23(2):101-106.

[48] 方卫华. 人工神经网络模型用于水电能源科学的问题探讨[J]. 水电能源科学,2004,22(3):71-73.

[49] 鲍立威,何敏,沈平. 关于BP模型的缺陷的讨论[J]. 模式识别与人工智能,1995,8(1):38-42.

[50] 侯祥林,胡英,李永强,等. 多层人工神经网络合理结构的确定方法[J]. 东北大学学报(自然科学版),2003,24(1):35-38.

[51] 吕俊,张兴华. 几种快速BP算法的比较研究[J]. 现代电子技术,2003,26(24):16-20.

[52] 李宗坤,郑晶星,周晶. 误差反向传播神经网络模型的改进及其应用[J]. 水利学报,2003(7):111-114.

[53] 王雪光,郭艳兵,齐占庆. 激活函数对BP网络性能的影响及其仿真研究[J]. 自动

化技术与应用,2002(4):33-36.

[54] 李鸿雁,刘寒冰,苑希民,等.提高人工神经网络洪水峰值预报精度的研究[J].自然灾害学报,2002,11(2):57-61.

[55] 李鸿雁,刘寒冰,苑希民,等.人工神经网络峰值识别理论及其在洪水预报中的应用[J].水利学报,2002,6:15-20.

[56] 覃光华,丁晶,李眉眉,等.敏感型人工神经网络及其在水文预报中的应用[J].水科学进展,2003,14(2):163-166.

[57] 王少波,柴艳丽,梁醒培.神经网络学习样本点的选取方法比较[J].郑州大学学报(工学版),2003.

[58] 樊伟,杨军,刘廷廷.灰色神经网络组合模型及其在滑坡预测中的应用[J].人民长江,2005,36(11):48-50.

[59] 夏金梧.1979年鄂西龙会观5.1级地震成因探讨[A].湖北省地质学会论文集[C].1995,11.

[60] 夏金梧.鄂西秭归盆地及外缘主要断裂特征及活动性研究[M]//第三十一届国际地质大会水利系统论文集.郑州:黄河水利出版社,1996:244-251.

[61] 夏金梧,周乐群.秭归水田坝等三条断裂关系及孕震强度评价[J].人民长江,1996,27(1):22-25.

[62] 夏金梧.湖北省兴山县高桥M_L3.6级地震成因研究[J].人民长江,2003.

[63] 夏金梧,李长安,周继颐.三峡库首区仙女山等断裂活动性同位素测年研究[J].水位地质工程地质,2005,32(1):7-12.

[64] 夏金梧,李长安.三峡库区新构造运动与滑坡耦合关系探讨[J].人民长江,2005,36(3):16-18.

[65] 周乐群,夏金梧.高桥断裂带特征及其对三峡工程的影响[J].人民长江,1996,27(3):17-19.

[66] 夏金梧,李长安,曾新平,等.三峡工程库首区高桥断裂特征与地震活动性研究[J].大地测量与地球动力学,2008,28(2):8-15.

[67] 夏金梧.三峡工程水库诱发地震研究概况[J].水利水电快报,2020,41(1):28-35.

[68] 董建辉.高桥断裂的地震活动性分析[J].大地测量与地球动力学,2004,24(2):83-87.

[69] 张林洪,刘荣佩,周建芬,等.构造型水库诱发地震的断裂力学分析[J].地震地质,2002,25(2):186-191.

[70] 陈德基,汪雍熙,曾新平.三峡工程水库诱发地震问题研究[J].岩石力学与工程学报,2008,27(8):1513-1524.

[71] 王秋良,张丽芬,廖武林,等.2014年3月湖北省秭归县M4.2、M4.5地震成因分

析[J].地震地质,2016,38(1):121-130.

[72] 李伟,储日升,王烁帆.2017年6月16日湖北秭归M_S4.3地震成因初探[J].地震,2019,39(3):28-42.

[73] 吴建超,陈蜀俊,蔡永建,等.三峡水库蓄水后等效应力场的数值模拟和胡家坪M_S4.1地震的孕震机理[J].地震研究,2012,35(1):42-47.

[74] 车用太,陈俊华,张莉芬.长江三峡工程库首区胡家坪M_S4.1水库诱发地震研究[J].地震,2009,29(4):1-13.

[75] 李井冈,张丽芬,廖武林,等.褶皱构造中的地震——2017年三峡库区巴东M4.3地震序列成因讨论[J].地球物理学报,2018,61(9):3701-3712.

[76] Gupta H K,Rastogi B K. Dams and Earthquakes[M]. Amsterdam:Elsevier. 1976.

[77] A. Bozovic. Review and Appraisal of Case Histories Related to Seismic Effects of Reservoir Impounding[J]. Eng. Geol. ,1974,8:9.

[78] Yuanzhang Ding. The Reservoir-Induced Earthquakes in China[J]. Cerland Beitrage zur Geophysik,1990,99:181.

[79] David W. Simpson, T. N. Narasimhan. 1nhomogeneities in Rock Properdes and Their Influence on Reservoir Induced Seismicity[J]. Gerland Beitrage zur Geophysik,1990,99:205.

[80] David W. Simpson,S. Kh. Negmatullaev. Induced Seismicity at Nurek Reservoir[J]. Bulletin Seismol. Soc. Am. ,1981,71:1561.

[81] David W. simpson. Seismicity Changes Associated with Reservoir Ioading[J]. Engineering Geology,1976,10:123-150.

[82] Harsh K. Cupta,Reservoir-Induced Earthquakes[M]. NewYork:elsevier,1992.

[83] Harsh K. Cupta. Artificial Water Reservoirs and Earthquakes:A World-Wide Status[J]. Gerlands Beitrage zur Geophysik,1990,99:221.

[84] Harsh K. Gupta,B. K. Rastogi Hari Narain. Common Features of the Reservoir-Associated Seismic Activities[J]. Bulletin Seismol. Soc. Am. ,1972,62:481.

[85] Harsh K. Gupta,B. K. Rastogi,Hari Narain. Some Discriminary,Chharacteristics of Earthquakrs near the Kariba, Kremasta and Koyna Artificial Lakes[J]. Bulletin Seismol. Soc. Am. ,1972,62:493.

[86] Guha S. K, D. N. Patil. Large Water-Reservoir-relatedInduced Seismicity[J]. Gerlands Beitrage zur Geophysik,1990,99:265.

[87] Yingshen Li,Qichang Bao,Application of stress-pore Pressure Coupling Theory for Porous Media in the Xingfengjiang Reservoir Earthquakes[J]. Pure & Applied Geophysics,1995,123.

[88] C. Lomnilz. Earthquake and Reservoir Impounding: State of the Art[J]. Eng. Ceol. ,1974,8:191.

[89] Malcolm F. Schaeffer. A Relationship Between Joint Intensity and Induced Seismicity at Lake Keowee, Northwestem south Carolina[J]. Bulle. Assoc. Eng. Geol. , 1991,28:7.

[90] M. Lee Bell, Amos Nur. Strength Changes Due to Reservoir-lnduced Pore Pressure and Stresses and. Application to Lake Oroville[J]. Geophysical Res. , 1978, 83:4469.

[91] N. 1. Nikolaev. Tectonic conditions favourable for causing earthquakes occurring in connection with reservoir filling[J]. Engineering Geology,1974,8:171.

[92] P. J. Smith. Reservoirs and the Triggering of Earthquakes[J]. Nature. 1982, 295:9.

[93] Pradeep Talwani, S. Acree. Pore Pressure Diffusion and the Mechanism of Reservoir-Induced Seismicity[J]. Pure&Appl. Geophys. ,1985,947.

[94] Proceedings of the international symposium On reservoir-induced seismicity[C]. Beijing,1995.

[95] Ping Hu Yuliang Hu. Advances in Reservoir-Induced Seismicity Research in China[J]. Tectonophysies. 1992,331.

[96] Thomas Valadut. Approach to the Mitigation of Reservoir-induced Seismicity Hazards in Envioromental Impact Assessment. Proceedings of Sixteenth International Congress on Large Dam[C]. 1988,1:637-356.

[97] William Leith, David W. Simpson. Walter Alvarez. Structure and Permeability: Geologic Controls on Induced Seismicity at Nurek Reservoir, Tadjikistan[J]. Ceology, 1981,9:440.

[98] Teng-fong Wong, Wenlu Zhu. Brittle Faulting and Permeability Evolution: Hydromechanical Measurement, Microstructural Observation and Networkmodeling[A]. Faults and Subsurface Huids How in the Shallow Crust[C]. American Geophysical Union, 1999:83-99.

[99] Jonathan Saul Caine, Craig B Forster. Fault Zone Architecture and Huid Flow: Insights from Field Data and Numericalmodeling[A]. Faults and Subsurface Huids How in the ShaHow Crust[C]. American Geophysical Union,1999:101-127.

[100] Jonathan Saul Caine, James P Evans, Craig B Forster. Fault Zone Architecture and Permeability Structure[J]. Geology,1996,24(11):1025-1027.

[101] Hu Yuliang, Liu Zuyuan, Yang Qingyuan, et al. Induced Seismicity at

Wujiangdu Reservoir, China: A Case Induced in the Karst Ares[J]. PAGEOPH, 1996, 147(2): 409-418.

[102] Gupta H K, Narain H • Rastogi B K, et al. A Study of the Koyna Earthquake of December 10, 1967[J]. Bull. Seismol. Soc. Am. t, 1969, 59(4): 1149-1162.

[103] Gupta H K, Rastogi B K. Dams and Earthquakes [M]. Amsterdam: Elsevier. 1976.

[104] Gupta H K. The Present Status of Reservoir Induced Seismicity Investigation with Special Emphasis on Koyna Earthquake[J]. Tectonophysics, 1985, 118(3/4): 287-279.

[105] Keith C Mt Simpson D W-Soboleva O V. Induced Seismicity and Style of Deformation at Nuek Reservoir. Tadjik SSR[J]. J Geophys Res, 1982. 87(B4): 4609-4624.

[106] Simpson D W. Leith W S. ScholzCH Two Types of Reservoir Induced Seismicity[J]. Bull Seismol Soc. Am, 1988, 78(4): 2025-2040.

[107] Denlinger R P, Bufe J M. Reservoir Conditions Related to Induced Seismicity at the Geysers Steam Reservoir, Northern California[J]. Bull Seismol. Soc. Am, 1982, 72(4): 1317-1327.

[108] Zhang Qiuwen, Zhang Peizhen. Application of GIS to Seismic Hazard Ssessment[A]. Proceedings of International Symposium on Application of GIS and Remote SensO(RS) to Natural Hazard Reduction[C]. Tsukuba, Geological Survey of Japan Press, 1998: 215-223.